"十四五"普通高等教育本科部委级规划教材

纤维集合体设计

樊威 主编

中国纺织出版社有限公司

内 容 提 要

本书内容主要包括绪论、一维纱线、二维机织物、二维针织物、二维非织造布、二维缝合织物、二维编织物、三维编织物、三维机织物、三维针织物、三维缝合织物、三维针刺织物的基本概念、组织结构、织造原理与设备、设计方法以及纤维集合体的有限元建模与分析。

本书可作为普通高等院校相关专业师生的教材，也适合从事纺织复合材料以及柔性智能可穿戴相关研究的工程技术人员参考阅读。

图书在版编目（CIP）数据

纤维集合体设计/樊威主编 . —北京：中国纺织
出版社有限公司，2022.4
"十四五"普通高等教育本科部委级规划教材
ISBN 978-7-5180-9305-2

Ⅰ.①纤… Ⅱ.①樊… Ⅲ.①织物—设计—高等学校
—教材 Ⅳ.①TS105.1

中国版本图书馆 CIP 数据核字（2022）第 007836 号

责任编辑：范雨昕 责任校对：王蕙莹 责任印制：何 建

中国纺织出版社有限公司出版发行
地址：北京市朝阳区百子湾东里 A407 号楼 邮政编码：100124
销售电话：010—67004422 传真：010—87155801
http：//www.c-textilep.com
中国纺织出版社天猫旗舰店
官方微博 http：//weibo.com/2119887771
三河市宏盛印务有限公司印刷 各地新华书店经销
2022 年 4 月第 1 版第 1 次印刷
开本：787×1092 1/16 印张：17.25
字数：336 千字 定价：68.00 元

纤维集合体是指纺织纤维在各种纺织加工条件下形成的稳定的纱线、织物或非织造布的总称。传统意义上的纺织是纺纱与织布的总称，但是随着纺织知识体系和学科体系的不断发展和完善，特别是非织造材料和三维编织等技术产生后，纺织不仅是传统的纺纱和织布，还包括非织造布技术、三维编织技术等。因此，纤维集合体设计也从原来的一维纱线、二维织物的设计，扩展到了三维织物和非织造织物的设计。经过几千年的发展，一维和二维纤维集合体的设计理论和方法相对成熟，但是这些设计主要是针对纺织品外观和一些特定的功能，纺织技术人员甚至可以根据自己的经验及对工艺和材料的直观理解，设计生产出满足特殊需要的织物。

目前，国内外对于三维纤维集合体设计的报道不多，且缺乏系统性。三维纤维集合体设计人才的缺乏将大幅限制三维纤维集合体的发展与应用。因此，本书在简要回顾一维和二维纤维集合体设计的基础上，重点介绍了三维纤维集合体的设计理论与方法。本书旨在让纤维集合体设计人员全方位了解现有纤维集合体的基本概念与组织结构，掌握各种结构纤维集合体的设计原理与方法，并能根据实际需要设计并制作出既能满足产品的各项功能，又具有较低加工成本的纤维集合体。

本书由西安工程大学樊威担任主编，并负责统稿和修改。本书共十三章，第一、第八章由樊威编写；第二章由樊威、吴倩（西安工程大学）编写；第三章由侯琳（陕西省纺织科学研究院）、樊威编写；第四章由齐业雄（天津工业大学）编写；第五章由张得昆（西安工程大学）编写；第六章由谢勇（五邑大学）、樊威、杜磊（浙江理工大学）编写；第七章由樊威、张岩（苏州大学）编写；第九章由樊威、许福军（东华大学）编写；第十章由马丕波（江南大学）编写；第十一章由樊威、高晓平（内蒙古工业大学）编写；第十二章由樊威、薛利利（浙江世涛鼎革新材料有限责任公司）编写；第十三章由刘涛（西安工程大学）编写。

感谢我的博士生导师天津工业大学李嘉禄教授带我进入三维织物领域，使我对纺织的认知从一维、二维扩展到三维，从服用纺织品扩展到国防军工、交通运输、海洋工程用纺织品。宋文、宋晨阳、孙岩、范从波、陈炜纯、张雨晗、姚莹、陆瑶、康敬玉、陆琳琳、张瑶、罗宇、张梦圆、方智、文丹阳、张海洋、苏金辉参与本书部分查阅文献资料、绘图和制作视频等工作，在此一并表示感谢。

本书内容涉及面较广，由于编者水平和篇幅所限，许多相关知识未能详尽介绍，编写过程中也难免存在疏漏或不足之处，恳请读者批评指正，并提出宝贵修改意见，编者将感激不尽。

樊威

2021 年 12 月

第一章 绪论

一、纺织纤维的定义与分类

1. 纺织纤维的定义 纺织纤维是截面呈圆形或者异形的、横向尺寸较细、长度比细度大许多倍的，且具有一定强度和韧性的（可绕曲的）细长物体。

2. 纺织纤维的分类 纺织纤维按照材料来源分为天然纤维和化学纤维，如图1-1所示。天然纤维包括植物纤维、动物纤维和矿物纤维。植物纤维，如棉花、麻、果实纤维；动物纤维，如羊毛、兔毛、蚕丝；矿物纤维，如石棉。化学纤维包括再生纤维、合成纤维和无机纤维。再生纤维，如黏胶纤维、醋酯纤维；合成纤维，如锦纶、涤纶、腈纶、氨纶、维纶、丙纶、氯纶；无机纤维，如玻璃纤维、碳纤维、金属纤维等。常见纤维的力学性能见表1-1。

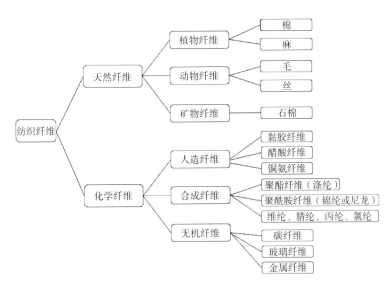

图1-1 纺织纤维的分类

表1-1 常见纤维的力学性能

纤维	密度/ （g/cm³）	拉伸强度/ MPa	弹性模量/ GPa	断裂延伸率/ %	比强度/ （MPa/kg）	比模量/ （GPa/kg）
棉纤维	1.55	287~597	2.5~12.6	7.0~8.0	185.2~385.2	1.6~8.1
亚麻	1.5	345~1500	10~80	1.4~1.5	230~1000	6.7~53.3
大麻	1.48	270~900	20~70	1.6	182.4~608.1	13.5~47.3

纤维	密度/ (g/cm³)	拉伸强度/ MPa	弹性模量/ GPa	断裂延伸率/ %	比强度/ (MPa/kg)	比模量/ (GPa/kg)
苎麻	1.5	400~938	44~128	3.6~3.8	266.7~625.3	29.3~85.3
黄麻	1.38	270~900	10~30	1.5~1.8	195.7~652.2	7.3~21.7
剑麻	1.45	511~700	3.0~98	2.0~2.5	352.4~482.8	2.1~67.6
蕉麻	1.5	400~980	6.2~20	1.0~10	266.7~653.3	4.1~13.3
桑蚕丝	1.3	300~600	5~10	10~25	230~461	3.8~7.7
柞蚕丝	1.3	500~700	5~10	10~25	333~538	3.8~7.7
羊毛	1.3	200	0.5	50	153.8	0.4
蜘蛛丝	1.3	900~1400	10~12	30~60	692.3~1076.9	7.7~9.2
涤纶	1.40	532~728	11.1~19.8	20~32	380~520	7.9~14.1
椰纤维	1.31	95~230	2.8~6.0	15~51.4	72.5~175.6	2.1~4.6
竹纤维	0.85	350	22	5.8	411.8	25.9
玻璃纤维	2.5	2000~3500	70	2.5	800~1400	28
碳纤维	1.8	3000~4000	230~550	0.7~1.9	1666~2222	127.8~305.6
Kevlar-49	1.45	3965	105	2.8	2735	72.4
PBO	1.56	5800	180	3.5	3718	115.4
UHMWPE	0.98	3000	172	2.7	3061	175.5
PI	1.41	3100	176	2	2198.6	124.8
钢丝	7.8	1500	200	1	192.3	25.6

二、纤维集合体的定义与分类

1. 纤维集合体的定义 纤维集合体是指纺织纤维在各种纺织加工条件下形成的稳定的纱线、织物或非织造布的总称。具体形式有纱线/纤维束、缆绳、网、毡、机织物、针织物、编织物、非织造布等。

纺织结构的基本组成单元是纤维,有短纤维和长丝两种形式。其中高性能纤维多为复丝(又称丝束),是由多至上万根单丝汇聚而成的、基本无捻的长束纤维。纺织品通过柔软且细长的纤维借助纤维间摩擦形成兼具柔软、表面纹理规则和强度的特性,使纺织品在低应力下柔软,在高应力下由于纤维间相互抱合锁结而不致破坏。形成高质量的纺织品,需要高质量纤维和复杂而又合理的纤维集合设计和加工方法,由此形成纤维间既紧密接触,但又能相互滑移的集合体。

一维(one dimensional,1D)长丝可以直接通过二维(two dimensional,2D)或者三维

（three dimensional，3D）机织、针织和编织等织造加工方法制成织物。短纤维的长度一般只有几毫米到几十毫米，应先通过纺纱方法将纤维汇聚成一定长度和细度的纱线，再由各种织造方法制成织物。纤维也可通过非织造的方法直接加工成非织造织物。图1-2为纤维到纤维集合体的加工过程及维度转变过程。

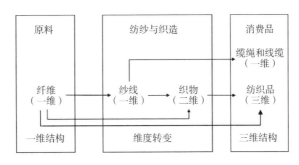

图1-2　纤维到纤维集合体的加工过程及维度转变过程

2. 纤维集合体分类　纤维集合体随着人类文明演化而发展。一万多年前，原始人开始用柔性纤维集合体保护身体免受环境侵害，然后出现了麻、丝、棉、毛等天然纤维制成的集合体。19世纪20年代，美国哈佛大学教授W. H. Carothers合成聚酰胺66，并纺成丝条，并于1940年投放市场，成为世界上第一种大规模生产的纺织用合成纤维大品种。伴随各种新型纤维和现代纺织装备的发展，不断涌现出各种新型纺织结构。纤维集合体种类繁多，通常按照用途、生产方式和维度进行分类。

（一）按用途分类

纤维集合体按用途不同可分为衣着用纺织品、装饰用纺织品和产业用纺织品三大类。

1. 衣着用纺织品　衣着用纺织品指用于衣着的纺织纤维制品。包括服装面料、领衬、里衬、松紧带、缝纫线等。衣着织物品必须具备实用、舒适、卫生、美观等基本功能。根据气候环境的特殊情况有时要求具有特殊功能，以保护人体的安全和健康。

2. 装饰用纺织品　根据国家标准GB/T 19817—2005，装饰用纺织品按用途不同可以分为：座椅类，指包覆沙发和软椅用纺织品，如沙发罩、软椅包覆、床头软包等；床品类，指床上用纺织品，如床罩、床围（笠）、床单、被套、枕套、靠垫等；悬挂类，指悬挂类纺织品，如窗帘、门帘等；覆盖类，指松弛式覆盖布用纺织品，如沙发巾、台布、餐桌布等。装饰用纺织品的图案、配色要求从整体效果出发与环境相得益彰，具有较强的装饰性。

3. 产业用纺织品　产业用纺织品（industrial textiles）是指经过专门设计，具有工程结构特点的纺织品，具有技术含量高、产品附加值高、劳动生产率高、产业渗透面广等特点。

产业用纺织品可以分为16大类，分别为：农业用纺织品、建筑用纺织品、篷帆类纺织品、过滤与分离用纺织品、土工用纺织品、工业用毡毯（呢）纺织品、隔离与绝缘用纺织品、医疗与卫生用纺织品、包装用纺织品、安全与防护用纺织品、结构增强用纺织品、文体与休闲用纺织品、合成革（人造革）用纺织品、线绳（缆）带纺织品、交通工具用纺织品、其他产业用纺织品。

产业用纺织品是我国纺织工业由大国向强国转变的战略材料。产业用纺织品技术含量高，应用范围广，市场潜力大，其发展水平是衡量一个国家纺织工业综合竞争力的重要标志之一。随着我国综合国力的增强和航空航天事业、民生基础设施建设及高端汽车工业的发展，将给我国产业用纺织品行业提供良好的发展机遇和广阔的发展平台。

（二）按生产方式分类

纤维集合体按生产方式不同可分为机织物、针织物、非织造物、编织物和缝合织物等。

1. 机织物 机织物是指由存在交叉关系的纱线构成的织物。在织机上由经纬纱按一定的规律交织而成的织物，称为机织物，又称梭织物。

2. 针织物 针织物是指用织针将纱线构成线圈，再把线圈相互串套而成的织物，分为纬编和经编两大类。

3. 非织造布 非织造织物又称无纺织物、无纺布，是先将纺织纤维制成纤维网，再将其黏合、缝合或热压而成的片状物。

4. 编织物 编织物指各种原料、粗细、各种组织构成的网罩、花边等，特点是轻薄、有朦胧感。

5. 缝合织物 缝合织物是指用针线穿过面料再将多层衣片缝合到一起而形成的织物。

（三）按维度分类

作为纺织原料的纤维属于一维（1D）结构，经纺纱与织造后维度转变，其中纱线是1D，织物变成二维（2D）结构，在变成最终产品后，可以得到仍具有1D结构的缆绳和线缆，以及具有三维（3D）结构的纺织品。图1-3为纤维到纤维集合体的维度转变过程及对应的加工方式。

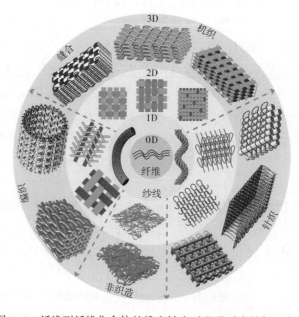

图1-3　纤维到纤维集合体的维度转变过程及对应的加工方式

1. 一维纱线　纱线（yarns）是一维形式的纤维集合体，是由各种纤维为原料沿长度方向聚集而成的柔软细长，并具有一定力学性质的纤维集合体。传统概念中，纱线是纱和线的统称。纱是由短纤维沿轴向排列并经加捻而形成的，或用长丝组成（加捻或不加捻）的，俗称为单纱；线是由两根或者两根以上的单纱并合加捻而成的。图 1-4 为一维纱线的几种类型。

短纤维纱　丝束　双股线　　多股线　　复捻股线

图 1-4　一维纱线的类型

按组成纱线的纤维形态结构可以分为：短纤维纱（staple yarns）、长丝纱（filament yarns）和复合纱（composite yarns）三类。

（1）短纤维纱。短纤纱是由一定长度（30~60mm）的短纤维经梳理、合并、牵伸和加捻纺制而成。大多数天然纤维是短纤维。短纤种类较多，按结构可分为：

①单纱。短纤维集束成条并加捻而成。

②股线。由两根或两根以上的单纱合并加捻而成。

③复捻股线。由两根或多根股线合并加捻而成，如缆绳。

（2）长丝纱。长丝中的纤维在长度方向是连续的，通常由纺丝机直接纺制而成，同时确定了纱线中的纤维根数和单纤维细度。长丝纱又称连续长丝（continuous filaments），有加捻和无捻两种形式（图 1-5）。加捻会导致纤维沿轴向偏转，降低轴向强力，因此大多数高性能纤维，如碳纤维、芳纶、玻璃纤维、石英纤维等都以无捻纱线被用于织物织造。然而，无捻长丝纱非常容易松散，加捻是连续长丝形成稳定结构的最好方法之一，因此有时为了便于织造，会给长丝束进行加弱捻，在尽量不损失纤维轴向强度的情况下，使长丝束处于稳定状态。

（a）无捻长丝纱　　　　　　　　　　　　　　　（b）有捻长丝纱

图 1-5　典型长丝纱结构

（3）复合纱。复合纱是两种不同的纤维以单纱或长丝交缠在一起类似股线结构，可在改造后的细纱机上纺出，也可以在空心锭子上纺出。种类主要有包芯纱、合捻纱和包覆纱，如

图 1-6 所示。

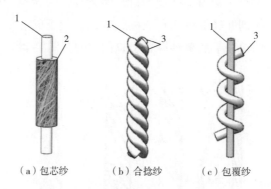

（a）包芯纱　　　（b）合捻纱　　　（c）包覆纱

图 1-6　三种复合纱线的结构示意图

1—氨纶丝　2—短纤纱　3—长丝或短纤纱

包芯纱和包覆纱是制造功能性纱线和智能纱线常用的制备方法，然而同样是纤维包覆纤维或长丝，两者的包覆效果却并不相同。它们之间的区别如下：

①芯丝、外包材料不同。以氨纶包芯纱和氨纶包覆纱为例。包芯纱一般以强力和弹力都较好的合成纤维长丝为芯丝，外包棉、毛、黏胶纤维等短纤维。例如，氨纶包芯纱是用短纤维包的氨纶，以氨纶丝为芯，外包非弹性短纤维，拉伸时芯丝一般不会外露。包覆纱是以长丝或短纤维为纱芯，外包另一种长丝或短纤维纱条。外包纱按照螺旋的方式对芯纱进行包覆。例如，氨纶包覆纱是用化纤长丝包氨纶，也是以氨纶丝为芯，非弹性短纤维或长丝按螺旋形的方式对伸长的氨纶丝予以包覆而形成的弹力纱，在张紧状态下有露芯现象。

②制备工艺不同。包芯纱，一般是用纺纱的细纱机，在牵伸粗纱时，把需要包在里面的纺织原料加进去。如棉包氨纶、涤纶、黏胶包氨纶，棉包涤纶长丝，涤纶包涤纶长丝等。包覆纱其实就是用捻线机，一根做芯纱，另一根缠绕在外，如氨纶做芯纱外包涤纶、锦纶等。

③制作的设备不同。包芯纱是在细纱机上制作。短纤包覆纱是在拼纱+倍捻机上制作，长纤包覆纱是在长纤倍捻机上制作。

2. 二维织物　织物是由纱（线）或纤维制成的产品，由于纤维的交织或缠结所具有 3D 特征形态，因此任何严格意义上的 2D 纺织结构是不存在的。但从宏观意义而言，若纺织结构在面内的两个方向（如矩形的长度和宽度方向，圆形的轴向和周向）的尺寸远大于其在厚度方向上的尺寸，则可将其定义为 2D 织物。日常生活中所见到的各类纺织品通常属于 2D 纺织结构。

根据纤维在平面内的交织形式，常见的 2D 纺织结构可以分为 2D 机织、2D 针织、2D 编织、2D 非织和 2D 缝合等类别。

3. 三维织物　3D 织物是纤维增强集合体的一种高级形式，它是由 1D 形式的纤维（或纱线）通过纺织加工方法沿平面内（X—Y）和穿过平面（厚度方向也即 Z 向）相互交织获得 3D 形式的纤维集合体（该种类型的纤维集合体在纺织领域称为织物）。在厚度方向引入纱线而形成立体的纤维交织结构，从而获得优秀的整体性，是 3D 纺织结构的特点。类似于 2D 纺织结构，不同纺织方法所获得的 3D 纺织结构也具有明显的加工特性。根据织物的加工方法不同，3D 织物可以分为 3D 编织物、3D 机织物、3D 针织物、3D 缝合织物、3D 针刺织物等类型。

三、纤维集合体的应用

1. 一维纱线的应用 纱线主要用于织造机织物、针织物、编结织物和部分非织造织物，少部分直接以线状纺织品形式存在，如各类缝线、毛绒线、绣花线、线绳及其他杂用线。主要用于着装领域与医学领域。

2. 二维织物的应用 2D 机织物、2D 针织物、2D 非织造织物、2D 缝合织物和 2D 编织物在着装、装饰和产业用纺织品方面都有应用。其中 2D 机织物在着装（如西服、牛仔裤等）、装饰（窗帘、床单等）和产业用领域（帐篷、复合材料增强体）都有广泛应用。2D 针织物主要用于服装领域，服用类针织品已从传统的内衣扩展到休闲服、运动服和时装等领域，并朝着轻薄、弹性、舒适、功能、绿色环保、整体成形与无缝内衣等方面发展。2D 非织造织物主要用于一次性服用产品（如医用服、口罩，拖鞋）和过滤用产品（水过滤、烟尘过滤等）。2D 缝合织物多用于服装和装饰领域。2D 编织物主要用在装饰（如绳、带等）和产业用领域（绳索、复合材料增强体等）。

3. 三维织物的应用 3D 织物的用途和潜在用途涵盖了从传统服装到大型工程结构的广泛产品。其中，一次成型针织服装的生产具有巨大的消费市场。这为设计师提供了空间，并降低了缝纫中的劳动力成本。然而，3D 织物作为一种高技术纺织品，人们的兴趣主要集中在对性能要求严格的专业市场上。其中，3D 织物增强复合材料是一种新型纤维增强复合材料，是复合材料中异军突起的一支新秀，它以 3D 整体织物为增强体，从根本上克服了传统层合板层间剪切强度低而且易分层的缺点，在航空、航天、军工、汽车、医疗以及体育器材等领域得到了广泛应用。

（1）体育服装和休闲服装方面。3D 间隔织物在体育服装和休闲服装中有许多应用。3D 织物和 2D 织物一样也被用于内衣和外套中。3D 间隔针织物多用于运动鞋，可以控制作用在鞋内脚上的力，并为可能摔倒或碰撞的极限运动提供保护。

（2）安全防护方面。3D 机织物可以作为防弹材料，可以防止射弹穿透织物并造成伤害，或者至少降低速度以限制对身体的伤害。3D 间隔织物可以作为消防服用于消防工作中提供热防护。3D 织物还可用于软体盔甲或作为刚性头盔复合材料的增强材料。

（3）过滤方面。虽然单层织物也可以被用作过滤器，但增加层数通常可以提高过滤性能。因此，国内外一些公司也有采用 3D 机织物作为过滤织物。

（4）医疗卫生方面。3D 织物及其复合材料在医疗应用中得到了一定的应用。如编织复杂的 3D 形状的血管，用于伤口敷料、溃疡治疗、组织工程支架的间隔织物和其他 3D 织物，3D 编织复合材料人造骨和人体关节等。

（5）航空航天方面。纺织复合材料与钢材相比其质量可减轻 75%，而强度可提高 4 倍，正因如此，其首先受到航空航天专家的青睐，其最早最成熟的应用领域也当属航空航天领域。例如，由碳纤维制造的复合材料在满足同样的强度和刚度的前提下，能够减轻重量的70%左右。同时由于其整体结构带来力学性能上的优点，也使其应用于生产导弹头、卫星着陆架、飞行员头盔、燃气涡轮风扇叶片和直升机旋翼叶片等方面。

（6）在交通运输方面。纤维增强的复合材料已在轮船、汽车、铁路车辆、飞机、宇航设备等制造工业有了日益广泛的应用。从自行车到汽车、舰艇、高速火车和军用战车，都可以找出用纺织结构复合材料制成的零、部件和主体构架的例子，只是不同部件采用不同类型的纺织结构而已。1979年，美国福特公司的试验车将其车身、框架等160个部件采用纺织复合材料，结果整车减重33%，汽油利用率提高44%，同时大幅降低了高速行驶过程中的噪声和振动。

（7）在建筑材料方面。纺织结构复合材料具有材料轻质、成本低、构件大、防震、耐疲劳等特点，广泛应用于土木工程和建筑上。主要有刚性复合材料构件，如梁、柱、骨架等多采用3D编织结构，用于桥梁建筑的结构承重、保温隔声、楼板修复等方面。

（8）在体育用品方面。复合材料在高档体育用品中使用的比例也正逐渐增加。如高尔夫球杆、赛车、羽毛球拍、滑雪板、赛艇等。早在2004年雅典奥运会中，赛船及赛艇就已是我国制造的先进纺织复合材料制品。

四、纤维集合体的设计

纤维集合体设计从原来1D纱线和2D织物的设计，扩展到3D织物或者非织造织物的设计。经过几千年的发展，1D和2D纤维集合体的设计理论和方法相对成熟，但主要针对的是纺织品外观和特定功能的设计，技术人员甚至可以根据自己的经验和对工艺和材料的直观理解，采用定性分析法就可以生产出满足特殊需求的织物，必要时可通过反复试验加以验证支持。定性分析方法对于传统领域应用的纺织品似乎并无大碍，如因设计的物理指标不佳导致衬衫在穿着过程中撕裂，这最多就是一个麻烦，而不是一场灾难。然而，对于应用于航空航天、桥梁和诸多要求苛刻的高端工程领域的3D纺织复合材料，设计计算是必不可少的，如应用于飞机的3D纺织复合材料，可能会因为设计不当导致飞机坠毁，造成一场灾难。

目前，国内外对于3D纤维集合体设计有一些零星的报道，但还不够系统，这方面的从业人员也相对较少。3D纤维集合体设计人才的缺乏将大幅限制3D纤维集合体的发展与应用。因此，本书在简要回顾1D和2D纤维集合体设计的基础上，重点介绍了3D纤维集合体的设计理论与方法。本书旨在让纤维集合体设计人员全方位了解现有的纤维集合体的基本概念与组织结构，掌握各种结构纤维集合体的设计原理与方法，并能根据实际需要设计并制作出既能满足产品的各项功能，又具有较低加工成本的纤维集合体。

参考文献

［1］姚穆．纺织材料学［M］．5版．北京：中国纺织出版社，2019．

［2］顾伯洪，孙宝忠．纤维集合体力学［M］．上海：东华大学出版社，2014.

［3］樊威．耐极端环境树脂基复合材料制备关键技术［M］．北京：中国纺织出版社，2020.

［4］益小苏，杜善义，张立同．复合材料手册［M］．北京：化学工业出版社，2009.

［5］Tao Liu，Wei Fan，Xianyan Wu. Comparisons of influence of random defects on the impact compressive behavior of three different textile structural composites［J］. Materials and Design, 2019, 181：108073.

［6］Xiaogang Chen. Advances in 3D Textiles［M］. England：Woodhead Publishing, 2015.

第二章　一维纱线

第一节　概述

一、纱线的定义

一维纱线是由各种纤维为原料沿长度方向聚集而成的柔软细长，并具有一定力学性质的纤维集合体。通常所谓的纱线，是指纱和线的统称。纱是将许多短纤维或者长丝排列成近似平行状态并沿轴向旋转加捻，组成具有一定强力的线密度的细物体；线是由两根或者两根以上的单纱并合加捻而成的。

二、纱线的种类

纱线的分类方法有很多种，按组成纱线的纤维原料不同分类如下：

1. 纯纺纱　用一种纤维纺成的纱线，如棉纱、毛纱、麻纱、桑蚕丝绢纺纱和涤纶纱等。

2. 混纺纱　由两种或两种以上的纤维纺成的纱，如涤纶与棉的混纺纱，羊毛与黏胶纤维的混纺纱。

3. 复合纱　这类纱线主要是指在环锭纺纱机上通过短、短，或者短、长纤维加捻而成的纱和通过单须条分束或须条聚集方式得到的纱。

三、纱线的产生与发展

我国的纺纱技术历史悠久，随着技术的不断发展，我国的生产劳动方式也发生了很大的改变。从手工纺织到智能织造，见证了我国纺织工业的发展。大多数天然纤维，如羊毛、棉花等，只有几寸长，必须先把它们搓成长纱，然后才能织布，在此时，大概只需用双手搓捻，就可搓出原始的羊毛纱。后来，亚麻和棉花纤维也被用来制造纱线，使织品的种类更为丰富。从公元前 7000 年左右起，人类开始用燃杆（纺纱杆）和锭子纺纱。纺纱者一只手拿着上有纤维的捻杆，另一只手把纤维抽成一根松纱，绕在另一根棒或锭子顶端的凹槽里。锭子底下用扁平的石块或锭盘加重固定。纺纱者把锭子像陀螺那样旋转，锭子便把松纱拧紧成纱线，然后把纱线绕在锭子上。此种方法沿用了几千年，制造的一些纱线品质相当好。纺车的出现对纺纱技术产生了重大的影响。一般认为纺车起源于中国，是由缫丝机演变而来。最后随着现代化纺纱技术的发展，我国已拥有一套完备的纺纱体系，人们对纺纱有了更多的选择。

四、纱线的应用

作为纱线原料的纤维主要包括两大类：天然纤维和化学纤维。纱线作为中间产物，纱线的具体应用领域主要是由原材料和加工方法决定的。

（一）纺织领域

天然纤维及化学纤维等可以用来生产家用纺织品和服用纺织品，例如针织服、工作服、鞋子、裙子、帽子、套装，在家用纺织品中，家具的软装饰、清洁用品、地毯、窗帘等，例如棉纱线、涤纶纱线等。

（二）建筑领域

土工布作为一种高性能的纺织产品目前广泛应用于建筑领域，它生产的主要原料是化学纤维中的合成纤维，主要为锦纶、芳纶、丙纶等，它们具有抗拉强度高、耐腐蚀性好、耐高温等良好的性能。土工布作为一种高性能的纺织产品被应用于建筑领域，它具有良好的反渗隔离、防穿刺和抗拉强度高等性能。土工布在水利工程、公路铁路工程、航空港工程、电工工程等领域都有较好的应用。

（三）军事领域

无机陶瓷纤维耐氧化性好，且化学稳定性高，还具有耐腐蚀和电绝缘性能，可以应用于航空航天、军工等领域；聚酰亚胺纤维可以做高温防火保护服、赛车防燃服、装甲部队的防护服和飞行服；碳纤维可用作电磁波吸收材料，用于制作隐形材料、电磁屏蔽材料、电磁波辐射污染防护材料和"暗室"（吸波）材料。碳纳米管纤维兼具碳纤维不具备的高韧特性，而且导电、导热性能大幅优于碳纤维，碳纳米管纤维技术是一项加工工艺简单、环境友好、低能耗、低排放、高附加值的新兴产业，有着非常广阔的发展前景。碳纳米管纤维作为高强、高韧、高导电及结构功能一体化的纤维材料，其未来有望在航空航天、武器装备、智能穿戴等诸多重要领域出现引领性、变革性的应用。超高相对分子质量聚乙烯纤维所具有的轻质、高强、高韧的特性，使其成为防刺防弹材料的首选材料，其可应用于军事、警用防弹防护等领域，成为这些领域中替代传统防弹材料的主流材料。

（四）航空航天领域

碳纤维、芳纶、超高分子量聚乙烯纤维是当今世界三大高性能纤维，是高性能纤维复合材料领域的关键材料。碳纤维是由聚丙烯腈（PAN）、黏胶或沥青等有机纤维原丝经预氧化、低温炭化、高温炭化、石墨化等一系列物理化学变化得到的含碳量大于93%的纤维材料，具有高比强度、高比模量（拉伸强度≥3500MPa，拉伸模量≥220GPa，伸长率为1.5%～2.0%），优良的耐高温、抗蠕变、导热、导电、耐腐蚀等特性。高性能碳纤维增强树脂基复合材料轻质、高强度等特性能够满足航空、航天飞行器的使用要求，在航空航天领域得到了推广应用。在民用领域，碳纤维增强环氧、双马来酰亚胺树脂基复合材料广泛应用于起落架舱门、内外侧副翼、内外襟翼、方向舵、升降舵、扰流板、中央翼、整个尾端、机翼后端、飞机尾部等，如碳纤维增强复合材料在空客A380、波音787、C919等中的使用比例均超过

20%。在军用飞机上，碳纤维增强环氧树脂基复合材料使用比例约为 35%，可用于翼梁、纵梁、机翼箱型梁、升降舵蒙皮、气动舵面、机翼蒙皮、桁条以及中央翼盒与外翼盒接头等。

（五）医疗领域

在医疗方面纺织纤维的应用已非常广泛。甲壳素纤维做成医用纺织品，具有抑菌除臭、消炎止痒、保湿防燥、护理肌肤等功能，因此可以制成各种止血棉、绷带和纱布，不仅如此，这些材料在废弃后还可自然降解，不污染环境；肠衣线、胶原蛋白质丝、蚕丝、棉线、乳酸（PLA）纤维、聚酯（PET）纤维、聚酰胺（PA）纤维、聚丙烯（PP）纤维、聚乳酸纤维等被用作医用缝线；医用型床单、被罩、口罩、防护服已经被大量应用于医疗防护、救护领域。

（六）智能可穿戴领域

随着电子信息技术的发展和人们对便捷生活的追求，智能柔性可穿戴设备受到广大人民群众越来越多的关注，在此领域的研究人员已经取得大量的发明专利和研究成果。在智能可穿戴设备的不断发展中，柔性导电材料扮演着至关重要的角色。导电纱线作为基础的柔性导电纺织材料，广泛应用于智能可穿戴产品。

金属材料具有良好的导电性，在可移动和可穿戴电子器件中广泛应用，而将金属丝或纤维通过包芯纱、混纺纱等不同形式加入其中是制备金属基导电纱线的主要方式之一，此外，金属基导电纱线也可以通过金属化涂层的方法制备得到。

碳基导电纱线随着碳基材料的发展，以石墨烯和碳纳米管为代表的碳材料，因同时具备优异的导电性能和力学性能，已成为纺织品的重要原料，在导电纱线的制备中具有广泛的应用。

导电聚合物是一种柔弹性好、导电性能优异的高分子材料。在导电聚合物中，聚苯胺、聚吡咯因具有良好的环境稳定性和导电性而受到广泛关注，通常将导电聚合物与传统绝缘聚合物或材料混合来制备不同的导电复合材料，从而使导电复合材料保持传统聚合物的力学性能和导电聚合物的导电性。导电聚合物基导电纺织品可采用原位化学、原位电化学、原位气相聚合、溶液涂覆等方法制备。

第二节　纺纱的基本原理

纺纱加工中，需要先把纤维原料中原有的局部横向联系彻底破除（这个过程称为松解），并牢固建立首尾衔接的纵向联系（这个过程称为集合），松解是集合的基础和前提。松解和集合不能一次完成，要分为开松、梳理、牵伸、加捻四步进行。纺纱流程中的"松解"涉及清、梳、精等多道工序，其综合任务是在保护纤维、减少纤维损伤的前提下，使纤维的分离度、伸直度和定向度处于良好状态，为下一步的"集合"奠定良好的基础。

一、开松

开松是用工具将纤维聚集体扯散成小束纤维的加工过程。开松的目的是将大的纤维块松解成纤维小块或者小的纤维束，降低纤维原料单位体积的重量，为下一步的梳理工艺创造条件。

二、梳理

梳理是采用梳理机上密集的梳针对纤维进行梳理，把纤维小块（束）进一步分解成单纤维。纤维原料在加工成纱的过程中，虽然经过开松可使纤维间横向联系在一定程度上减弱，但必须通过梳理才能将纤维间的横向联系基本解除，并逐步建立纤维间首尾相接的纵向联系。

三、牵伸

梳理后，分解的纤维形成网状，可以收拢成细长的条子，逐步达到纤维的纵向排列，但这些纤维的伸直平行程度还是远远不够的。所以牵伸就是把梳理后的条子有规律地抽长拉细的过程，使其中的屈曲纤维逐步伸直，弯钩逐步消除，同时使条子线密度减小的加工过程。这样残留的横向联系才有可能被彻底消除，并沿轴向取向，为建立有规律的首尾衔接关系创造条件。

四、加捻

加捻是利用回转运动，把牵伸后的须条（即纤维伸直平行排列体）加以扭转，以使纤维间的纵向联系固定起来的加工过程。须条绕本身轴向扭转一周，即加上一个捻回。须条加捻后，其性能发生了变化，具有一定的强度、刚度、弹性等，达到了一定的力学性能和使用要求。

在整个纺纱工艺流程中，所有的工艺技术始终都是围绕着对纤维的松解和集合这两个基础过程展开的。开松是对原有集合体的初步松解，梳理则是对松解的基本完成。加捻则是最后巩固新形成的纤维集合体（纱或线），它们之间即各自对纤维进行作用，又相互联系，如图2-1所示。

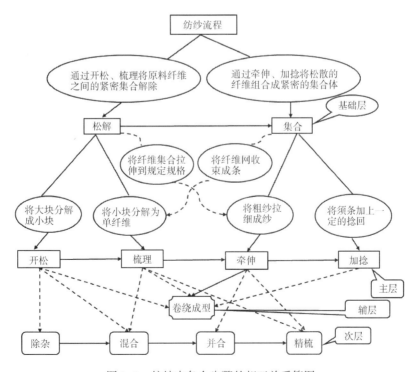

图 2-1　纺纱中各个步骤的相互关系简图

除开松、梳理、牵伸及加捻对成纱有决定性的作用外，纺纱还包括其他步骤或作用，其中混合、除杂、精梳（去除不合要求的短纤维和细小质）、并合可以使产品更加均匀和洁净，从而提高纺纱质量，但它们对于能否成纱不起决定性影响。因此纺纱也是一个复杂的过程，纺纱过程中开松、梳理、牵伸、加捻、混合、除杂、精梳、并合、卷绕九大纺纱原理，体现在纺纱过程中的各道工序中，并且相互重叠、共同作用。

第三节　纺纱的工艺流程与设备

要将纺织原料纺成符合一定性能要求的纱，就需要一系列的加工过程才能实现，把纺织纤维制成纱线的过程称为纺纱工程，它是由若干子工程或者工序组成。纺纱用的纤维原料主要有天然纤维和化学纤维两大类，常用的有棉纤维、毛纤维、特种动物毛、蚕丝、苎麻、亚麻等天然纤维及棉型、毛型化学纤维。它们各具特点，各有特性，有的差异非常显著，纺纱性能差别大，至今难以采用统一的加工方法制成细纱。因此以短纤维中的棉纤维的纺纱工艺流程为例，来表述纤维的成纱过程。

棉纤维成纱工艺又包括普梳系统和精梳系统。普梳系统在棉纺中广泛应用，用来纺中、粗特纱；精梳棉纺系统用来生产对成纱质量要求高的细特棉纱、特种用纱和细特棉混纺纱。其纺纱加工流程如下：

（1）普梳系统。

原棉→配棉→开清棉→梳棉→并条（2~3道）→粗纱→细纱→后加工→棉型纱或线

（2）精梳系统。

原棉→配棉→开清棉→梳棉→精梳准备→精梳→并条（1~2道）→粗纱→细纱→后加工→棉型纱或线

一、初加工工序

纺织原料特别是天然纺织原料，因为自然环境、生产条件、收集方式和原料种类本身的特点，除可纺原料之外还存在很多杂质，这些杂质必须在纺纱前去除；在棉田中采摘的棉铃中含有除了棉纤维的棉籽及其他杂质，在进行下道工序之前必须用轧棉机排除棉籽，在轧棉厂轧下来的皮棉（原棉）经检验打包后，运输到棉纺厂进行后续加工，所以棉的初加工称为轧棉，也是形成原棉的过程。初加工的任务就是去除多余的杂质。

二、梳理前的准备工序

棉纺梳理前准备俗称开清棉工程。但是首先要按配棉规定对原料来进行选配，原料选配的目的首先是保证产品质量和生产的相对稳定，其次是合理使用原料，节约原料、降低成本，最后是增加花色品种。随后对混料进行开松、除杂和混合，制成较为清洁、均匀的棉卷或无定形的纤维层。以上梳理前棉纤维的开松、除杂、混合过程都是在一系列实现不同作用的机械组成的开清棉联合机组上完成的，这些机械依靠连接机械，如凝棉器或风机连接，实现各种机台间的纤维输送。组成开清棉联合机的设备类型包括抓棉机械、开棉机械、棉箱机械、清棉成卷机械、输棉机械等。

1. 抓棉机械　抓棉机械的主要作用是利用抓棉的打手对棉块撕扯、打击和抓取。从棉包上抓取纤维，并输送到下到机台，主要有自动抓棉机、称量喂给机等机械。

2. 开棉机械　开棉机械的主要作用是对纤维原料进行开松、除杂。因打手型式和作用特点的不同，开棉机械有很多机型，但作用原理基本相同，都是利用打手和尘棒的作用对纤维原料进行开松与除杂作用，如豪猪开棉机等。

3. 棉箱机械　棉箱机械的主要特点是设备体积较大，都具有能容纳大量纤维原料的棉箱或棉仓，而角钉机械对原料进行扯松，去除杂疵。按照棉箱机械在开清棉联合机中的位置不同，其所起主要作用也会有所不同，有的以混合为主要作用，如多仓混棉机和自动混棉机；有的以均匀给棉为主要作用，如棉箱给棉机，棉箱机械还有开松和均棉等其他作用。

4. 清棉成卷机械　清棉成卷机械的主要作用是对经过多道机台开松、除杂作用的纤维原料进行更细致的开松、除杂、均匀、混合，也是开清棉加工的最后一台机械，带有成卷部分的设备还可以将加工后的纤维制成一定卷装规格的棉卷，供梳棉机加工。

5. 输棉机械　输棉机械的作用是使连接各机台的输棉管道中产生气流流动，实现纤维原料在机台间的输送和分配。主要有凝棉器、梳棉风机、配棉器和间道装置等。开清棉联合机的组合要求应与开清棉工序的工艺要求相符合。要贯彻"多包细抓、混合充分、成分准确、打梳结合、多松少返"等原则，图2-2为国产纯棉清梳联流程。

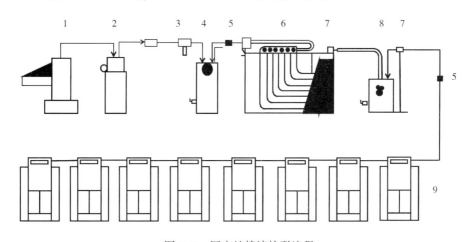

图2-2　国产纯棉清梳联流程

1—往复式抓棉机　2—多功能气流塔　3—金属及火星探除器　4—单轴流开棉机　5—火星探除器　6—多仓混棉机
7—输棉风机　8—精开棉机　9—清梳联喂棉箱+梳棉机

三、梳理工序

梳理是现代纺纱生产中的核心工序之一，棉纤维的梳理工序是利用表面带有钢针或锯齿的工作机件对纤维束进行梳理，使其成为单纤维状态。梳理的任务就是要进一步去除很小的杂质、疵点及部分短绒，并使纤维得到较充分的混合，然后聚拢成均匀的条子，并有规律地圈放或卷绕成适当的卷装。梳理机按加工原料的不同主要有两种形式及盖板式梳理机（图2-3）和罗拉式梳理机，盖板式梳理机一般用于加工短纤维，如棉纤维、棉型化学纤维及混纺纤维。罗拉式梳理机一般用于加工长纤维，如毛纤维、麻纤维、绢纤维、毛型化学纤维及混纺纤维。

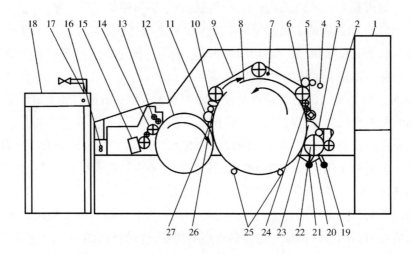

图2-3　盖板式梳理机结构示意图

1—FA给棉箱　2—给棉罗拉　3—刺辊　4—盖板花吸点　5—后棉网清洁器吸点　6—后盖板杂质吸点
7—盖板飞花吸点　8—锡林　9—盖板　10—前盖板杂质吸点　11—前棉网清洁吸点　12—道夫　13—清洁辊吸点
14—剥棉罗拉　15—导棉器　16—大压辊　17—圈条器吸点　18—圈条器　19—刺辊下右吸点通道
20—刺辊分梳板　21—刺辊下右吸点　22—刺辊放气罩吸点　23—后下固定盖板
24—后上固定盖板　25—锡林底部罩板吸点　26—前上固定盖板　27—前下固定盖板

四、精梳工序

精梳工序是在对棉纤维纺制过程中有特殊要求时，需要经过精梳工程加工。精梳的任务就是分梳纤维，改善纤维的伸直平行程度，同时排除纤维中细小的杂质和短纤维，提高纤维的整齐度，为后部工序提供纱疵少、条干均匀的精梳棉条。它主要是在纤维的两端被分别握持的状态下利用梳针将其进行更为细致、充分的梳理，精梳机的实质就是握持梳理。

在喂入精梳机前需要进行一系列准备工序，即精梳前的准备工序，梳理机输出的条子，通常称为生条，此时虽然已经有了条子的外形，但其内的纤维伸直度和均匀度还不够好，因此生条必须先经过精梳前准备才能在精梳机上进行加工。精梳前准备的任务是提高条子中纤维的伸直度、分离度及平行度，减少精梳过程中对纤维、机件的损伤以及降低落纤量，将生条做成符合精梳机喂入的卷装。棉型精梳机的结构示意图如图2-4所示。

五、并条工序

纤维材料经过前道工序的开松、梳理，已经制成连续的条状半制品（即条子），但是还

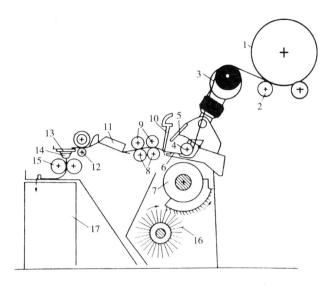

图 2-4 棉型精梳机的结构示意图

1—尘笼 2—风斗 3—毛刷 4—锡林 5—下钳板 6—给棉板 7—罗拉 8—导卷板 9—给棉罗拉 10—顶梳
11—分离罗拉 12—导棉板 13—输出罗拉 14—喇叭口 15—压辊 16—导条钉 17—牵伸装置 18—喇叭口
19—压辊 20—输送带 21—压辊 22—圈条盘 23—条筒

不能直接纺成细纱，生条的质量和结构状态离最终成纱还有很大差距，纤维的伸直度和分离度都较差，生条中大部分纤维还呈屈曲或者弯钩状，而精梳条子虽然纤维伸直度好但是条干均匀度差；因此并条的任务就是将若干根条子并合，使不同条子的粗细段能随机叠合，改善条子长片段的均匀度，同时罗拉可以将喂入的条子拉细，改善条子中纤维的伸直平行度，保证条子的成纱强力和条干均匀度，不同条子的混合还可以使不同形状的纤维得到混合，保证条子的混合均匀度，将制成的条干均匀的纤维条，有规律地卷绕成适当的卷装，供后续使用。

并条工序是前纺控制和调整成纱线密度偏差的工序，是纺纱中间衔接最重要的工序。并条机由喂入、牵伸和成型卷绕三个部分组成，棉型并条机的工作过程如图 2-5 所示，由于纤维条中纤维的均匀混合作用要求一定倍数的并合，而且纤维的伸直平行作用也要求多次反复掉头牵伸，因此，并条工序的每道并条数常为 6 根以上，工艺道数都是两道以上，且工艺道数应视具体纤维的形状和混合的要求而定。

六、粗纱工序

粗纱就是将熟条进行牵伸达到适当的细度，由熟条纺成细纱需要 150~400 倍的牵伸，目前大多数环锭细纱机还没有这样的牵伸能力，所以需要粗纱工序来分担一部分牵伸倍数，所以粗纱工序的任务就是将熟条抽长拉细，施以 5~12 倍的牵伸倍数，并进一步改善纤维的伸直平行度和分离度，同时经过牵伸后的须条极易松散，一般要采用加捻（假捻或真捻）的方法来提高纱条的强力，以承受卷绕和在细纱机上退绕时的张力，防止意外牵伸。为了满足运输和储存和下道工序的加工需要，制成的粗纱要卷绕在粗纱管上。棉型粗纱机的工作过程如图 2-6 所示。

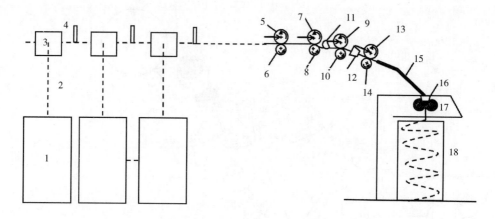

图 2-5　棉型并条机的工作过程

1—喂入条筒　2—棉条　3—导条罗拉　4—导条柱　6，8，10—后、中、前罗拉　5，7，9—胶辊
11—压力棒　12—集束器　13，14—集束罗拉及其胶辊　15—导条管　16—喇叭头　17—紧压罗拉　18—输出条筒

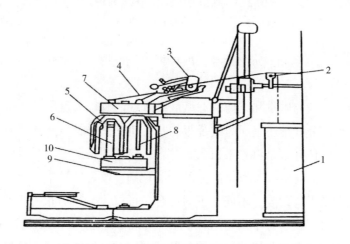

图 2-6　棉型粗纱机的工作过程

1—条筒　2—导条辊　3—牵伸装置　4—粗纱　5—锭翼　6—筒管　7—上龙筋　8—锭杆　9—升降摆杆　10—龙筋

七、细纱工序

细纱是纺纱中的最后一道工序，是将粗纱进行进一步牵伸、加捻，从而获得具有一定线密度、强力且符合质量标准或用户要求的细纱。细纱的任务就是将粗细均匀的纤维拉细到需要的线密度，给牵伸后的须条加上适当的捻度，使纱线具有一定的强度、弹性和光泽等性能，然后按照一定的要求卷绕成形，便于运输和后道加工。细纱机由喂入、牵伸、加捻卷绕和成形四部分组成。典型传统环锭细纱工艺流程如图 2-7（a）所示，新型赛络纺工艺流程如图 2-7（b）所示。

八、后加工工序

细纱机纺出来的细纱已经基本完成了纺纱任务，除了纬纱可以直接使用之外，其他品种

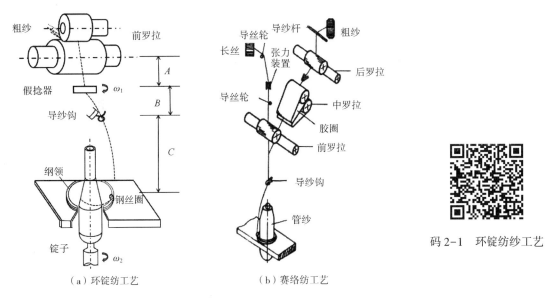

码 2-1 环锭纺纱工艺

（a）环锭纺工艺　　（b）赛络纺工艺

图 2-7　细纱工艺流程

应该根据加工要求进行适当的后加工，后加工就是对纺成的纱线做最后处理。

综上所述，在整个纺纱工艺流程中，所有工艺技术始终都是围绕对纤维的松解和集合这两个基础过程展开的，所有工艺都是为了能纺出满足纱线的质量要求和客户要求的纱线，每一步都是不可或缺的，纺纱工艺流程如图 2-8 所示。

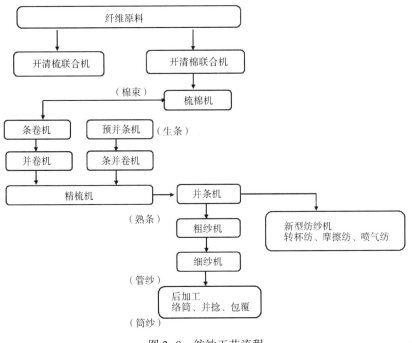

图 2-8　纺纱工艺流程

第四节　纱线的结构特征参数

纱线结构指组成纱线纤维的空间形态、纤维之间的空间排列关系、纱线的整体几何形态。主要包括纱线的细度、均匀度、捻度、毛羽、纱内纤维排列等方面。纱线结构主要影响纱和织物的外观特征和品质，如手感、光泽、悬垂性等性能。

一、纱线的细度

衡量纱线细度的指标有直接指标和间接指标。直接指标包括直径、截面积；间接指标包括特克斯、丹尼尔、公制支数；纱线的细度通常用间接指标来表示。

（一）直接指标

当纤维的横截面接近圆形时，纤维的细度可以用直径、截面积和周长等直接表示。通过光学显微镜观测到纤维的直径 d 和横截面积 A，在直接指标中常用的是直径，单位为 μm，常用于截面接近圆形的纤维，如绵羊毛及特种动物毛等。对于近似圆形的纤维，其横截面积计算可近似采用下式：

$$A = \frac{\pi d^2}{4}$$

（二）间接指标

1. 线密度　我国法定计量制的线密度单位为特克斯（tex），简称特，表示 1000m 长的纱线在公定回潮率时的重量。一段纤维的长度为 L（m），公定回潮率时的重量为 G_k（g），则该纤维的线密度（Tt）为：

$$Tt = \frac{G_k}{L} \times 1000 \tag{2-1}$$

由于纤维较细，用特数来表示过小时，常采用 dtex 或 mtex 表示纤维的细度。特克斯为定长制单位，如果同一种纤维的特数越大，则纤维就越粗。其主要用于表示棉、麻、毛的细度。

2. 纤度　丹尼尔简称旦，又称纤度 N_d，表示 9000m 长的纱线在公定回潮率时的重量（g），用来表示蚕丝和化纤长丝的细度，一段纤维的长度为 L（m），公定回潮率时重量为 G_k（g），则该纤维的纤度为：

$$N_d = \frac{G_k}{L} \times 9000 \tag{2-2}$$

纤度为定长制单位，如果同一种纤维的旦数越大，则纤维就越粗。

3. 公制支数　单位质量纤维的长度指标称为支数，按计量制不同可分为公制支数和英制支数。公制支数 N_m 是指在公定回潮率时重量为 1g 的纺织材料所具有的长度（m），简称公支，该纤维的公定重量为 G_k（g），长度为 L（m），则该纤维的公制支数为：

$$N_m = \frac{L}{G_k} \tag{2-3}$$

公制支数为定重制，如果同一种纤维的公制支数越大，则纤维的细度越细。

二、纱线的细度不匀

纱线不仅要求具有一定的线密度，除了花式纱线以外还要求保持良好的细度均匀度。沿纱线长度方向的粗细不匀不仅直接影响织物的外观均匀性、耐用性等，当用纱线细度不匀的纱线制造织物时，织物会产生各种疵点，如横路、云织、粗节、细节，严重影响织物的外观质量，而且纱线极细处捻度集中强度下降，给后道工序的加工生产带来很多困难，因此纱线的均匀度是评定纱线质量的重要指标。纱线细度不匀是因纱线线密度不匀而引起的，一方面是纤维本身的细度、截面积不匀和纱线截面内纤维根数不匀造成的纱线细度不匀，另一方面就是纺纱过程中工艺及机械因素产生的附加不匀。为了获得均匀的纱线，除了对纤维原料要均匀地混合外，纺纱工艺参数的正确选择和纺纱机械的无缺陷正常运转也是非常重要的。

纤维的细度对成纱的条干不匀有影响。设纤维的线密度为 Tt_1，成纱的线密度为 Tt_2，细纱截面中平均纤维根数即 Tt_2/Tt_1，当成纱中不计纤维细度的变异时，则纱线条干变异系数的极小值如下：

$$CV = \sqrt{\frac{Tt_1}{Tt_2}} \times 100 \qquad (2-4)$$

因此纤维越细时，纱的条干变异系数 CV 越低，条干均匀度越好。

三、纱线的加捻指标

加捻的实质就是在纺纱过程中，纱条（须条、纱线、丝）绕其轴线加以扭动、交结，使纱条获得捻回、包缠的过程就称为加捻。须条自身绕轴线回转一周时，这段纱条上便获得一个捻回；衡量纱线加捻程度的指标有捻度、捻系数等。

码 2-2　加捻

（一）捻度

纱条相邻截面间相对回转一周称为一个捻回。单位长度纱条上的捻回数称作捻度，采用国际制单位时，捻度的单位以捻回数/10cm 表示。捻回数越多，则捻度越大。捻度与加捻程度的关系如图 2-9 所示。可以明显看出在相同的特数下，捻度大的纱加捻的程度也越大。

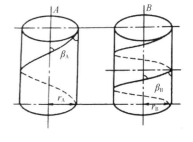

图 2-9　捻度与加捻程度的关系

1. 特克斯制捻度（T_t）　特克斯制捻度是指 10cm 长度内的捻回数，通常习惯用于棉型纱线。

2. 英制捻度（T_e）　英制捻度是指 1 英寸内的捻回数，通常用来表示精梳毛纱及化学纤维长丝的加捻程度。

3. 公制捻度（T_m）　公制捻度是指 1m 长度内的捻回数，通常用来表示粗梳毛纱的加捻程度。

（二）捻回角

加捻前，纱线中纤维相互平行，加捻后，纤维发生了倾斜。纱线加捻程度越大，纤维倾斜就越大，因此，可以用纤维在纱线中的倾斜角——捻回角 β 来表示加捻程度。捻回角 β（图2-10）是指表层纤维与纱轴的夹角。

（三）捻系数

从加捻的实质来看，最能反映加捻程度的是捻回角 β，它直接反映纤维因扭矩而产生向心压力使纱条中各个纤维之间相互结合的紧密程度。

捻度公式如下：

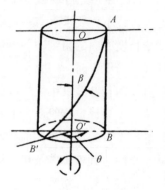

$$T_m = \alpha_m \sqrt{N_m}$$

$$T_e = \alpha_e \sqrt{N_e}$$

式中：T_m，T_e 分别为公制捻度（捻/m）和英制捻度（捻/英寸）；α_m，α_e 分别为公制捻系数和英制捻系数；N_m，N_e 分别为公制支数和英制支数。

图2-10　纱条加捻时外层
纤维的变形

（四）捻向

纱线加捻时回转的方向称为捻向。单纱中的纤维或者股线中的单纱在加捻后，其捻向的方向由下而上、自右向左称为S捻［图2-11（a）］。自上而下、自左向右的称为Z捻［图2-11（b）］。在实际生产操作中单纱一般采用Z捻。对于股线而言ZS（单纱Z捻，股纱S捻；股线捻向与单纱异捻）纱线结构稳定，手感柔软，光泽较好。ZZ（单纱Z

（a）S捻

（b）Z捻

图2-11　纱条捻向示意图

捻，股纱Z捻；股线捻向与单纱同捻）纱线结构不太稳，易扭结，手感粗硬，光泽较差。

四、纱线的毛羽特征

毛羽是指纱线表面露出的纤维端或纤维圈。毛羽分布在纱线圆柱体的各个方向，毛羽的长短和形态比较复杂，因纤维特性、纺纱方法、纺纱工艺参数、捻度、纱线的粗细而异。毛羽对不同的纱线有不同的作用，对于缝纫线、精梳棉织物、精梳毛织物，毛羽含量越少越好，毛羽对纱线的外观、手感、光泽等都有不利影响；而毛羽对起绒织物、绒面织物却是有利的。毛羽对织造工艺的负面影响大，毛羽多会导致实际生产过程中出现开口不清、易断头、停机等现象。

常用"毛羽指数"来表征纱线毛羽量。它是指每米纱线上的毛羽纤维的根数，就是单位长度纱线毛羽伸出长度超过某一定值的毛羽根数。

五、纺纱工艺设计实例

以一种32tex纯棉纱为例，其纺纱工艺参数及流程见表2-1。

表 2-1 纺纱工艺参数及流程

混用原料成分				
原料混用比例/%	品级	长度/mm	含杂率/%	含水率/%
新疆棉30、河南棉50、河北棉20	2.2	29	1.5	9.2
	成熟度系数	短纤维含量/%	纤维线密度/dtex	皮辊棉百分比/%
	1.61	13	1.70	12

开清棉工艺流程
FA002 型×2→FA104 型→FA022 型（6）→A062 型→A092AST 型×2→FA141 型×2

棉梳工艺							
机型	生条干定重量/(g/5m)	总牵伸倍数		棉网张力牵伸	转速/（r/min）			
		机械	实际		刺辊	锡林	盖板	道夫
FA224	22.5	88.37	91.1	1.192	925	350	148	36

刺辊与周围机件隔距/mm						
给棉板	第一调节板	第二调节板	除尘刀	分梳板	三角小漏底	锡林
0.3	1.2	1.2	1.3	1.3	1.2	0.15

锡林与周围机件隔距/mm										
活动盖板				后固定盖板			前固定盖板	道夫	前上罩板	后上罩板
第一点	第二点	第三点	第四点	第一块	第二块	第三、第四块	第1~4块			
0.23	0.2	0.2	0.23	0.65	0.6	0.5	0.3	0.12	1.2	1.3

并条工艺									
道别	机型	条子干定量/(g/5m)	并合数	总牵伸倍数		各区牵伸倍数分配			前罗拉速度/（m/min）
				机械	实际	1~2	2~3	3~4	
头并	FA311	21.5	8	8.39	8.37	4.84	1.018	1.7	296
二并	FA311	19.5	8	8.78	8.82	6.96	1.018	1.24	268

罗拉握持距/mm		罗拉加压/N	罗拉直径/mm	喇叭口直径/mm
1~2	3~4	1×2×3×4	1×2×3×4	
35	44	294×294×392×392	294×294×392×392	3.5~4
35	44	294×294×392×392	294×294×392×392	3.5~4

粗纱工艺									
粗纱工艺	粗纱干定重量/(g/10m)	总牵伸倍数		后区牵伸倍数	计算捻度/(捻/10cm)	捻系数	罗拉中心距/mm		罗拉加压/N
		机械	实际				1~2	2~3	1×2×3
FA401	5.5	7.11	7.09	1.26	4.09	96	44	46	300×200×250

粗纱工艺							
罗拉直径/mm	轴向卷绕速度/(圈/10cm)	转速/(r/min)		锭翼绕纱		集合器口径/mm	钳口隔距/mm
1×2×3		前罗拉	钉子	锭端	压掌		
28×25×28	36	267	960	3/4	3	11	5.5

细纱工艺										
机型	细纱干定量/(g/100m)	公定回潮率/%	总牵伸倍数		后区牵伸倍数	捻向	计算捻度/(捻/10cm)	捻系数	罗拉中心距/mm	
			机械	实际					1~2	2~3
FA506	2.949	8.5	21.3	20.6	1.24	Z	61.9	350	41	47
罗拉加压/N	罗拉直径/mm	转速/(r/mm)		皮圈钳口/mm	钢领		钢丝圈型号	集合器口径/mm		
1×2×3	1×2×3	前罗拉	钉子	mm	型号	直径/mm				
137.2×98×137.2	25×25×25	331	16060	4	PG1、ZM	T42、W35	6903 1/0、ZB-8 5/0	2.5		

络筒工艺				
机型	槽筒转速/(r/min)	清纱器		张力圈重量/g
		形式	隔距/mm	
1332M	2500	清纱板	0.35	16

（1）根据纯棉纱的需求，在纺纱过程中要求结杂少、条干均匀。

（2）原棉长度控制在 27~29mm，品级控制在 2~4 级；原棉的成熟度好、轧工条件好、含杂少、线密度适中。

（3）开清棉的工艺原则是多松少打、充分混合以及除杂；开清棉工艺流程采用两箱三刀配置，尘棒隔距适当增大。

（4）梳棉机采用紧隔距、高速度、强分梳的工艺路线。适当提高锡林与刺辊的转速，并保持刺辊与锡林之间纤维转移情况良好，以加强分梳效果，降低生条中棉结杂质数量。

（5）并条工序头、二道并条均采用 8 根并合，有利于改善熟条的重量不匀率及成纱的长片段不匀率。因生条中纤维伸直度与分离度都较差，如果在头道并条机上采用较小的后区牵伸倍数，会使前区的牵伸力过大而造成纤维在钳口处打滑，从而产生粗节、细节。所以在头道并条机通常采用较大的后区牵伸倍数，在二道并条机上再采用较小的后区牵伸倍数，有利于提高熟条条干。

（6）由于 FA401 型粗纱机采用新型的三上三下双胶圈牵伸工艺，有利于提高粗纱质量。本设计采用的粗纱定量、粗纱捻系数适中，对细纱机采用较小的后区牵伸，有利于减少细纱粗节的产生。

（7）细纱机的总牵伸倍数为 21.3，加压量充足，对改善成纱条干、质量有利；细纱的捻系数设定为 350，兼顾布面的丰满度和强度。

（8）盖板花需要经处理制成棉条后均匀使用，以免影响成纱质量，同时又可以节约用棉。

参考文献

［1］王学元．纺纱工艺流程功能解析（上）［J］．纺织器材，2017，44（4）：48-53.

［2］梅霞.4种纺纱技术的比较和分析［J］．上海纺织科技，2018，46（2）：7-10，48.

［3］姚穆．纺织材料学［M］.5版．北京：中国纺织出版社，2019.

［4］郁崇文．纺纱学［M］．北京：中国纺织出版社，2014.

［5］于修业．纺纱原理［M］．北京：中国纺织出版社，1994.

［6］谢春萍．纺纱工程［M］．北京：中国纺织出版社，2012.

［7］刘瑞．医用纺织品的应用综述［J］．新疆工学院学报，2000（2）：142-145.

［8］吴玉婷，潘志娟．柔性可穿戴电子传感器的现状及发展趋势［J］．现代丝绸科学与技术，2019，34（5）：22-25.

［9］彭军，李津，李伟，等．柔性可穿戴电子应变传感器的研究现状与应用［J］．化工新型材料，2020，48（1）：57-62.

［10］吴昆杰，张永毅，勇振中，等．碳纳米管纤维的连续制备及高性能化［J］．物理化学学报，2106034.

［11］谭媛，韩香，齐肖阳．碳纤维材料的应用研究进展［J］．山东化工，2021，50（13）：46-47.

［12］董慧民，翁传欣，刘聪，等．碳纳米管填充聚苯硫醚纳米复合材料研究进展［J］．复合材料科学与工程，2021（9）：107-117.

［13］吴良义．先进复合材料的应用扩展：航空、航天和民用航空先进复合材料应用技术和市场预测［J］．化工新型材料，2012，40（1）：4-9，91.

［14］郑震，施楣梧，周国泰．超高分子量聚乙烯纤维增强复合材料及其防弹性能的研究进展［J］．合成纤维，2002（4）：20-23，26.

［15］张慧，俞巧珍，赵倩倩，等．壳聚糖对聚乳酸手术缝合线的改性研究［J］．上海纺织科技，2019，47（4）：9-11.

［16］秦冬雨，王文祖．医用缝合线的结构与性能［J］．产业用纺织品，2001（10）：16-19.

［17］Zhang C，et al. Recent Progress of Wearable Piezoelectric Nanogenerators. ACS Applied Electronic Materials，2021，3（6）：2449-2467.

第三章　二维机织物

第一节　概述

一、二维机织物的定义

二维机织物（woven fabric）是由经、纬两个互相垂直系统的纱线按照一定的织物组织结构互相交错沉浮织造而成，如图3-1所示。在织物内，与织物长度方向平行的纵向纱线称为经纱（filling yarn），与织边宽度方向平行的横向纱线称为纬纱（weft yarn），经纱和纬纱相互沉浮交织的规律称为织物组织。

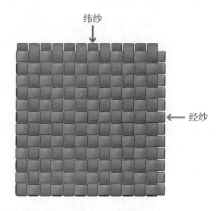

图3-1　机织物

二、二维机织物的分类

（一）按用途分类

1. 服用织物　该类织物主要用于人们服装与服饰及其制品、饰品、辅助服装用品，也可分为内衣、夏季服装用织物（轻薄织物），冬季外衣织物（厚重织物）。

2. 装饰用织物　该类织物主要用于美化改善工作、环境的纺织品，又可细分为家用纺织品和装饰织物两大类。家用纺织品包括床上用品、家具布、室内纺织用品等；装饰织物分类多样、功能性显著，常见的功能有吸尘防尘功能、降噪隔音功能、抗菌防螨功能、提醒警示功能等。

3. 产业用织物　该类纺织品是指经过专门设计，具有工程结构特点的一类纺织品。主要包括帆布、土工布、遮盖布、水龙带、传送带、帘子布、筛网、过滤织物、造纸用织物及国防特种用途织物等。

（二）按原料分类

1. 纯纺织物　纯纺织物是指经纬纱线是由同一种纤维制成的织物。如纯棉织物、纯毛织物、纯丝织物、纯麻织物、玻璃纤维织物、金属纤维织物等。

2. 混纺织物　混纺织物是指经纬纱线是由两种或两种以上纤维混纺而制成的织物。如涤棉织物、毛涤织物、毛麻织物、麻涤织物、绢麻混纺织物等。

3. 交织物 交织物是指经纱是一种纤维，纬纱是另一种纤维的织物，或者经纱、纬纱由两种不同的纱线组成的织物。如古香缎（蚕丝和黏胶长丝交织），麻经棉纬交织而成的棉麻织物。

4. 混交织物 混交织物是指经、纬纱同时为混纺纱或其中之一为混纺纱，且经、纬纱混纺所用原料不同的织物。常见的如经纱为棉纱，纬纱为涤棉纱；经纱为涤棉纱，纬纱为棉纱等。

5. 交并织物 交并织物是指经、纬纱由两种或两种以上不同原料并合成股线所制成的织物，如涤纶长丝与纯棉纱并合作为经、纬纱织造而成的织物，麻纱与毛纱并合作为经纱而制成的织物。

（三）按织物组织结构分类

1. 三原组织织物 三原组织织物又称基本组织织物，指平纹、斜纹、缎纹（贡缎）三种组织，如平布、细布、府绸、卡其布等。

2. 变化组织织物 变化组织织物是由变化组织织造而成的织物。常见的变化组织有绉组织、破斜纹组织、配色模纹组织、急斜纹组织、复杂斜纹组织和缎纹变化组织等。

3. 联合组织织物 联合组织织物是由几种组织联合织造而成的织物。常见的联合组织有三原组织构成的条子组织、绉组织和平纹小提花组织等。

4. 重组织织物 重组织织物由两个系统的经纱，一个系统的纬纱构成，经纱分别称为表经和里经。常见的有经起花组织、经二重、纬二重、经三重和纬三重组织等。

5. 双层组织织物 双层组织织物主要有管状织物、双幅织物或多幅、表/里接双层组织织物、表/里换层双层组织织物及多层组织织物。

6. 起毛组织织物 起毛组织织物主要有灯芯绒、纬平绒、拷花呢及长毛绒。

7. 毛巾组织织物 毛巾组织织物由两个系统经纱和一个系统纬纱交织而成，经纱分别称为毛经、地经。

8. 纱罗组织织物 纱罗组织织物是指两个系统的经纱（绞经、地经）与一个系统的纬纱交织而成的表面有横向、纵向、满地纱孔的透明或半透明织物。

（四）按织物染色及后整理的类型和功能分类

按织物染色可分为本色织物、印花织物、染色织物；按后整理的类型不同可分为抑菌织物、阻燃织物、免烫织物、拒水拒油织物、涂层织物及轧花织物等。

（五）按织物幅宽分类

1. 中幅织物 中幅织物，一般是指幅宽（cm）为 81.5、86.5、89.0、91.4、94.0、96.5、98.0、99.0、101.5、104.0、106.5、122.0 的织物。

2. 宽幅织物 宽幅织物，一般是指幅宽（cm）为 127.0、132.0、137.0、142.0、150.0、162.5、167.0 的织物。

三、二维机织物的应用

（一）平纹组织的应用

平纹组织中，由于经纱和纬纱之间每次开口都进行交错，使纱线屈曲增多，经、纬纱的交织也最紧密。所以，在同样条件下平纹织物手感较硬，质地坚牢，在织物中应用极为广泛。如棉织物中的粗平布、中平布、细平布、特细布或细纺、巴里纱织物、毛凡立丁、派力司、毛精纺薄花呢、电力纺织物、轻薄起绉丝织物、塔夫绸、夏布、苎麻细布和亚麻细布。

（二）斜纹组织的应用

斜纹组织由于其组织循环数较平纹大，且组织中每根经纱或纬纱只有一个交织点，因此在其他条件相同的情况下，斜纹织物的坚牢度不如平纹织物，但手感比较柔软。斜纹织物的经纬交织数比平纹少，在纱线线密度相同的情况下，不交织的地方，纱线容易靠拢，因此，斜纹织物的纱线致密性较平纹织物大；在经、纬纱线密度、密度相同的条件下，其耐磨性、坚牢度不及平纹织物，但是，若加大经纬密度则可提高斜纹织物的坚牢度。

采用斜纹组织的织物较多，如棉织物中的单面纱卡其为 3/1↖ 斜纹，单面线卡其为 3/1↗ 斜纹；毛织物中的单面华达呢为 3/1↗ 斜纹或 2/1↗ 斜纹；丝织物中的美丽绸为 3/1 斜纹。

斜纹织物表面的斜纹倾斜角度随经纱与纬纱的密度的比值而变化，当经、纬密度相同时，右斜纹倾斜角为 45°；当经纱密度大于纬纱密度时，右斜纹的倾角将大于 45°，反之则小于 45°。

经、纬纱捻向与斜纹组织的合理搭配，可改善织物表面效应，为保证斜纹的纹路清晰，应使斜纹方向与构成织物支持面纱线的捻向相垂直。

（三）缎纹组织的应用

缎纹组织由于交织点相距较远，单独组织点为两侧浮长线所覆盖，浮长线长而且多，因此织物正反面有明显差别。正面不易看出交织点，平滑匀整。织物的质地柔软，富有光泽，悬垂性较好，但耐磨性较差，易擦伤起毛。缎纹的组织循环数越大，织物表面纱线浮长越长，光泽越好，手感越柔软，但坚牢度越差。

缎纹组织除用于服装面料外还常用于家用纺织品、装饰品等。缎纹组织的棉织物有直贡缎、横贡缎；准毛织物有贡呢等。缎纹在丝织物中应用最多，有素缎、各种的组织起缎花、经缎地上起纬花或纬缎地上起经花等织物，如绉缎、软缎、织锦缎等。缎纹还常与其他组织配合制织缎条府绸、缎条花呢、缎条手帕、床单等。

为了突出经面缎纹的效应，经纱密度应比纬纱密度大，一般情况下，经、纬密度之比为 3∶2；同样，为了突出纬面缎纹的效应，经、纬密度之比为 3∶5。为了保证缎纹织物光亮柔软，常采用无捻或捻度较小的纱线。经面缎纹的经纱，只要能承受织造时所受机械力的作用，应力求降低其捻度，适当降低纬面缎纹的纬纱捻度，以防止过大地影响织造的顺利进行。纱线的捻向也对织物外观效应有一定影响。经面缎纹的经纱或纬面缎纹的纬纱，其捻向若与缎纹组织点的纹路方向一致，则织物表面光泽明亮，如横贡缎；反之，则缎纹表面呈现的纹路、光泽有所削弱，如直贡呢等。

第二节　二维机织物的组织结构和参数

二维机织物是由平行于织物布边或和布边呈一定角度排列的经纱和垂直于织物布边排列的纬纱，按规律交织而成的片状纱线集合体。并由这种交叉排列和屈曲起伏的挤压接触形成稳定的交织结构，其中经、纬纱的起伏规律称为织物组织。

一、二维机织物的组织结构

织物组织是织物的一项技术条件，也是织物规格的一项重要内容。一般机织物的组织分为三原组织、变化组织、联合组织、重组织、双层及多层组织、起毛起绒组织、纱罗组织。

（一）三原组织

三原组织（three-elementary weave）又称原组织，是构成其他各个组织的基础，它包括平纹组织、斜纹组织、缎纹组织。

1. 平纹组织　平纹组织（plain weave）是最简单的组织（图3-2），通过经纱和纬纱相互一沉一浮交织而成，每两根经纱或纬纱组成一个织物的一个完整的结构单元，整个织物是由经纬纱两两组成与基本单元完全重复的单元构成，组织参数为 $R_j = R_w = 2$，$S_j = S_w = \pm 1$（R_j 为经纱线循环数，R_w 为纬纱循环数，S_j 为经向飞数，S_w 为纬向飞数）。平纹织物的浮线最短、交织次数最多、结构也最紧密，因而平纹组织织物的断裂强度最大，形成的孔洞、缝隙最少，透气性较差。棉织物中的平布与府绸，毛织物中的凡立丁，麻织物中的夏布等，均属平纹组织。

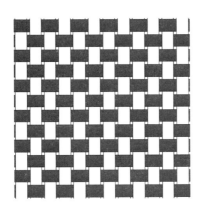
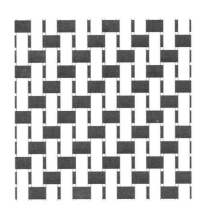

图3-2　平纹组织　　　　　　　　　图3-3　斜纹组织

2. 斜纹组织　斜纹组织（twill weave）由连续的经组织点或纬组织点构成的浮长线倾斜排列，每一根经纱对纬纱的交错规律为两浮一沉，相邻两根经纱上的浮沉情况各错过一根纬纱（图3-3）。而每一根纬纱对经纱的交错规律则为两沉一浮，相邻两根纬纱间的沉浮情况也各错过一根，由于相邻两根纱线的沉浮情况逐根相错，使织物表面呈现出斜向的纹路特征。

斜纹组织的参数为 $R_j = R_w \geq 3$，$S_j = S_w = 1$ 或 -1。

当斜纹线由经纱较长的浮点组成时，称为经面斜纹；由纬纱较长的浮点组成时，称为纬面斜纹。在斜纹组织的织物中，经纬纱线的交错次数比平纹组织少，因而可增加单位宽度内的纱线根数，使织物更加紧密、厚实、硬挺，并具有较好的光泽。棉和棉型化纤织物中的卡其、华达呢、哔叽以及毛和毛型化纤织物中的华达呢、哔叽均用斜纹组织或以斜纹为基础的组织组成。

3. 缎纹组织 缎纹组织（satin or sateen weave）是三原组织中最为复杂的一种组织（图3-4）。缎纹组织也可分为经面缎纹和纬面缎纹，经面缎纹织物的正面主要由经纱显示在织物表面，而纬面缎纹织物的正面主要由纬纱显示在织物表面。其特点是每根经纱或纬纱在织物中形成单独的、互不连续的经或纬组织点，且分布均匀并为其两旁的另一系统纱线的浮长所覆盖，在织物表面呈现经（或纬）浮长线、交织次数最少、结构最疏松，形成孔洞、缝隙最多，透气性能好，因此布面平滑匀整、富有光泽、质地柔软、强度较低。织物中的直贡和横贡，均属缎纹组织。缎纹组织的参数为 $R \geq 5$（6除外），$1 < S < R-1$，且 R 与 S 互为质数。

图 3-4　缎纹组织

（二）变化组织

变化组织（derivative weave）是在原组织的基础上，变化组织点的浮长、飞数、排列斜纹线的方向及纱线循环数等因素中的一个或多个，而衍生出来的组织结构，变化组织仍然保持了原组织的一些基本特征，可分为平纹变化组织、斜纹变化组织及缎纹变化组织。

1. 平纹变化组织 平纹变化组织又可分为重平组织（经重平组织、纬重平组织）、方平组织、花式平纹变化组织、麦粒组织、鸟眼组织。

2. 斜纹变化组织 斜纹变化组织又可分为加强斜纹、复合斜纹、角度斜纹、曲线斜纹、山形斜纹、锯齿形斜纹、菱形斜纹、破斜纹、芦席斜纹、螺旋斜纹、飞断斜纹、夹花斜纹、阴影斜纹。

3. 缎纹变化组织 缎纹变化组织又可分为加强缎纹组织、变则缎纹组织、重缎纹组织、阴影缎纹。

（三）联合组织

联合组织（combination weave）是由两种及两种以上的原组织或变化组织运用各种不同的方法联合而成的组织，其织物表面呈现几何图形或小花纹等外观效应。一般分为条格组织（纵条纹组织、横条纹组织、格子组织）、绉组织、蜂巢组织、透孔组织、浮松组织（规则或变化）、凸条组织、凹凸组织（简单劈组织、波形劈组织）、网目组织、小提花组织。

（四）重组织

重组织（backed weave）是由两组或两组以上的经纱与一组纬纱交织，或由两组或两组以上的纬纱与一组经纱交织，形成二重或二重以上的经重叠或纬重叠组织。一般分为重经组织、重纬组织、填芯重组织、假重组织。

（五）双层及多层组织

双层及多层组织（double-layer and multi-layer weave）是由两组以上各自独立的经纱与两组以上各自独立的纬纱交织而成相互重叠两层（或称表里两层）的织物。在双层织物中，上层的经纱和纬纱称为表经、表纬；下层的经纱和纬纱称为里经、里纬。表经与表纬交织的组织称为表组织，里经与里纬交织的组织称为里组织。

织造双层织物时，织上层时，表经按照组织结构要求分成上下两层与表纬交织，这时的里经全部沉于下方不与表纬交织；织下层时，里经按照组织结构要求分成上下两层与里纬交织，这时的表经全部提起，不与里纬交织。

根据上下层连接的方法不同可分为：当连接上下层的两侧，构成管状织物；当连接上下层的一侧，构成双幅织物或多幅织物；根据各种配色花纹图案，使表里双层相互交换，构成表里换层组织；利用各种不同的接结方法，使上下两层紧密地连接在一起，构成接结双层组织。

（六）起毛起绒组织

起毛起绒组织分为经起毛组织和纬起毛组织。经起毛组织是由一个系统纬纱和两个系统经纱（地经+绒经）构成；纬起毛组织是由一个系统经纱和两个系统纬纱（地纬+毛纬）构成。起毛起绒组织分为纬起绒组织、经起绒组织、毛巾组织、地毯组织。

（七）纱罗组织

纱罗组织是相邻经纱交换左右位置，扭绞着与纬纱交织而成的一种组织，又称绞纱组织、绞罗组织。纱罗组织是纱组织和罗组织的统称。

二、二维机织物的参数

1. 经纬纱参数 经纬纱参数包括纱线线密度、捻度及纺纱的工艺条件。

纱线的线密度对产品的外观、手感、质量和物理性能均有一定程度的影响。当织物组织和紧密度相同时，线密度越小，织物表面越细腻、紧密，因此，在进行织物设计时，可根据织物要求的厚度、单位面积质量来确定经、纬纱的线密度。如果织物要求表面光滑且厚重，应该选择低线密度纱线的同时，采用二重或双层组织来实现。

纱线捻度对织物的手感、弹性、耐磨、起毛起球、力学性能均有影响。确定纱线捻度时应遵循如下原则：

（1）为了提升生产效率，经纱的捻度偏高设计，纬纱的捻度偏低设计。

（2）当纤维的长度、细度和强力较合适时，尽量选用较低的捻度。

（3）轻薄风格的织物捻度应适当加大，手感要求柔软丰满的织物宜采用低捻度。

纱线的纺制方式：采用不同的方式纺制纱线，不但影响纱线的性能，还进一步影响织物的性能。常见的纱线纺制方式有环锭纺、气流纺和涡流纺，三种纱线纺制方式与织物的性能对比见表3-1。

表 3-1　采用不同纺制方式纱线性能与织物风格对比

项目	条干均匀度	断裂强度	棉结	毛羽	织物透气性	织物柔软性
环锭纺	差	好	次之	差	差	好
气流纺	好	差	差	次之	次之	次之
涡流纺	次之	次之	好	好	好	差

如采用环锭纺纱线的强度较高，气流纺纱线的强力偏低，但是纱线条干均匀度好，蓬松度好，纱线的弹性也优于环锭纺，耐磨性更好，可根据不同的织物要求选择合适的纺纱方式。

2. 纱线排列的密度　纱线的排列密度是指单位长度纱线的根数。一般采用 10cm 内的纱线根数，有经纱密度和纬纱密度之分，简称经密或纬密。

经、纬纱的密度决定织物中纱线排列的紧密程度，也决定织物的单位面积质量和厚度。经纬纱密度的差异程度决定经纬纱在织物中的屈曲程度，进一步影响织物的性能与外观。

经、纬密对织物性能的影响体现在：当经密保持不变时，增大纬密，则经向的强力下降，纬向的强力增加；当纬密保持不变时，增大经密，织物的经向和纬向的强力均增加。当织物的紧度较大时，在保证织物力学性能的前提下，可以通过调整经、纬密度配比来提升织物的柔软性和悬垂性。

3. 织物的紧度　织物的紧度是指纱线投影面积占织物面积的百分比，本质上是纱线的覆盖率或覆盖系数。织物紧度又分为经向紧度、纬向紧度和织物的总紧度，经（纬）向紧度是指织物中经（纬）纱的投影面积对织物面积的比值（图 3-5），计算公式见式（3-1）~式（3-3）。

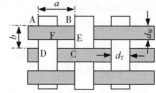

图 3-5　织物结构示意图

$$E_T = \frac{d_T}{a} \times 100\% = d_T \cdot P_T \tag{3-1}$$

$$E_W = \frac{d_W}{b} \times 100\% = d_W \cdot P_W \tag{3-2}$$

$$E_Z = \frac{经纱与纬纱所覆盖的面积}{织物的总面积} \times 100\%$$

$$= \frac{d_T \cdot b + d_W(a - d_T)}{ab} \times 100\% \tag{3-3}$$

$$= E_T + E_W - \frac{E_T \cdot E_W}{100}$$

由上述公式可知，织物的紧度中，综合考虑了经、纬纱密度和纱线直径，能够准确地反映出经、纬纱在织物中排列的紧密程度。同时，经向紧度、纬向紧度和织物总紧度之间相互影响制约。当总紧度一定时，经向紧度与纬向紧度比为 1 时，织物最为紧密；当经向紧度与纬向紧度比值不等于 1 时，织物柔软，悬垂性能优异。

4. 织物的缩率　在织造过程中，经纬纱由于相互交织产生屈曲，使织物的经向或幅宽小于相应的经纱长度或筘幅的尺寸，这种现象为织缩。用经、纬纱织造缩率（简称织缩率）

表示织物缩率的大小，织缩率是以织物中纱线的原长度与坯布长度（或宽度）的差异对织物中纱线原长之比的百分率来表示。计算公式见式（3-4）、式（3-5），其中 α_T 和 α_W 分别表示经、纬纱缩率：

$$\alpha_T = \frac{L_{0T} - L_T}{L_{0T}} \times 100\% \tag{3-4}$$

$$\alpha_W = \frac{L_{0W} - L_W}{L_{0W}} \times 100\% \tag{3-5}$$

式中：L_{0T} 为织物中经向纱线的原长度（cm）；L_T 为织造后织物中经向纱线的长度（cm）；L_{0W} 为织物中纬向纱线的原长度（cm）；L_W 为织物中纬向纱线的原长度（cm）。

由于织物的经、纬纱织造缩率与织物的百米用纱量、工艺计算中织物的匹长、幅宽、筘幅的大小等参数相关，因此，在设计织物时，织物缩率的确定至关重要。通常在工艺设计时，参考类似的品种初步确定经纬织缩率，并在试织过程中不断地修正优化。

5. 织物的单位面积质量　每平方米织物的无浆干燥质量，简称平方米重，单位为 g/m^2。织物的重量是对坯布进行经济核算的主要项目，同时也与织物的服用性能有密切关系。

织物的平方米重 w（g/m^2）可通过实测获得：

$$w = \frac{每米织物重量（g/m）}{织物幅宽（cm）} \times 100 \tag{3-6}$$

或

$$w = \frac{G_0(100 + W_K)}{L \times B} \times 100 \tag{3-7}$$

式中：G_0 为试样干重（g）；W_K 为试样的公定回潮率（%）；L 为试样的长度（cm）；B 为试样的宽度（cm）。

织物的平方米重估算可以按照下列公式进行。

（1）经向克重＝经向密度×3.937×10÷（1-经向缩率）×K÷经向纱支×0.001

（2）纬向克重＝纬向密度×3.937×10÷（1-纬向缩率）×K÷纬向纱支×0.001

（3）设计克重＝经向克重+纬向克重

（4）无浆干重＝设计克重÷（1+公定回潮率）

6. 织物的厚度　织物的厚度是指其正反两个支持表面之间的距离，织物的厚度与纱线的线密度和结构相有关。

织物的厚度分为表观厚度 T_s（又称初始厚度 T_0，即在一定微压力下的织物厚度，包括毛羽厚度）、加压厚度 T_1、空间厚度 T_c 和实体厚度 T_r。织物厚度的定义和表达示意图如图 3-6 所示。

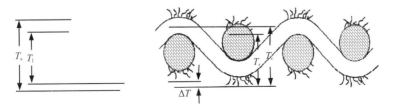

图 3-6　织物厚度的定义和表达示意图

$$T_s = T_0 \geqslant T_c \geqslant T_1 \geqslant T_r = T_e \qquad T_r = d_T + d_W$$

第三节　机织物的织造方法及设备

一、织物的形成

织机完成织造流程，一般都需要开口、引纬、打纬、送经、卷取等五大运动及断经自停、缺纬自停、纬纱补给等辅助运动的配合才能够顺利完成。

二、织造的工艺流程

经纬纱在织造加工之前需经过准备加工。纤维原料不同，经纬纱的准备加工方式也不同。通常而言，经纱准备加工包括络筒、并捻、整经、浆纱和穿结经。纬纱的织前准备包括络筒、并捻、定形、卷纬等。机织物织造工艺流程如图 3-7 所示。

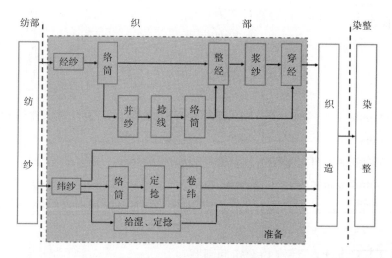

图 3-7　机织物织造工艺流程

（一）络筒

1. 络筒的作用　一是，将管纱（线）卷绕成容量大、成形好并具有一定密度的筒子，提高后道工序的生产率。由于钢领直径限制，使得细纱纱管上的容纱量有限，无法直接用于织造，通过络筒工序将原纱（或长丝）做成大容量圈套的筒纱，提供给整经、卷纬、针织、无梭织机的供纬或漂染等工序。

二是，清除纱线上的某些疵点、杂质、改善纱线品质。由纺纱厂运来的原纱一般外观疵点较多，络筒机上的清纱装置可清除纱线上的绒毛、尘屑及弱纱、粗结等杂质疵点，既可改善织物的外观质量，又因剔除纱线上的薄弱环节而提高了它们的平均强度，减少了纱线后道工序中的断头。

2. 络筒的要求　筒子卷绕坚固稳定，成形良好；卷装容量尽可能大并满足定长要求；卷绕张力适当均匀，不损伤纱线原有的力学性能；尽可能清除有害纱疵；纱线接头小而牢。

3. 络筒的影响因素　在络筒工艺中主要影响因素为络筒张力，络筒张力的设定原则是在筒子成形良好的前提下，以小为宜，并力求张力均匀一致。络筒张力由纱线离开纱管需克服的摩擦力和黏附力、纱线由静到动需克服的惯性力、气圈引起的张力组成（图 3-8）。

（二）整经

机织物是由经纱系统和纬纱系统构成的。经纱系统可以是简单的单纱或坯纱，也可以是复杂且富于变化的多色排列（或不同性质、种类的纱线排列）。要形成符合织物要求的经纱系统，必须将卷绕在筒子上的纱线按工艺设计要求的根数、长度、幅宽、配列等平行地卷绕在经轴或织轴上，这就是整经。

1. 整经的要求

（1）经纱在卷绕过程中，力求张力、排列、加压三均匀。

（2）整经根数、长度、配列、幅宽、卷绕密度应严格按照工艺要求。

（3）接头应小而牢并符合标准。

（4）效率高，回丝少，经济效益良好。

2. 整经的分类　整经主要分为分批整经和分条整经两大类。

（1）分批整经。将经过计算织造全幅织物所需的总经根数分成几批，以适宜的、均匀的张力分别卷绕在经轴上，再经浆纱合并卷绕形成织轴。分批整经生产效率高，片纱张力均匀，经轴质量好，适应于原色或单色织物的大批量生产（图 3-9）。

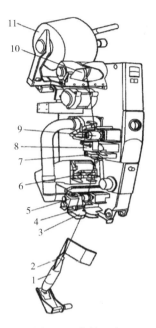

图 3-8　络筒工序

1—管纱　2—气圈破裂器
3—余纱剪切器　4—预清纱器
5—张力装置　6—捻接器
7—电子清纱器　8—切断夹持器
9—上蜡装置　10—槽筒
11—筒子

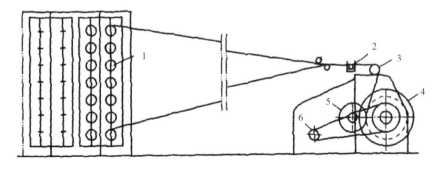

图 3-9　整经工序

1—筒子　2—伸缩筘　3—导纱辊　4—整经轴　5—压辊　6—直流调速电动机

（2）分条整经。将全幅织物所需的总经根数根据纱线配列循环和筒子架容量分成根数尽可能相等，纱线配列和排列相同的若干条带，并按工艺规定的幅宽和长度一条挨一条平行卷绕到整经大滚筒上，待条带卷绕完毕，再同时退绕到织轴上。分条整经适应于多品种，小批量生产，其特点是生产效率低，条带间张力不匀；花纹排列方便，回丝少。

3. 整经的张力　分批整经的张力由退绕张力、张力装置引起的张力和导纱机件摩擦引起的张力三部分组成；分条整经的张力由整经张力和倒轴张力两部分组成。

均匀张力的措施有以下几点：

（1）根据整只筒子退绕平均张力的变化规律，当筒纱开始退绕时，筒子直径大，气圈回转速度慢，气圈不能完全抛离，摩擦力较大，退绕张力大；当退绕中筒纱时，气圈回转速度加快，纱线充分抛离卷装表面，摩擦力较小，退绕张力减小；当退绕小筒纱时，气圈回转速度更快，回转惯性力增大，张力增加。可采用间歇整经将筒子定长设定，进行集体换筒的方式，便于保持张力一致。

（2）依据筒子架不同位置的筒纱造成的片纱张力分布规律，空气阻力、导纱部件摩擦的程度不同导致前排的张力小于后排；纱路曲折程度不同，使得中层张力小于上下层张力，为了均匀张力，按照前排垫圈重量大于后排，中间层重于上下层的原则，可以将前后分成 2~3 段，上下分 3 层，共分成 6~9 个区域，尽量使张力保持一致，如图 3-10 所示。

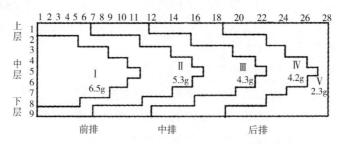

图 3-10　筒子架五段弧形分段

（3）采用合理的穿纱方法，如采用分排穿法和分层穿法。

（4）适当增加筒子架到机头的距离，以 3.5~4.5m 为宜，以减少纱线进入后筘时的曲折程度，进而减少对纱线的摩擦，均匀片纱张力。

4. 整经筒子架　在整经工序中，整经机的筒子架对整经形成的织轴或经轴至关重要。筒子架可对经纱的张力进行有效控制，对经纱断头实现自停，并具有信号指示功能，随着技术的发展，出现了自动换筒纱并能够实现自动打结。筒子架的种类很多，按筒子的补充方式可分为单式和复式。

单式筒子架按外观结构可分为标准式固定筒子架，活动小车式、分段旋转式、V 型循环式。当筒纱用完后，停产采用集体换筒方式。其特点为：尺寸小，前后上下张力差异小，且集体换筒，运转筒子尺寸相同，有利于片纱张力均匀；有利于高速运转，整只筒纱张力波动小，断头率低；能节省占地面积，提高整经机效率。

复式筒子架的主要特点是可实现生产的连续性，减少停台时间。

5. 整经的工艺参数　分批整经的工艺参数有整经张力、整经速度、整经根数、整经长度和卷绕密度等。

（1）整经张力。影响整经张力的因素有纱线种类、号数、整经速度、筒子尺寸、筒子架形式、筒子分布情况、伸缩筘穿法。

（2）整经速度。整经速度的确定必须考虑设备能力、纱线情况（如强力、质量等）、整经头份、筒子质量、经轴宽度等因素，以充分发挥设备能力、优质高效为原则。

（3）整经根数。以织物总经根数为依据，根据筒子架容量的大小来确定整经轴个数。整经根数的确定以尽可能多头少轴为原则。同时每个经轴根数应尽可能相等，并小于最大筒子架容量，以有利于浆纱并轴操作及管理。

（4）整经长度和卷绕密度。由经轴的卷绕重量和卷绕体积可求出纱线的卷绕密度（g/cm³），其主要影响因素为卷绕时所施加的张力，一般情况下为 0.35~0.55g/cm。整经长度计算时，应考虑织轴上纱线最大卷绕长度、浆纱墨印长度、落布联匹数、上机回丝、浆回丝、白回丝和经轴最大卷绕容量等因素。

整经工艺参数主要包括：整经张力、整经速度、整经条数、条宽、定幅筘计算、斜度锥角计算、导条器位移等。

（三）浆纱

1. 浆纱的目的

（1）改善纱线耐磨性。

（2）增大纱线的断裂强度。

（3）保持纱线的断裂伸长率。

（4）伏贴毛羽。

经纱在浆纱机上进行上浆，典型上浆工艺流程如图 3-11 所示。

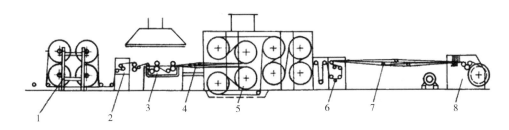

图 3-11 典型上浆工艺流程

1—经轴架 2—张力自动调节装置 3—浆槽 4—湿分绞棒 5—烘燥装置

6—双面上蜡装置 7—干分绞区 8—车头

2. 工艺要求

（1）浆液对经纱的被覆和浸透要有适当比例。

（2）浆液成膜性要好（薄、软、韧、光）。

（3）浆液的物理和化学稳定性要好。

（4）浆料配方合理简单，调浆和退浆容易，且不污染环境。

（5）上浆应保证工艺质量指标，如上浆率、回潮率，伸长率、好轴率等达标。

（6）保证质量的前提下，尽量提高浆纱生产效率，降低成本，节约能源，以提高经济效益。

3. 浆料 浆料可分为黏着剂和助剂两大类。

（1）黏着剂。黏着剂是上浆的主要成分，其是一种对被上浆纤维具有黏着力的高分子物质。由于浆纱对浆料要求具有多样性，故在浆料配制时，还需加入少量助剂来改善或弥补黏着剂某些方面性能的不足。通常情况下，浆料应该具有良好的相容性，黏附性能好，无异味，成膜好，来源广，价格适中，绿色环保。

黏着剂分为天然黏着剂、化学黏着剂和合成黏着剂三大类。天然类的主要有天然淀粉、海藻胶类、植物胶类和动物胶类；化学类主要有变性淀粉、淀粉衍生物；合成类主要有乙烯系、丙烯酸系和聚酯浆料等。

（2）助剂。助剂是为了改善黏着剂某些性能的不足，使浆液获得优良的综合性能的辅助材料。常用助剂有如下几类：

①碱性分解剂。碱在高温及氧存在的条件下可使淀粉大分子裂解，黏度下降，起到分解作用，常用的有硅酸钠和烧碱。

②氧化分解剂。可使淀粉中的羟基氧化成醛基和羧基，部分氧桥断裂，提高淀粉浸透性、均匀性和亲和性，常用的有次氯酸钠和氯胺 T。

③酸性分解剂。酸对淀粉有强分解作用，可以提高淀粉浆的浸透性、均匀性和流动性。

④酶分解剂。酶是生物催化剂，属蛋白质类，由各种氨基酸组成。酶作用专一，淀粉酶只对淀粉水解起作用，常用的有 α 淀粉酶、β 淀粉酶和葡萄糖淀粉酶。

⑤浸透剂。即湿润剂，是一种以湿润浸透为主的表面活性剂，常用于疏水性合成纤维和高捻度纱线的上浆。

⑥柔软剂。其作用是减小浆膜大分子间的结合力，增加浆膜可塑性，提高浆膜表面平滑程度，克服浆膜粗糙脆硬的特点。

⑦抗静电剂。纤维，尤其是疏水性纤维在浆纱和织造过程中易积聚静电荷，导致毛羽竖立，为克服这一现象，常在浆液中加入抗静电剂，常见的有 MPN 和 SN 抗静电剂。

⑧润滑剂。其作用是使纱线表面润滑，减小表面摩擦系数，提高纱线耐磨性能，同时能起到减少静电的作用，常用润滑剂有浆纱油脂、固体浆纱蜡片和浆纱油剂。

⑨防腐剂。浆料中的淀粉油脂蛋白质等都是微生物，在一定湿度、温度下会发霉变质，因而在浆料中加入防腐剂抑制霉菌生长，常见的防腐剂有 2-萘酚、NL-4 和菌霉净等。

⑩吸湿剂。吸湿剂的作用是提高浆膜吸湿能力，使浆膜弹性、柔性得到改善。常用的吸湿剂有甘油、食盐、氯化镁、氯化钙等。

⑪消泡剂。浆槽中泡沫的增多，会使实际浆液液面下降，给浆纱操作带来困难，引起上浆量不足和上浆不匀。常见的消泡剂有松节油、辛醇、硅油、可溶性蜡等消泡剂来消除浆液上层泡沫。

4. 浆料的质量与检测 如果浆液渗入经纱内部的深度不足，浆液大都覆盖在纱线表面，只是在纱线的表面形成一层脆弱浆膜，在织造过程中很容易脱落；如果浆液全部渗透到纱线中去，纱线中的大量纤维黏结在一起，纱线的强度提升明显，但是其伸长度大幅下降，在织造过程中，不能抵抗时刻变化的负荷，经纱的断头率会有所增加。因此，浆纱时对纱线增大强度的同时更要注意保护伸长率，最大限度地保持经纱的弹性，减轻经纱的毛茸现象，减小摩擦系数是上浆的基本要求。

衡量浆料质量与性能的指标：浆液含固率、黏度、pH 值、黏着力等。

浆纱工艺指标：上浆率、回潮率、伸长率、增强率、减伸率、耐磨次数、增磨率、毛羽指数和毛羽降低率等。

上浆工艺参数：浆液的浓度和黏度、浆液温度、加压重量、配制方法、浸压形式、浆纱速度。

（四）穿结经

1. 穿经 穿经俗称穿筘或穿头，是经纱准备工程中的最后一道工序。它是将经纱按织物上机织造的工艺设计，依次穿过停经片、综丝和钢筘，以便在织机上由开口机构提升综丝形成梭口，完成与纬纱以一定组织规律交织而形成织物。目前除了少量企业采用手工穿经以更好地适应生产需求外，很多工厂都开始采用自动化和半自动化穿经，减轻工人劳动强度的同时，大幅提升生产效率。

穿经方法包括手工穿经、半自动穿经、全自动穿经三种。

穿经具有劳动强度大，要求高；生产效率低，易造成批量性疵点等特点。

穿经常用器材包括综框、综丝、钢筘、停经片。

2. 结经 采用打结的方法，将了机经纱的纱尾与新上机同一品种织轴上的新经纱依次连接起来，然后把上机的经纱依次拉过停经片、综眼和钢筘，达到与穿经完全相同的要求，采用接经可缩短穿经时间，提升生产效率。

结经方法包括手工结经和自动结经两种。

结经具有可部分替代穿经，劳动强度小，生产效率高，适用于大批量生产的特点。

目前，工厂使用最广泛的是自动穿经，自动穿经又分为固定式和活动式两种。固定式穿经是在穿经间对需要上机的织轴结经后，再被运输到织机上机织造，被广泛应用于简单组织织物的生产；活动式是可以将结经机运输到织机的织轴处，直接在织机上进行结经，该种方式缩短了上机时间，提升了工作效率，适应范围广，结经速度快。

（五）织造

织造时，织物形成过程的五大运动为开口、引纬、打纬、卷取和送经。

（1）开口。按照经纬纱交织规律，把经纱分成上下两层，形成梭口的运动。

码 3-1 二维机织

（2）引纬。把纬纱引入梭口的引纬运动。

（3）打纬。把引入梭口的纬纱推向织口的打纬运动。

（4）卷取。把织物引离织物形成区的卷取运动。

（5）送经。把经纱从织轴上释放出输入工作区的送经运动。

五大运动对应织机的五大机构为送经机构、开口机构、引纬机构、打纬机构和卷取机构。

1. 开口 在织机上要使经纬纱交织形成织物，必须按照织物组织设定的规律，将整幅经纱分成上下两层，形成一个供引纬器通过的空间通道——梭口，以便于引纬，与经纱完成交织，这种使经纱上下层分开的运动称为开口运动。

开口运动的工艺参数如下：

（1）开口时间。在开口过程中，上下交替运动的综框相互平齐的瞬时称为开口时间（又称综平时间），当综平时主轴曲柄尚未到达上心位置称为早开口，主轴曲柄已转过上心位置称为迟开口。

开口时间的确定应根据织物品种、织机类型、原纱质量及织造条件而定；平纹织物、梭口不易开清的宜早开口；经纱纱支细，条干不匀率大，杂质多，强力差或浆纱质量差、斜纹、缎纹组织、箱幅宽的织物以及车速高的织机宜迟开口。

开口早，打纬时梭口开得大，打纬区小，经纱对纬纱的交叉包围角大，有利于打紧纬纱，适合织造紧度大的织物，但开口早，纬纱和经纱的摩擦长度增加，打纬时梭口开得大，经纱受的动态张力大。

开口迟，打纬时梭口开得小，经纱对纬纱的交叉包围角小，纬纱容易反拨，打纬时梭口开得小，经纱受的动态张力小，有利于织造细号细薄织物。

此外，由于剑杆织机引纬的特殊方式，引纬过程中存在经纱对剑头挤压度的问题。考虑到布面质量、风格和生产效率、剑头、剑带挤压等因数，剑杆织机的开口时间要比有梭晚，在 315°±20°（由多臂机和织机配合确定）处完成开口。

（2）梭口高度。梭口高度是由开口动程和综框高度确定的，"小开口"织造是剑杆织机的特点，同时可减少经纱的张力与伸长。在实际生产中，为了避免开口不清形成的三跳疵点，剑头凿断经纱的情况，又要减缓剑带挤压度过大造成经纱损伤，因此，一般配置偏大的上机张力，以开清梭口，但梭口究竟开多大为适度，通过实践，在开口最大时，保证下层经纱位置正确（下经纱折线和托布板、托纱板直线成 15°左右的夹角），上层经纱和左剑头有 1～4mm 的空隙距离。

开口工艺中，+1 是表示第一页框的开口大小按标准的第二页框的开口大小调整，第二页框的开口大小按标准的第三页框的开口大小调整，依此类推；+2 是表示第一页框的开口大小按标准的第三页框的开口大小调整，第二页框的开口大小按标准的第四页框的开口大小调整，依此类推。

高密、厚重织物采用大开口，配高后梁；经纱强力差的采用小开口，配中低后梁。

（3）经位置线。所谓经位置线是指综平时织口、综眼、停经架中导棒、后梁握纱点等各点连线所连接的一条折线，即经纱在织机上综平时的实际位置线。

在实际生产中，通常采用调整后梁的高低来调节经位置线，以得到梭口上下层经纱张力不同的不等张力梭口，在调整经位置线时，需尽量减小经纱在综眼处的曲折角度，同时综眼、中导棒和后梁握纱点尽可能地处于一条直线上，降低经纱的断头率。如果后梁抬高，上下两层浆纱张力差异较大，张力小的那层经纱打纬时容易左右相对滑动。交织点，经纱曲波大，交织清晰、丰满，具有府绸风格。如果后梁抬高过大，一层经纱张力太大，容易造成断经，另一层经纱张力太小织造时容易产生三跳疵点。

2. 引纬　梭口形成之后，通过引纬将纬纱引入梭口，以便与经纱交织形成织物。为了避免引纬器对经纱造成一定程度的伤害，引纬必须在时间上与开口准确配合，同时，引纬的纬纱张力应匹配，避免出现断纬和纬缩的疵点。

按照引纬所采用的器件或介质，生产中常见的引纬主要有以下几类：

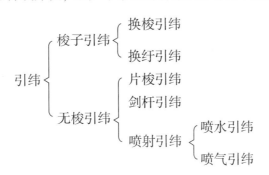

随着现代纺织技术的进步，梭子引纬已逐渐被淘汰，目前主要以无梭引纬为主，如剑杆织机使用剑杆引纬，喷气织机使用喷射气流引纬，喷水织机使用喷射水流引纬等。

（1）剑杆引纬。按照纬纱的握持方式不同可归纳为两类。一类是叉入式：剑杆引纬时纬纱挂在剑头上，被送到梭口另一侧或由接纬剑勾住引出梭口，每次引入双纬。这种方式比较容易实现，剑头结构简单，但引纬时纬纱在剑头上滑过，受到磨损，纬纱紧边张力较大，容易断头且只适合少数织物，如帆布等。另一类是夹持式：剑杆无论送纬或接纬，都是利用剑头上特殊结构的钳口将纬纱头端夹住送入和接出梭口，每次引入单纬，夹持式方式比较合理，应用广泛。

（2）喷气引纬。喷气引纬是利用喷射气流对纬纱产生的摩擦牵引力进行引纬。按其所使用的喷嘴数和控制气流的方式，可分为单喷嘴引纬，管道片控制气流和多喷嘴接力引纬、异形筘或管道片控制气流两大类。

（3）喷水引纬。喷水引纬原理与喷气相似，均为喷射引纬。它是以洁净的水作为介质引导纬纱，通过喷射水流对纬纱产生摩擦牵引力。由于水射流的集束性较好，加之水对纬纱的摩擦牵引力较大，从而使喷水织机的纬纱飞行速度、织机速度都居各类织机之首，能耗也小。适用于大批量、高速度、低成本、窄幅或中幅织物的加工，如疏水性合纤长丝及玻璃纤维长丝织物。

此外，喷水引纬对水质要求较高，水中含有的杂质会腐蚀和堵塞水泵、管道及喷嘴，轻者影响引纬，造成织疵，重者损坏机件，缩短机器寿命。机上用水需净化，指标有浊度、pH值、硬度、正离子含量、负离子含量、高锰酸钾消耗量和蒸发残存物等，生产废水要进行污水净化后才能排放。

3. 打纬　打纬是把引入梭口的纬纱推向织口，与经纱交织，形成具有规定纬密的织物。

（1）过程。纬纱引入梭口后被钢筘推向织口，起初几乎不受阻力；当被推到织口附近即很靠近前一根纬纱时，钢筘开始受到迅猛上升的阻力，经纱张力也相应地急剧增大，当钢筘达到前死心位置时，阻力和经纱张力都达到峰值，打纬结束。

（2）类型。

①连杆打纬机构。四连杆打纬机构结构简单，制造方便，在有梭织机和一些无梭织机上广泛使用。当主轴回转时，曲柄通过牵手带动筘座脚做往复摆动，该打纬机构的筘座运动无静止时期，因而对引纬是不利的。

②凸轮打纬机构。在某些织机上，由于工艺上筘机构的原因，要求在引纬时筘座必须静止不动，且静止角度较大，因而采用凸轮打纬机构。凸轮打纬机构的显著优点是，它可以更换凸轮以适应不同工作宽度的需要，但这种机构要求加工精度很高。

（3）作用。

①用钢筘将引入梭口的纬纱打入织口，使之与经纱交织。

②用钢筘确定经纱排列密度和织物幅宽。

③在有梭织机上，钢筘还组成梭道，保证梭子稳定飞行。

④在一些剑杆织机上，借助钢筘控制剑带的运行，起导引作用。

⑤在采用异形筘的喷气织机上，钢筘起到防气流扩散的作用。

（4）工艺要求。

①有利于打入纬纱。

②创造有利的打纬空间。

③有利于梭子飞行安全。

④提高车速，减少织机振动。

4. 卷取

（1）目的。一是引离织成的织物，使其形成一定卷装形式，并将织轴退绕的经纱引至交织区域；二是使织物形成规定的纬密。

（2）工艺要求。

①卷取和送出量均匀，卷装良好。

②适应性好，调节方便。

③张力调节装置反应灵敏，张力波动小。

④两者应有良好的配合。

⑤能够满足导纬退卷的需要。

（3）分类。分为积极式卷取机构和消极式卷取机构，积极式卷取机构又可细分为积极间歇卷取机构、积极连续卷取机构和电动卷取机构。积极式连续卷取机构可以均匀连续地卷取织物，无冲击，运动平稳，可形成质量较好的织物，因此，现代织机普遍采用这种卷取方式。消极式卷取机构中，从织口处引离的织物长度不受控制，所形成织物中纬纱间隔比较均匀，因此，适用于纬纱粗细不匀的废旧纺纱、粗纺毛纺等织造加工。

5. 送经

（1）目的。一是保证织轴退绕适合织造所需长度的经纱；二是确定上机张力大小，并始终保持经纱张力均匀恒定。

（2）工艺要求。送经量每次要均匀一致；经纱张力控制在一定范围内，减少张力变化；

送经机构与其他机构配合，使经纱张力变化不大；经纱送出量要适合不同纬密。

（3）分类。分为积极式和消极式两种。积极式送经机构驱动织轴回转送出经纱，并根据织造过程中各种因素影响的经纱张力变化来调整经纱送出量；消极式送经机构依靠经纱张力将经纱从织轴上退绕出来，完成送经动作。

三、织造设备

二维织物的织造设备是织机，织机主要由开口机构、引纬机构、打纬机构、卷取机构、送经机构构成。

（1）按构成织物的纤维材料。棉织机、毛织机、丝织机、麻织机。

（2）按所织物的轻重。轻型织机（轻薄型织物，如丝织物）、中型织机（中等厚度的织物，如棉、亚麻、精纺毛织物）、重型织机（厚重织物，如帆布、粗纺毛织物）。

（3）按织物幅宽。宽幅织机、窄幅织机。

按开口机构：踏盘织机（织制简单组织的织物）、多臂织机（织制组织比较复杂的小花纹织物）、提花织机（织制各种大花纹织物）、连杆织机（织制平纹类织物）。

（4）按引纬方式：有梭织机（人工补纬和自动补纬）和无梭织机。无梭织机又分为剑杆织机（图3-12）、片梭织机（图3-13）、喷气织机（图3-14）、喷水织机（图3-15）。

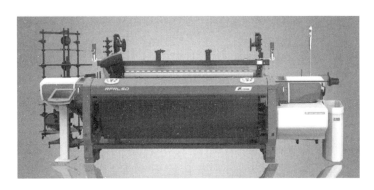

图3-12　剑杆织机

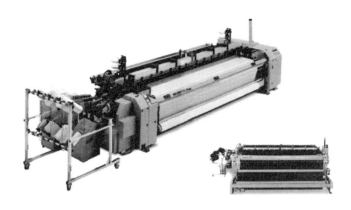

图3-13　片梭织机

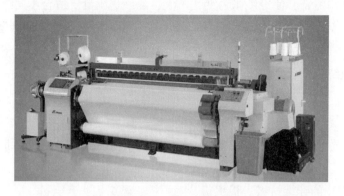

图 3-14　喷气织机

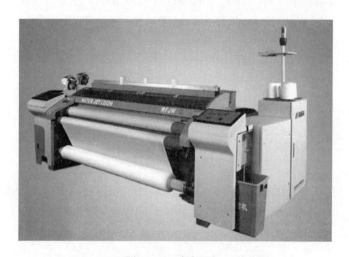

图 3-15　喷水织机

（5）按多色供纬能力：单梭织机（不能多色供纬）、多梭织机 、多色供纬的无梭织机。

（6）按特种产品：绒织机、毛巾织机、带织机、纱罗织机。

第四节　二维机织物的设计

一、设计的分类

二维机织物的设计可分为仿样、改进和全新开发三大类。

（一）仿样设计

仿样设计是根据客户提供的样品进行设计，包括来样分析、织物工艺设计、中样试织、大批量投产等程序。

1. 来样分析　来样分析是指分析客户提供样品实物、规格和加工技术要求，对样品的规格（原料配比、纱线线密度、经纬密、组织结构和单位面积质量）进行分析，最终将样品的规格根据印染加工的影响因素转化为相应坯布的规格。

2. 织物工艺设计　织物工艺设计是指根据来样分析获得的坯布的规格，参考同类产品，设计确定该样品的生产工艺设备、工艺流程以及各工艺流程中的加工参数（如整经、浆纱、穿经、织造和整理工艺）。

3. 中样试织　中样试织是指按照确定的产品工艺进行小样或小批量织造，在实施过程中明确各流程加工过程中的关键点、技术难点，对经过全流程加工的最终品的技术规格、花纹图案、色泽、风格、性能要求（阻燃、防静电、抗菌抗病毒、吸湿排汗）与来样对比分析，如发现问题分析原因，进行优化改进，最终获得大批量生产的工艺条件和技术措施，做到与来样同样的要求。

4. 大批量生产　当中样试织的产品性能与来样完全符合时，经客户确认后，便可以进行最后一个程序，大批量生产。

（二）改进设计

改进设计是对现有产品的外观、价格、性能和功能的缺陷进行改进或进一步优化。在改进时，要对附样进行精确的分析，明确需改进的性能和其影响因素。研究改进措施时，应掌握改进措施与附样在技术规格上的差异程度，从工艺的可行性、顺畅性出发，确定改进方案。改进途径主要分为：

1. 纤维原料配比的优化　改善织物的基本性能（如力学性能、水洗缩率、色牢度、起毛起球性能、耐磨性能、透气率）、性价比和功能赋予（如阻燃、抗静电、抗菌、抗病毒、吸湿排汗等功能）可以通过优化纱线的配比来实现上述改进。

2. 纱线线密度的改进　织物的外观、强度、耐磨性、抗皱性、悬垂性及手感等性能指标均与纱线线密度有关。欲使织物获得手感好、悬垂性优异，可以采用较细的纱线；如要提升织物的强力性能，可以增大纱线的线密度。

3. 组织结构的改变　有时为了提高织物的某一方面的性能，需要改变织物的组织结构。如织物的紧度较小时，可以通过降低纱线浮长来改善织物的耐用性能；当织物紧度较大时，可以通过增加织物纱线的浮长线来改善织物的耐磨性。同时，为了实现某种花色或配色效果，也可以通过改变织物的组织结构来达到效果。

二、二维机织物的全新开发

新产品是一个相对概念，一方面与老产品相比，其原理、性能、用途、结构、材质和技术特征等有显著提升和改进，具有独创性、先进性、实用性和明显的经济效益及产业化前景；另一方面在产品的某个方面或者每一部分有创新和改进也属于新产品的范畴。开发新产品的途径有以下几种。

（一）原材料

原料选择的创新体现在两个方面，一是新纤维的应用，二是纤维的新应用。纤维原料关系到织物的成本与性能，比如为了降低织物的成本，在保证织物性能的前提下，可以混入一些性价比高的原料，如在毛纺织物中混入涤纶、腈纶等化学纤维。

为了赋予织物某种性能，在原料选择时，应充分发挥其优势，即用其所长，避其所短，利用纤维原料间的协同效应，将其劣势转化为优势。例如，棉纤维细而柔软，吸湿透气，穿着舒适，可用来开发内衣织物；麻纤维吸湿、放湿快，纤维粗且刚性大，容易对皮肤造成刺痒感，不宜作为内衣原料，但是可以用作夏季外衣，挺爽，凉快。黏胶纤维虽然强力较低，但是其柔软、吸湿性能好、染色鲜艳、光泽明亮，在丝织物中应用广泛。

（二）加工技术

1. 原材料加工技术 采用新型的纺丝技术，可以纺制出各种异形截面、中空、超细、皮芯结构、海岛分布的各种纤维和长丝，为新产品的开发提供了更多的思路。

2. 纺纱技术 传统的环锭纺不仅可以纺制出不同捻度、细度的纱线外，还可以通过原料的搭配、纺纱设备机构的控制，纺制出各种花式纱线，如竹节纱、多色纱、圈圈纱、包芯纱。利用新的纺纱加工技术，如转杯纺、涡流纺、赛络纺、紧密纺、赛络紧密纺等新型捻纱技术，可以纺制出各种不同结构、风格、功能的纱线。

3. 织造技术 通过改变织物的结构、紧度、厚度和密度等参数，也可采用交织的方法织造各种不同风格的纺织品，采用新型的织造设备和织造技术，可织造出超薄、高密、多层、异形结构的织物，可极大丰富织物的特色与功能。

4. 后整理技术 后整理技术可将各种功能性的整理助剂通过后整理的方式，赋予产品实用功能和外观特征。

参考文献

[1] 姚穆，周锦芳，黄淑珍，等. 纺织材料学 [M]. 北京：中国纺织出版社，2015.

[2] 谢光银，卓清良. 机织物设计基础学 [M]. 上海：东华大学出版社，2010.

[3] 王国和，金子敏，眭建华，等. 织物组织与结构学 [M]. 上海：东华大学出版社，2018.

[4] 蔡陛霞，荆妙蕾. 织物结构与设计 [M]. 北京：中国纺织出版社，2004.

[5] 李维. 机织物组织结构的识别 [D]. 南京：东南大学，2005.

[6] 谢光银，张萍. 纺织品设计 [M]. 北京：中国纺织出版社，2005.

[7] 孙卫国. 纺纱技术 [M]. 北京：中国纺织出版社，2005.

[8] 刘培民，郑秀芝. 机织物结构与设计 [M]. 北京：中国纺织出版社，2008.

[9] 李新娥. 纺织工艺管理 [M]. 北京：中国纺织出版社，2008.

[10] 朱苏康，高卫东. 机织学 [M]. 北京：中国纺织出版社，2008.

[11] 张荣华. 纺织实用技术 [M]. 北京：中国纺织出版社，2009.

[12] 高卫东. 棉纺织手册 [M]. 北京：中国纺织出版社，2021.

第四章 二维针织物

第一节 概述

一、二维针织的定义

二维针织是利用织针和其他成圈机件将纱线弯曲成线圈,并将其相互串套连接形成织物的一门工艺技术。

二、二维针织的产生与发展

现代针织起源于手工编织,迄今发现最早的手工针织品可以追溯到 2200 多年前,是 1982 年在中国江陵马山战国墓出土的丝织品中的带状单面纬编双色提花丝针织物。国外发现最早的针织品为埃及古墓出土的羊毛童袜和棉织手套,被认为是五世纪的产品。1589 年,英国人威廉·李发明了第一台手摇针织机,开启了机器针织的时代。我国的针织工业起步较晚,1896 年才在上海出现了第一家针织厂。近几十年来,我国针织工业有了突飞猛进的发展,成为纺织工业中的后起之秀。2006 年以后,我国针织服装的产量已经超过了机织服装。针织加工具有工艺流程短、生产效率高、机器噪声与占地面积小、能源消耗少、原料适应性强、翻改品种快等优点。

三、二维针织物的组织结构

根据工艺特点不同,针织可分为纬编和经编两大类。在纬编中,纱线沿纬向喂入织针进行编织,形成纬编针织物;在经编中,纱线沿经向垫放在织针上进行编织,形成经编针织物。

(一)纬编结构

纬编针织物可以分为原组织、变化组织、花色组织三类。其中原组织是所有针织物的基础,如纬平针组织、罗纹组织、双反面组织;变化组织是由两个或两个以上的原组织复合而成,如双罗纹组织;花色组织是在基本组织或变化组织的基础上,利用线圈结构的改变,或者另编入一些色纱、辅助纱线或其他纺织原料,以形成具有显著花色效应和不同性能的花色组织。

1. 纬平针组织

(1)纬平针组织结构。纬平针组织又称平针组织,由连续的单元线圈向一个方向串套而成，是单面纬编针织物的基本组织（图4-1）。纬平针组织的两面具有不同的外观，一面呈现出正面线圈效果，即沿线圈纵行方向呈连续的V形外观，如图4-1（a）所示；另一面呈现出反面线圈效果，即由横向相互连接的圈弧所形成的波纹状外观，如图4-1（b）所示。

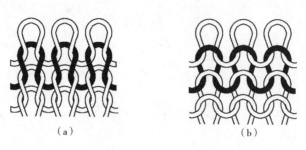

（a）　　　　　　　　　　（b）

图4-1　纬平针组织

（2）纬平针组织的特性。

①线圈歪斜。在自由状态下，由于加捻的纱线捻度不稳定，力图退捻，有些纬平针织物线圈常发生歪斜，这在一定程度上会影响织物的外观与使用。线圈的歪斜方向与纱线的捻向有关，当采用Z捻纱编织时，线圈沿纵行方向由左下向右上倾斜，如图4-2（a）所示；当采用S捻纱编织时，线圈沿纵行方向由右下向左上倾斜，如图4-2（b）所示。

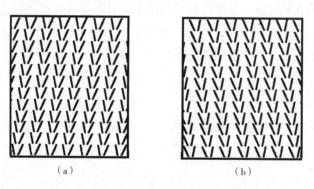

（a）　　　　　　　　　　（b）

图4-2　纬平针织物的线圈歪斜

线圈的歪斜程度主要受捻度影响，捻度越大，线圈歪斜越厉害。除此之外，它还与纱线的抗弯刚度、织物的稀密程度等有关。纱线的抗弯刚度越大，织物的密度越小，歪斜也越厉害。采用低捻和捻度稳定的纱线，或两根捻向相反的纱线进行编织，适当增加织物的密度，都可以减轻线圈的歪斜。在股线中，由于单纱捻向与合股捻向相反，所以在捻度合适的情况下，用股线编织的纬平针织物就不会产生线圈歪斜的现象。

②卷边性。纬平针织物的边缘具有明显的卷边现象，它是由于织物边缘线圈中弯曲的纱线受力不平衡，在自然状态下力图伸直引起的。图4-3（b）为纬平针织物［图4-3（a）］线圈横列的断面，其中圆弧线段1—1和2—2为针编弧，3—3和4—4为沉降弧。在织物边缘，在自然状态下，由于弯曲的纱线段3—3的一端没有使其弯曲力的作用，力图向下伸直，从而

破坏了纱线段 1-1 的受力平衡，也使其力图向下伸直，依此类推，纱线段 2-2、4-4 也同样向下伸直，从而形成了图中虚线所示的织物边缘卷起的现象。从图中可以看出，它是向织物的反面卷曲。同理，如图 4-3（c）所示，在织物的纵行断面中，弯曲的圈柱力图向织物的正面伸直，从而使织物边缘向正面卷曲。图 4-3（d）是织物卷边后的情形。

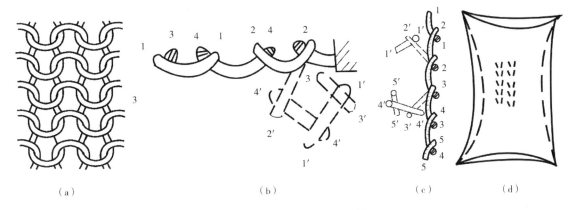

图 4-3　纬平针织物的卷边性

卷边性不利于裁减缝纫等成衣加工。但我们可以利用这种卷边特性来设计一些特殊的织物结构。纱线的抗弯刚度、粗细和织物的密度都会影响织物的卷边性。

③脱散性。纬平针织物可沿织物横列方向脱散，也可以沿织物纵行方向脱散。如图 4-4（a）所示，横向脱散发生在织物边缘，此时纱线没有断裂，抽拉织物最边缘一个横列的纱线端可使纱线从整个横列中脱散出来，它可以被看作编织的逆过程。纬平针组织织物顺编织方向和逆编织方向都可脱散。纵向脱散发生在织物中某处纱线断裂时，如图 4-4（b）所示，当线圈 a 的纱线断裂后，线圈 b 由于失去了串套联系就会向织物正面翻转，从线圈 c 中脱离出来，严重时会使整个纵行的线圈从断纱处依次从织物中脱离出来。

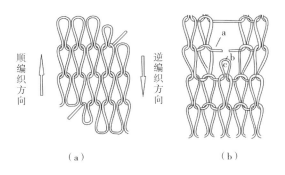

图 4-4　纬平针织物的脱散性

织物的脱散性与纱线的光滑程度、抗弯刚度和织物的稀密程度有关，也与织物所受到的拉伸程度有关，纱线越光滑、抗弯刚度越大、织物越稀松越容易脱散，当受到拉伸时，会加剧织物的脱散。

④延伸性。纬平针织物在纵向拉伸时的线圈形态如图4-5所示。此时在拉伸力的作用下，圈弧向圈柱转移直至相邻纵行的线圈圈弧紧密接触。

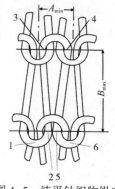

图4-6是纬平针织物横向拉伸的示意图。此时线圈的圈柱转变为圈弧，圈弧伸直而圈柱弯曲。如图4-6（a）所示，一个完整的线圈长度包括了两个圈弧部段2-3-4、5-6-7和两个圈柱部段1-2和4-5。拉伸后的圈弧部段可以被看作两条直线，而此时的圈柱部段如图4-6（b）所示，可以被近似地看作一个半圆弧。

（3）纬平针组织的用途。纬平针组织织物轻薄、用纱量少，主要用于生产内衣、袜品、毛衫、服装的衬里和某些涂层材料底布等。纬平针组织也是其他单面花式织物的基本结构。

图4-5　纬平针织物纵向拉伸时的线圈形态

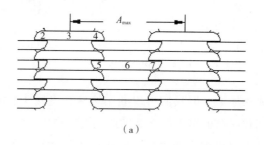

（a）　　　　　　　　　　（b）

图4-6　纬平针组织横向拉伸

2. 罗纹组织

（1）罗纹组织的结构。罗纹组织是双面纬编针织物的基本组织，它是由正面线圈纵行和反面线圈纵行以一定组合相间配置而成的。罗纹组织通常根据一个完全组织（最小循环单元）中正反面线圈纵行的比例来命名，如1+1、2+2、3+2、6+3罗纹等，前面的数字表示一个完全组织中的正面线圈纵行数，后面的数字表示反面线圈纵行数。有时也用1×1、1：1或1-1等方式表示。图4-7为由一个正面线圈纵行和一个反面线圈纵行相间配置形成的1+1罗纹。图4-7（a）是自由状态时的结构，图4-7（b）是横向拉伸时的结构。1+1罗纹织物的一个完全组织包含一个正面线圈和一个反面线圈。它先形成正面线圈1-2-3-4，接着形成反面线圈5-6-7-8，正反面线圈由沉降弧4-5连接起来，如此交替形成罗纹组织。由于一个完全组织中的正反面线圈不在同一平面，因而沉降弧必须由前到后，再由后到前地把正反面线圈连接起来，造成沉降弧较大的弯曲与扭转，结果使以正反面线圈纵行相间配置的罗纹组织每一面上的正面线圈纵行之间相互靠近。这样，如图4-7（a）所示，在自然状态下，织物的两面只能看到正面线圈纵行；在织物横向拉伸时，连接正反面线圈纵行的沉降弧4-5趋向于与织物平面平行，反面线圈5-6-7-8就会被从正面线圈后面拉出来，这样，在织物的两面都能看到交替配置的正面线圈纵行与反面线圈纵行，如图4-7（b）所示。

（2）罗纹组织的特性。在横向拉伸时，罗纹组织具有较大的延伸性。以1+1罗纹为例，

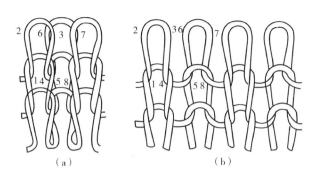

图 4-7 1+1 罗纹组织

如前所述，在自然状态下，沉降片是由前到后或由后到前连接正反面线圈，而在拉伸时，它们趋向于与织物平面平行，从而有较大的延伸性。

1+1 罗纹组织在纵向拉伸时的线圈结构如图 4-8（a）所示，此时它的最大圈高 B_{max} 和纵向延伸性与纬平针组织相同。但在横向拉伸时，如图 4-8（b）所示，被隐藏在正面线圈后面的反面线圈的圈干 5-6-7-8 被拉了出来，由与正面线圈前后重叠的状态变为平行状态，连接正反面线圈的沉降弧 4-5 和 8-9 也从垂直于织物平面变为与织物平面平行的状态，此时的 A_{max} 包含了一个正面线圈和一个反面线圈，与只包含一个线圈的纬平针相比（图 4-6），横向延伸性大很多。罗纹组织的横向延伸性除了与纱线延伸性、织物线圈长度和未充满系数等因素有关外，还与织物的完全组织数有关。完全组织数越小，单位宽度内被隐藏的反面线圈数越多，从而横向延伸性越大，所以，一般来说 1+1 罗纹组织横向延伸性最大。

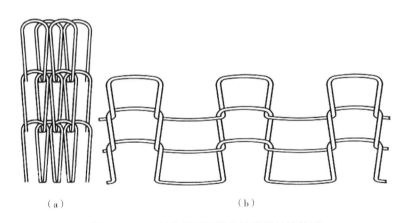

图 4-8 1+1 罗纹组织纵横向拉伸后的结构图

罗纹组织也能产生脱散的现象，但它在边缘横列只能逆编织方向脱散，顺编织方向一般不脱散。当某线圈纱线断裂时，罗纹组织也会发生线圈沿着纵行从断纱处梯脱的现象。

在正反面线圈纵行数相同的罗纹组织中，由于造成卷边的力彼此平衡，并不出现卷边现象。在正反面线圈纵行数不同的罗纹组织中，虽有卷边现象但不严重。在 2+2、2+3 等宽罗纹中，同类纵行之间可以产生卷曲的现象。图 4-9 所示为 2+2 罗纹组织同类纵行卷曲的情况，在这时它比 1+1 罗纹组织有更大的延伸性。

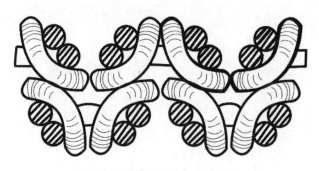

图 4-9　纵行卷曲后的 2+2 罗纹

在罗纹组织中，由于正反面线圈纵行相间配置，线圈的歪斜方向可以相互抵消，所以织物就不会表现出歪斜的现象。

（3）罗纹组织的用途。由于上述性能，罗纹组织特别适宜于制作内衣、毛衫、袜品等的边口部段，如领口、袖口、裤腰、裤脚、下摆、袜口等。由于罗纹组织顺编织方向不能沿边缘横列脱散，所以上述收口部位可直接织成光边，无须再缝边或拷边。罗纹织物还常用于生产贴身或紧身的弹力衫裤，特别是织物中衬入氨纶等弹性纱线后，服装的贴身、弹性和延伸效果更佳。良好的延伸性也使其用来制作护膝、护腕和护肘等。

3. 双罗纹组织

（1）双罗纹组织的结构。双罗纹组织又称棉毛组织，是由两个罗纹组织彼此复合而成，即在一个罗纹组织的反面线圈纵行上配置另一个罗纹组织的正面线圈纵行，其结构如图 4-10 所示。这样，在织物的两面都只能看到正面线圈，即使在拉伸时，也不会显露出反面线圈纵行，因此又被称为双正面组织。它属于一种纬编变化组织。由于双罗纹组织是由相邻两个成圈系统形成一个完整的线圈横列，因此在同一横列上的相邻线圈在纵向彼此相差约半个圈高。

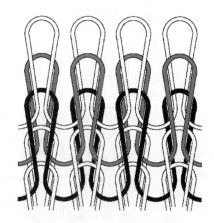

图 4-10　1+1 双罗纹组织

与罗纹组织一样，双罗纹组织也可以分为不同的类型，如 1+1、2+2 等，分别由相应的罗纹组织复合而成。由两个 2+2 罗纹组织复合而成的双罗纹组织，又称八锁组织（eight-lock stitch）。

（2）双罗纹组织的特性。由于双罗纹组织是由两个罗纹组织复合而成，因此在未充满系数和线圈纵行的配置与罗纹组织相同的条件下，其延伸性较罗纹组织小，尺寸稳定性好。同时边缘横列只可逆编织方向脱散。当个别线圈断裂时，因受另一个罗纹组织线圈摩擦的阻碍，不易发生线圈沿着纵行从断纱处分解脱散的梯脱现象。与罗纹组织一样，双罗纹组织也不会卷边，线圈不歪斜。

（3）双罗纹组织的用途。双罗纹组织织物厚实，保暖性好，主要用于制作棉毛衫裤。此外，双罗纹组织还经常被用来制作休闲服、运动服、T恤衫和鞋里布等。

4. 双反面组织

（1）双反面组织的结构。双反面组织也是双面纬编组织中的一种基本组织。它是由正面线圈横列和反面线圈横列交替配置而成，其结构如图4-11所示。在双反面组织中，由于弯曲的纱线段受力不平衡，力图伸直，使线圈的圈弧向外突出，圈柱向里凹陷，使织物两面都显示出线圈反面的外观，故称双反面组织。

图4-11所示的双反面组织是由一个正面线圈横列和一个反面线圈横列交替编织而成，为1+1双反面组织。如果改变正反面线圈横列配置的比例关系，还可以形成2+2，2+3，3+3等双反面组织。也可以按照花纹要求，在织物表面混合配置正反面线圈区域，形成凹凸花纹效果。

图4-11　双反面组织

（2）双反面组织的特性。双反面组织由于线圈圈柱向垂直于织物平面的方向倾斜，使织物纵向缩短，因而增加了织物的厚度，也使织物在纵向拉伸时具有较大的延伸度，使织物的纵横向延伸度相近。与纬平针组织一样，双反面组织在织物的边缘横列顺、逆编织方向都可以脱散。双反面组织的卷边性是随着正反面线圈横列组合的不同而不同，对于1+1和2+2这种由相同数目正反面线圈横列组合的双反面组织，因卷边力相互抵消，不会产生卷边现象。

（3）双反面组织的用途。双反面组织只能在双反面机，或具有双向移圈功能的双针床圆机和横机上编织。这些机器的编织机构较复杂，机号较低，生产效率也较低，所以该组织不如纬平针、罗纹和双罗纹组织应用广泛，主要用于生产毛衫类产品。

（二）经编基本组织

1. 编链组织　每根经纱始终在同一根针上垫纱成圈所形成的组织为编链组织，有开口编链和闭口编链两种。闭口编链的组织纪录为1-0/1-0//，如图4-12（a）所示；开口编链的组织纪录为1-0/0-1//，如图4-12（b）所示。

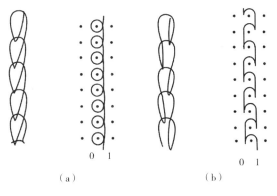

（a）　　　　　　　　（b）

图4-12　编链组织

编链组织纵行之间无联系，一般不能单独应用，只能与其他组织一起形成织物。编链组织纵向延伸性较小。其延伸性主要取决于纱线弹性，与衬纬结合，所编织的织物纵向和横向延伸性都很小，与机织物相似。编链组织逆编织方向脱散。在编织花边时，可以用编链组织作为分离纵行，将花边之间连接起来，织成宽幅的花边坯布，在后整理时再将编链脱散，将各条花边分离。编链组织也是形成网孔织物的基本组织。在相邻纵行的编链之间按照一定规律间隔若干横列连接起来，在无横向联系处即可形成一定大小的孔眼。

2. 经平组织　每根纱线轮流在相邻两枚针上垫纱成圈的组织称为经平组织，又称二针经平。经平组织线圈可以是闭口的或开口的，也可以是开口与闭口交替进行。图 4-13（a）为闭口经平，其组织记录为 1-0/1-2//；图 4-13（b）为开口经平，其组织记录为 0-1/2-1//。

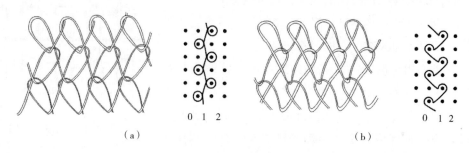

（a）　　　　　　　　　　　　（b）

图 4-13　经平组织

经平组织中，同一纵行的线圈由相邻两根纱线交替形成。所有线圈都具有单向延展线，即线圈的引入延展线和引出延展线都是处于该线圈的一侧。由于纱线弯曲处力图伸直，使线圈向着延展线相反的方向倾斜，线圈纵行呈曲折状排列在织物中。线圈的倾斜程度随着纱线弹性及织物密度的增加而增加。

经平组织织物在一个线圈断裂后，在横向拉伸时线圈会沿着纵向脱散，并使织物从此处分成两片。

3. 经缎组织　每根纱线依次在三枚或三枚以上的针上成圈的组织称为经缎组织。图 4-14 为最简单的经缎组织，由于在三根针上顺序成圈，所以常称为三针经缎组织，有时以其完全组织的横列数命名，为四列经缎组织，其组织记录为 1-0/1-2/2-3/2-1//。在一个完全组织中，导纱针的横移大小、方向和顺序可按花纹要求设定。

经缎组织一般由开口和闭口线圈组成，大多在垫纱转向时采用闭口线圈，而在中间采用开口线圈，此时延展线处于开口线圈两侧，由于两侧纱线弯曲程度不同，线圈向弯

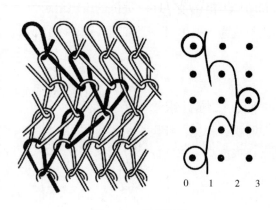

图 4-14　经缎组织

曲程度较小的方向倾斜，倾斜程度比转向线圈小，接近于经平组织的形态，转向线圈倾斜较大，在转向处往往产生孔眼。

4. 重经组织　每根经纱每次同时在相邻两根针上垫纱成圈所形成的组织为重经组织，为针前两针距横移的经编组织。重经组织可在上述基本组织的基础上形成。图4-15（a）和图4-15（b）分别为闭口和开口重经编链组织，它们的组织记录分别为2-0//和0-2/2-0//。图4-16（a）和图4-16（b）分别为开口和闭口重经平组织，它们的组织记录分别为0-2/3-1//和1-3/2-0//，这里，后一横列相对于前一横列移过一个针距。

重经组织有闭口和开口线圈，其性质介于经编和纬编之间，具有脱散性小，弹性好等优点。重经组织编织时纱线张力大，生产工艺要求较高。

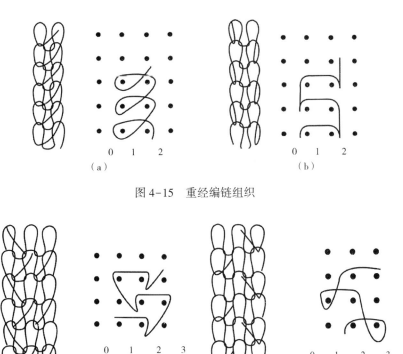

图4-15　重经编链组织

图4-16　重经平组织

四、二维针织物的应用

与机织相比，针织加工具有工艺流程短、原料适应性强、翻改品种快、可以生产半成形和全成形产品、产品使用范围广、机器噪声与占地面积小、生产效率高、能源消耗少等优点，成为纺织工业中的后起之秀。目前，全世界每年针织品耗用纤维量已占到整个纺织品纤维用量的1/3，就服装类（服用）产品而言，针织与机织之比约为55∶45。

针织生产除了可制成各种坯布，经裁剪、缝制而成为针织品外，还可在针织机上直接编织成形产品，以制成全成形或部分成形产品。采用针织成形工艺可以节约原料，简化或取消裁剪和缝纫工序，并能改善产品服用性能。

针织产品按用途可分为服用、装饰用和产业用三类，目前的比例约为 70：20：10。

（一）服用针织物

随着新型纤维材料的不断问世与应用，对现有纺织原料的改性变性处理，针织设备制造水平和计算机控制技术的提高以及针织物染整加工技术的进步，促进了针织产品的开发与性能的改进。服用类针织品已从传统的内衣扩展到休闲服、运动服和时装等领域，并朝着轻薄、弹性、舒适、功能、绿色环保、整体成形编织与无缝内衣等方面发展。

（二）装饰用针织物

装饰用针织品也在向结构与品种多样化，性能可满足不同的要求方向发展，产品包括巾被类、覆盖类、铺地类、床上用品、窗帘帐幔、坐垫、贴墙织物等。

（三）产业用针织物

产业用针织品所占的比重逐步增加，涉及的领域很广，其中以针织物为增强体并与其他高分子材料复合形成的复合材料发展较快，如农业用的篷盖类布与薄膜、工业用的管道、加固路基用的土工格栅、医用人造血管、航空航天用的飞行器的舱体等。

第二节　二维针织物的织造与设备

一、二维针织物的编结法

编结法一般可分为以下八个阶段：

（1）退圈（clearing）。舌针从低位置上升至最高点，旧线圈从针钩内移至针杆上，如图 4-17 中针 1~5。

（2）垫纱（yarn feeding）。舌针下降，从导纱器引出的新纱线 a 垫入针钩下，如图 4-17 中针 6~7。

（3）闭口（latch closing）。随着舌针的下降，针舌在旧线圈的作用下向上翻转关闭针口，如图 4-17 中针 8~9。这样旧线圈和即将形成的新线圈就分隔在针舌两侧，为新纱线穿过旧线圈做准备。

（4）套圈（landing，casting-on）。舌针继续下降，旧线圈沿着针舌上移套在针舌外，如图 4-17 中针 9。

（5）弯纱（sinking）。舌针的下降使针钩接触新纱线开始逐渐弯纱，并一直延续到线圈最终形成，如图 4-17 中针 9~10。

（6）脱圈（knocking-over）。舌针进一步下降使旧线圈从针头上脱下，套到正在进行弯纱的新线圈上，如图 4-17 中针 10。

（7）成圈（loop formation）。舌针下降到最低位置形成一定大小的新线圈，如图 4-17 中针 10。

（8）牵拉（taking-down）。借助牵拉机构产生的牵拉力，将脱下的旧线圈和刚形成的新线圈拉向舌针背后，脱离编织区，防止舌针再次上升时将旧线圈回套到针头上，为下一次成圈做准备。

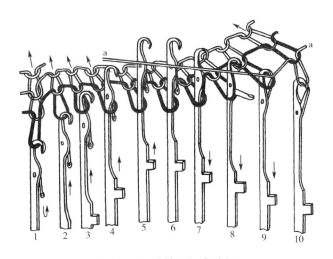

图 4-17　编结法织造过程

码 4-1　二维针织

二、二维针织机的分类

设备主要为圆纬机和横机，可分单面机（只有针筒）和双面机（针筒与针盘，或双针筒）两类，行业内通常根据其主要特征和加工的织物组织来命名。单面圆纬机有四针道机、台车、提花机、衬垫机（俗称卫衣机）、毛圈机、四色调线机、吊线（绕经）机、人造毛皮（长毛绒）机等。双面圆纬机则有罗纹机、双罗纹（棉毛）机、多针道机（上针盘二针道下针筒四针道等）、提花机、四色调线机、移圈罗纹机、计件衣坯机等。有些圆纬机集合了两三种单机的功能，扩大了可编织产品的范围，如提花四色调线机、提花四色调线移圈机等。此外，还有可编织半成形无缝衣坯的单面及双面无缝内衣机。针织横机按针床宽度也可分为大横机和小横机。现在大横机主要是电脑横机，针床宽度在 114cm（45 英寸）以上，常用的为 122~132cm（48~52 英寸）。小横机主要是手动横机，一般针床宽度在 107mm（42 英寸）以下。横机广泛用于毛衣店、羊毛衫厂、围巾帽子企业、服装服饰等企业。

三、二维针织机的组成

纬编机结构主要包括成圈机构、给纱机构、牵拉卷取机构、传动机构、辅助机构以及一些特殊机构，如选针机构、针床横移机构等。如图 4-18 所示为圆纬织机和电脑横机。

经编机（图 4-19）主要分为特利柯脱（tricot）型经编机和拉舍尔（raschel）型经编机两大类，结构一般包括成圈机构、梳栉横移机构、送经机构、牵拉卷取机构、传动机构、辅助机构和一些特殊机构，如贾卡提花机构等。特利柯脱型经编机的特征是织针与被牵拉坯布之间的夹角为 65°~90°。一般说来，特利柯脱型经编机梳栉数较少，多数采用复合针或钩针，

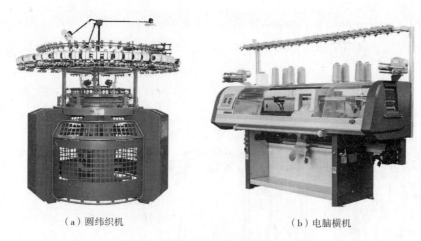

（a）圆纬织机　　　　　　　　　　　（b）电脑横机

图 4-18　圆纬织机和电脑横机示意图

机号较高，机速也较高。拉舍尔型经编机的特征是织针与被牵拉坯布之间的夹角为 130°~
170°。该机多数采用复合针或舌针，与特利柯脱型经编机相比，其梳栉数较多，机号和机速
相对较低。

图 4-19　经编机

第三节　二维针织物的工艺参数

一、线圈长度

线圈长度是指形成一个线圈单元所需要的纱线长度，通常以毫米（mm）为单位，如
图 4-20 所示。可以根据线圈在平面上的投影近似地计算出理论线圈长度；也可用拆散的方法
测得组成一个单元线圈的实际纱线长度；还可以在编织时用仪器直接测量喂入织针上的纱线
长度。

线圈长度是针织物的一个非常重要的指标，它不仅决定了针织物的密度和单位面积重量，

还对针织物的其他性能有重要影响。

在编织时，对线圈长度的控制非常重要，目前主要通过积极式给纱的方式喂入规定长度的纱线，以保证线圈长度满足要求。

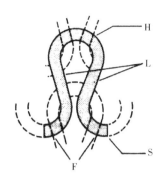

图 4-20　线圈长度示意图

H—针编弧　L—圈柱

S—沉降弧　F—沉降弧

二、密度

密度用来表示纱线细度一定的条件下针织物的稀密程度。密度有横密和纵密之分。

横密是指沿织物横列方向规定长度内的线圈纵行数，通常用 P_A 表示；纵密是指沿线圈纵行方向规定长度内的线圈横列数，通常用 P_B 表示；总密度是单位面积内线圈总数，通常用 P 表示，如图 4-21 所示。它们可以用以下公式计算：

$$P_A = \frac{规定长度}{圈距(A)} \tag{4-1}$$

$$P_B = \frac{规定长度}{圈高(B)} \tag{4-2}$$

$$P = P_A \times P_B \tag{4-3}$$

沿线圈横列方向，两个相邻线圈对应点之间的距离称为距离，以 A 表示；沿线圈纵行两个相邻线圈对应点之间的距离为圈高，以 B 表示，如图 4-21 所示。

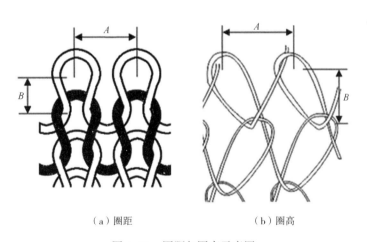

（a）圈距　　　　　　　　　（b）圈高

图 4-21　圈距与圈高示意图

这里的"规定长度"根据产品不同而有所不同，纬编圆机产品一般规定长度为 5cm；横机产品一般规定长度为 10cm；经编产品一般规定长度为 1cm，总密度是单位面积则可以根据产品"规定长度"来确定。

密度对比系数是横密与纵密的比值，它反映了线圈在稳定状态下的空间形态，是织物花型图案设计和工艺设计的重要参考。通常用 C 表示。

$$C = \frac{P_A}{P_B} = \frac{B}{A} \tag{4-4}$$

密度是针织产品设计、生产与品质控制的一项重要指标。由于针织物在加工过程中容易受到拉伸而产生变形，因此对某一针织物来说其状态不是固定不变的，这样就将影响实测密度的客观性，因而在测量针织物密度前，应该将试样进行松弛，使之达到平衡状态，这样测得的密度才具有可比性。根据织物所处状态不同，密度可分为下机密度、坯布密度和成品密度等。

三、未充满系数和编织密度系数

不同粗细的纱线，在线圈长度和密度相同的情况下，所编织织物的稀密是有差异的，因此人们引入了未充满系数和编织密度系数的指标。

1. 针织物的未充满系数 f　针织物的未充满系数 f 用线圈长度 l（mm）与纱线直径 d（mm）的比值来表示，即：

$$f = \frac{l}{d} \tag{4-5}$$

未充满系数越大，织物越稀松；未充满系数越小，织物越密实。

2. 针织物的编织密度系数 CF　针织物的编织密度系数 CF 又称覆盖系数，它反映了纱线线密度 Tt（tex）与线圈长度 l（mm）之间的关系，用下式表示：

$$CF = \frac{\sqrt{\text{Tt}}}{l} \tag{4-6}$$

一般情况下，纯羊毛纬平针织物的编织密度系数≥1。编织密度系数因原料和织物结构不同而不同，但一般都在 1.5 左右。织物的编织密度系数越大，织物越密实；编织密度系数越小，织物越稀松。

参考文献

[1] 天津纺织工学院. 针织学 [M]. 北京：纺织工业出版社，1980.

[2] 杨尧栋，宋广礼. 针织物组织与产品设计 [M]. 北京：中国纺织出版社，1998.

[3] 龙海如. 针织学 [M]. 北京：中国纺织出版社，2008.

[4] 宋广礼，蒋高明. 针织物组织与产品设计 [M]. 北京：中国纺织出版社，2008.

[5] David. J. Spencer. Knitting Technology [M]. Oxford（England）：Wooghead Publishing Ltd，.

[6] 宋广礼，李红霞，杨昆译. 针织学（双语）[M]. 北京：中国纺织出版社，2006.

[7] 宋广礼. 电脑横机实用手册 [M]. 北京：中国纺织出版社，2010.

[8] 宋广礼. 成形针织产品设计与生产 [M]. 北京：中国纺织出版社，2006.

[9] 赵展谊. 针织工艺概论 [M]. 北京：中国纺织出版社，2008.

［10］许吕崧，龙海如．针织工艺与设备［M］．北京：中国纺织出版社，1999．

［11］丁钟复．纬编针织设备与工艺［M］．北京：化学工业出版社，2009．

［12］贺庆玉，刘晓东．针织工艺学［M］．北京：中国纺织出版社，2009．

［13］许瑞超，王琳．针织技术［M］．上海：东华大学出版社，2009．

［14］蒋高明．现代经编工艺与设备［M］．北京：中国纺织出版社，2001．

［15］许瑞超，张一平．针织设备与工艺［M］．上海：东华大学出版社，2005．

［16］王道兴．实用经编论文选［M］．北京：中国纺织出版社，2006．

［17］《针织工程手册》编委会．针织工程手册（经编分册）［M］．北京：中国纺织出版社，1997．

［18］张佩华，沈为．针织产品设计［M］．北京：中国纺织出版社，2008．

［19］Iyer，Mannel，Schach．Rundstricken［M］．Bamberg（Germany）：Meisenbach GmbH，1991．

［20］宋广礼，杨昆．针织原理［M］．北京：中国纺织出版社，2013．

第五章　二维非织造布

第一节　概述

一、非织造布的定义

非织造布又称非织造材料、无纺布、非织布、不织布、非织造物。中国国家标准 GB/T 5709—1997，对其定义为定向或随机排列的纤维通过摩擦、抱合或黏合或这些方法的组合而相互结合制成的片状物、纤网或絮垫，不包括纸、机织物、针织物、簇绒织物、带有缝编纱线的缝编织物以及湿法缩绒的毡制品。所用纤维可以是天然纤维或化学纤维；可以是短纤、长丝或当场形成的纤维状物。

标准中说明了湿法非织造布和纸的区别，在非织造布中纤维成分中长径比大于 300 的纤维（不包括经过化学蒸煮的植物纤维）占全部质量的 50% 以上，或长径比大于 300 的纤维（不包括经过化学蒸煮的植物纤维）虽只占全部质量的 30% 以上，但其密度小于 0.4g/cm^3 的，属于非织造布，反之属于纸。

二、非织造布的分类

非织造布可以按以下五种不同的方式进行分类：

1. 按成网方式分类　按成网方式不同，非织造布一般分为干法成网、湿法成网和聚合物直接成网法三大类。

2. 按加固方式分类　按加固方式不同，非织造布可以分为机械加固（针刺加固、水刺加工、缝编加固）、化学黏合加固、热黏合加固等。

3. 按产品应用领域分类　按产品应用领域不同，非织造布可以分为医疗与卫生非织造布、服饰用非织造布、家用非织造布、工业用非织造布、土木建筑工程非织造布、汽车工业非织造布、农业与园艺非织造布、电子电器用非织造布、包装用非织造布、航空航天及军用非织造布、其他非织造布。

4. 按产品定量、厚薄分类　非织造布的定量是指非织造布的单位面积质量，单位为 g/m^2。根据非织造布的定量、产品厚度一般将产品分为薄型非织造布、中型非织造布和厚型非织造布。

5. 按使用强度、耐用性分类 按使用强度、耐用性不同，非织造布可分为耐久型非织造布和用即弃非织造布。

三、非织造布的结构特点

（一）非织造布与传统纺织品的结构差异

非织造布与传统的纺织品相比结构上存在很大的差异，这主要体现在：

1. 传统纺织品（机织物和针织物）结构特征

（1）以纱线或者长丝为主体材料，通过交织或编织形成规则的几何结构。

（2）机织物通过经纱与纬纱交织、挤压，以抵抗受外力作用时织物的变形，因此织物结构一般较稳定，但弹性差。

（3）针织物通过纱线形成的圈状结构相互联结，由于织物受到外力作用时，组成线圈的纱线相互间有一定程度的移动，因此针织物具有较好的弹性。

2. 非织造布结构特征

（1）以呈单纤维分布状态的纤维作为主体材料。

（2）定向或随机排列的纤维组成的网络状结构。

（3）纤网结构必须通过机械、热黏合、化学黏合等加固方法保持稳定。

（二）非织造布的几种典型结构

非织造布成网及加固方式不同，其形成的结构也不同，根据加固方式的不同，其典型结构有以下三种形式：

1. 纤网由内部部分纤维得到加固的结构 纤网通过针刺法、水刺法加固，形成以纤维之间相互缠结加固纤网的结构；采用纤网—无纱线型缝编法加固后形成的从纤网中勾取部分纤维形成线圈加固纤网的结构。

2. 纤网由外加纱线得到加固的结构 采用纤网—缝编纱型缝编法加固，形成的由喂入缝编机的纱线或长丝所形成的线圈加固纤网的结构，这种非织造布结构中包含纱线组分。

3. 纤网由黏合作用得到加固的结构 化学黏合法加固根据化学黏合剂类型不同、施加方法不同，会形成点黏合结构、片状黏合结构、团状黏合结构以及局部黏合结构；热黏合加固根据工艺不同也可形成点黏合结构、团状黏合结构、局部黏合结构，但一般不形成片状黏合结构。

点黏合结构指在纤维的交叉点处黏合加固，这种情况下使用的化学黏合剂较少，纤维黏合效果和非织造布的机械性能较好；双组分的纤维在热黏合加固中可以得到点黏合结构，其制备的热黏合非织造布具有较好的蓬松度和压缩回弹性能。

团状黏合结构指纤网中形成不均匀的团块状黏合结构，这时黏合剂以团状分布在纤网中，没有充分发挥黏合剂的作用；普通热熔纤维在热黏合过程中会出现这种结构，其制备的非织造布在强力、手感方面不如由双组分纤维得到的点黏合结构的产品。

局部黏合结构指通过控制黏合区域而形成的规则形黏合结构，采用印花黏合法施加化学黏合剂、或对纤网局部区域加热、加压会形成局部黏合结构，局部黏合区域可以是点状、线状或各种几何图案。这种结构的非织造布蓬松度较好，强力与局部黏合区域占纤网总面积的比例有关。

由于黏合剂的高流动性，化学黏合法还会在纤维相交处或相邻处形成片状黏合结构，黏合区常占纤网表面积一半以上。

（三）纤维在非织造布中存在的形式

1. 纤维构成非织造布的基本结构 在各种非织造布中，纤维以网状构成非织造布的主体结构，纤维在这些非织造布中的比例在50%~100%。

2. 纤维作为非织造布的固结成分 在针刺法与水刺法加固的非织造布中，部分纤维缠结形成定向或无规的纤维缠结结构以加固纤网；纤网—无纱线缝编法非织造布中，纤维以线圈结构存在于非织造布中，起着加固纤网的作用；在大多数热黏合非织造布中，热熔纤维在热黏合时全部或部分熔融，形成纤网中的热熔黏合加固成分。

3. 纤维既作非织造布的主体成分，同时又作非织造布的黏合成分 由双组分热熔纤维构成的热黏合非织造布中，双组分纤维中熔点高的组分构成非织造布的主体结构，熔点低的组分在纤维交叉处熔融黏结，因此双组分纤维既是非织造布的主体成分，又是其黏合成分。

（四）非织造布的特点

1. 属于纺织、塑料、造纸、皮革工业的学科交叉产品，种类繁多

（1）有些产品接近传统纺织品，如缝编法非织造布、水刺非织造布。

（2）有些产品接近塑料，如膜裂法非织造布。

（3）有些产品接近纸，如湿法非织造布。

（4）有些产品接近皮革，如合成革、人造麂皮。

2. 非织造布产品外观、结构多样化

（1）从外观上看，有薄型产品，也有中、厚型产品；有柔软蓬松的絮片类产品，也有密实的毡布类产品；有强力较低的产品，也有高强力的产品。

（2）从结构上看，纤网中的纤维有的呈二维排列，有的呈三维排列，也有由单层薄网结构叠合、层压复合而形成的具有一定梯度的结构。

3. 非织造布性能和用途多样性 由于原料选择的多样性与加工工艺的多样性，一些新的加工方式也不断出现，因此制备出的非织造布性能和用途也呈现出多样性。

第二节　干法成网技术

非织造干法成网是指利用梳理成网或气流成网方式将短纤维制成纤网的方法，是非织造布重要的加工方法之一。经过干法成网后的纤网强力等性能不足，一般还需要经过固网的工序进行加固。针刺法、水刺法、化学黏合法、热黏合法等加固方法都可以对干法成网的纤维网进行加固制备出性能各异的非织造布。干法成网非织造布种类很多，应用范围广，包括薄型、厚型、一次型、耐久型、蓬松型、厚实型等。

干法非织造布的工艺流程简单，但工艺变化较多。根据产品要求的不同，有的产品需要纤网中纤维呈定向排列，有的产品需要呈纤维杂乱排列；不同的产品对纤网定量、幅宽、厚薄、使用时间的长短等要求不同，因此根据各类产品的具体要求选择不同的成网加工过程与工艺。

干法成网基本工艺流程如下：

梳理前准备→纤维梳理→成网及铺网→干法纤维网

一、梳理前准备工序

梳理前准备工序主要包括纤维的开松、混合和施加油剂。良好的准备工序是保证纤网梳理质量及成网质量的必要条件。

（一）开松与混合

开松与混合是准备工程的重要工序，是梳理的基础。开松的目的是使原料中的纤维块、纤维团离解，逐渐解除纤维之间以及纤维和杂质之间的联系，使大纤维块变成小块或小束，既要保证开松充分，又要减少纤维损伤，以利于纤维的进一步梳理加工。混合的目的是将混料中不同原料、纤度、长度、颜色的纤维组分混合均匀，以达到后道工序的加工要求，获得不同性能、不同颜色的产品。开松过程同时伴有一定的混合、除杂作用。

开松机结构一般比较简单，主要由一对喂入辊或喂入罗拉及一个开松锡林组成，开松锡林上装有角钉或梳针，或针布，或豪猪打手，有的还在锡林上装有工作辊及剥取辊。不同的结构使开松机的开松效果、混合效果、除杂效果有明显的差异。图 5-1 为一种开松机结构示意图。

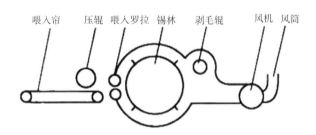

图 5-1　开松机结构示意图

开松机开松纤维的过程中虽然有一定的混合作用，但这种混合效果可能不够，为了使原料充分混合均匀，往往还要经过专门的混合工序。纤维混合的方式较多，可以利用开松机、和毛机等经过多次混合开松，也可以配合使用和毛仓、多仓混棉机、往复式抓棉机、圆盘式抓棉机等混合设备。

开松、混合工艺的主要依据所用原料情况和产品要求而定，一般开松混合次数多则开松混合效果好，但纤维损伤也较大。

在实际生产中一般需要对不同纤维原料进行选用、搭配、混合使用。纤维混合前要确定不同组分纤维的实际混合比例，由于不同的纤维在后道生产过程中的损耗率可能不同，因此纤维的实际混合比例应做出相应调整，使最终成品中纤维的混合比例满足产品设计要求。纤维的混合配料成分可用下式计算：

$$某种纤维重量（kg）= 混料纤维总重量（kg）\times 某种纤维配料成分占比（\%）$$

（二）施加油剂

在纤维开松混合过程中一般要施加一定量油剂和水，使用油剂和水的目的是为了提高纤维的回潮率、降低纤维间的摩擦系数，减少纤维在加工中的损伤，防止纤维产生静电，从而使纤维润滑柔和同时又具有良好抱合性，利于生产过程的顺利进行。施加油水的方法一般是在开松前喷洒在散纤维上。为了使油水施加均匀，最好以雾点状均匀喷洒在纤维原料上。一般加油剂后要闷放 24 h 以上，使纤维充分吸湿回潮。加的油水多少要依据所用的纤维种类、车间的温湿度来调节。回潮率太小，纤维原料在开松梳理过程中易产生静电，影响加工的顺利进行，还会增加消耗；回潮率过大，纤维易缠罗拉、锡林等部件，对针布也不利。油剂一般由润滑剂、柔软剂、抗静电剂和乳化剂等成分组成。

二、梳理工艺

经过开松、混合的纤维混料通过管道连续输送给梳理机，对其进行进一步梳理加工。在干法非织造布生产过程中，梳理工艺是关键工序，梳理工序的工艺质量直接影响后道产品的质量。

（一）梳理机

梳理机的基本作用是对经过初步开松混合的纤维进行更进一步的开松、混合、梳理，使前道工序喂入的小块状纤维逐步开松、梳理成束状纤维，进而变成单根状纤维。梳理机除了梳理纤维外还有比较强的纤维混合作用和一定的除杂作用。

非织造生产中用的梳理机种类主要有三大类：罗拉式梳理机（图 5-2）、盖板式梳理机（图 5-3）及非织造布专用梳理机。罗拉式梳理机一般适于梳理长度较长的毛型纤维，盖板式梳理机一般适合梳理长度较短的棉型纤维。梳理机输出纤维网形式有单道夫和双道夫形式。双道夫可转移出两层纤网，达到增产目的，同时有利于提高成网均匀度。有些梳理上还带有杂乱机构，使出机纤网中纤维呈杂乱排列，改变产品纵横向强度比值。

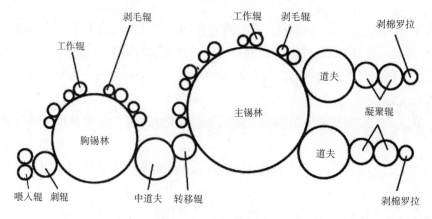

图 5-2　罗拉式梳理机

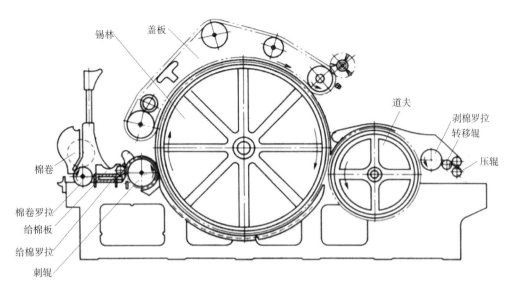

锡林　　盖板

道夫

剥棉罗拉
转移辊

压辊

棉卷

棉卷罗拉
给棉板
给棉罗拉
刺辊

图 5-3　盖板式梳理机

（二）梳理原理

梳理机的罗拉、锡林、工作辊、剥取辊、道夫等多个机件，通过包覆的针布起到梳理作用。包覆好针布的各机件彼此之间相对接近时便形成了作用区。在保证两个针齿面具有较小隔距的前提下，利用两个针面间的相互作用来完成其分梳和转移纤维等作用。两个针齿面相互作用的性质主要取决于下列条件：两针齿面针齿的倾斜方向、两针齿面的相对速度和运动方向。由此可分为分梳、剥取、提升三种作用。

分梳作用需满足的条件为两针面上的针齿呈平行配置；两针面彼此以本身的针尖迎着对方的针尖相对运动。如锡林与盖板（或工作罗拉）、锡林与道夫之间的作用。通过分梳可以使纤维平行伸直，分解为单纤维。

剥取作用需满足的条件为两针面上的针齿交叉配置；两针面的运动方向为一针面的针尖从另一针面的针背上越过。如盖板梳理机上锡林与刺辊间、剥棉罗拉与道夫间；罗拉梳理机上剥取辊与工作辊、锡林与剥取辊等。剥取作用主要是在工艺部件之间转移纤维层。

提升作用需满足的条件为两针面上的针齿平行配置，且两针面彼此以本身的针背向对方的针背做相对运动。如罗拉式梳理机上，提升辊与锡林之间的作用。提升作用应适当，随提升辊与锡林间速比增大，起出作用增强，但过大对纤维层有破坏作用。

（三）梳理机工艺设计

1. 纤维原料　纤维原料的种类、比例及规格的选用主要是由产品性能要求决定的，梳理机的工艺设计首先要考虑产品纤维原料的情况。纤维原料的种类、规格、比例以及含杂、含油、回潮率等性能状态都是确定梳理工艺参数时考虑的重要因素。

2. 喂入量　纤维喂入量直接决定梳理的产量高低，也影响梳理机的梳理质量，喂入量过大会降低纤维的梳理质量。一般线密度小的纤维、梳理比较困难的纤维喂入量应该小一些。

梳理机的纤维喂入均匀度必须要有良好的控制，喂入不匀会影响纤维网的均匀性。因此在生产中必须严格控制、及时检测纤维喂入量的均匀程度。

3. 隔距 梳理机各辊上针布之间都有一定的隔距，隔距是梳理机重要的工艺参数，直接影响纤维梳理质量和纤维的损伤情况，隔距小梳理作用强烈，但纤维损伤大。梳理机后车隔距一般都是固定的，只有主锡林主体梳理部分有所变化。隔距分布原则是：由后车向前车隔距逐渐变小。这是因为刚喂入的纤维块状、束状的较多，同时纤维仍有纠缠，所以隔距应大些。经过多次梳理后，纤维比较松散、顺直，隔距也就可以逐渐变小，这样不会损伤纤维。隔距大小还需根据纤维长度而定，长纤维、粗纤维的隔距应大些，喂入量大，隔距应大些。隔距的大小用隔距片调节。

4. 速比 速比是相邻两个回转部件之间的线速度之比。速比是梳理机重要的工艺参数，直接影响梳理机对纤维的梳理程度、纤维损伤情况、纤维层的转移情况等。速比大，则速差大，梳理力大，梳理作用强烈。根据原料在加工过程中的状态，工作辊与锡林之间的速比一般是由后向前逐渐变大。这是因为第一工作辊处纤维还有纠缠，速比太大易拉断纤维；到第五工作辊处速比可大些，此时纤维已比较松解，速比大不容易拉断纤维，还可以提高梳理效果。速比的大小设计实质上是速度的大小选用。通过传动计算，算出各辊速度即可确定速比。速度 v 一般按下式计算：

$$v = \pi D n$$

式中：v 为辊子速度（m/min）；D 为辊的直径加上两倍针布高度；n 为转速（r/min）。

速比主要包括风轮、工作辊、道夫等与锡林的速比，它们影响梳理的效果，速比不合理，纤网质量会恶化。

5. 工艺计算 工艺计算主要包括喂入量、喂给周期、产量及各辊的速比计算。

梳理机产量计算：

$$G = V_{道} \times g \times \frac{b}{1000} = \pi \times D_{道} \times n_{道} \times g \times \frac{b}{1000}$$

式中：G 为梳理机产量（kg/min）；g 为纤网单重（g/m²），双道夫必须把两个纤网单重相加；b 为道夫纤网有效宽度（m）；$V_{道}$ 为道夫速度（m/min）；$D_{道}$ 为道夫直径（m）；$n_{道}$ 为道夫转速（r/min）。

道夫的速度或转速可以直接测量得到，也可以通过机械传动图来计算得到。

三、干法成网与铺网

（一）成网

1. 梳理成网 通过梳理机的加工纤维逐渐被梳理开，并趋于单纤维化，在道夫表面形成薄的纤网，利用斩刀或剥取罗拉将道夫上的纤维网剥取到出网帘上，得到了梳理机下机纤维网，这种纤网定量很轻，一般需要经过铺网后制成各种用途的非织造布。

2. 杂乱成网 普通梳理机输出纤网属于纵向的定向纤网，即纤网中的纤维皆沿纵向（机器输出方向）排列。为满足非织造产品最终不同的结构与要求，缩小纵横向力学性能差异，可采用带有杂乱机构的梳理机，其能使出机纤网中纤维呈杂乱排列，改变产品纵横向强度比值。

梳理机上的机械杂乱装置主要有以下三种：

（1）利用杂乱辊速比变化的凝聚杂乱。如图 5-4 所示，在普通梳理机道夫前添加一对杂乱辊，通过杂乱辊速度变慢使得纤维在此转移过程中产生凝聚，挤压调头实现杂乱。其纤网纵横向强度比通常为（3∶1）～（6∶1）。

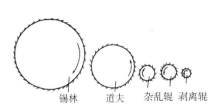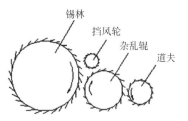

图 5-4　杂乱辊机构　　　　　图 5-5　高速杂乱辊成网

（2）利用高速杂乱辊的杂乱。在锡林和道夫间增加一个高速杂乱辊，其中锡林、杂乱辊高速回转，且转向相反，在锡林、杂乱辊和挡风轮之间的气流三角区形成紊流，纤维在此区域产生变向而杂乱，如图 5-5 所示。其纤网纵横向强度比通常为（3∶1）～（4∶1）。

（3）组合式杂乱。可将上述（1）和（2）所述两种配置组合，组成一种既有凝聚杂乱，又有高速杂乱的杂乱梳理，有利于进一步提高输出纤网中纤维排列的杂乱度。

3. 气流成网　纤维经过开松混合后喂入梳理机，进一步梳理成单纤维状态，在锡林或道夫的离心力和气流的共同作用下，纤维从针布锯齿上脱落，由气流输送并凝聚在成网帘（或尘笼）上，形成纤维网。气流成网适合于加工长度比较短的纤维，形成的纤网中纤维呈三维杂乱排列，其纵横向强力差异小，最终产品基本为各向同性。气流成网可有效地处理长度短、无卷曲的纤维原料，如废旧纺织品回收处理的短纤维、木棉纤维、金属纤维、鸭绒、木浆纤维、超细纤维等，这些纤维采用气流成网比采用机械梳理成网更合适。气流成网中良好的单纤维状态及其在气流中均匀分布是获得优质纤网的先决条件。气流成网方式主要有以下五种，如图 5-6 所示。

气流成网形成的纤网中纤维混合的均匀度和纤维的杂乱情况比较好，但在气流输送形成纤网过程中，气流对单纤维状态的控制远不如机械成网稳定可靠，常会因为纤维"絮凝"造成纤网不匀率增大。影响气流成网纤维杂乱和纤网均匀性的因素很多，其中气流状态、供给的气流在输送管道中是否能产生明显的涡流、被加工的纤维规格及性能都是重要的影响因素。一般来说，细且长、卷曲度高以及易产生静电的纤维，容易在气流输送中形成"絮凝"，反之短且粗，卷曲度低并不易产生静电的纤维，最终形成的纤网均匀度好。

4. 浆粕气流成网　该技术是以木浆纤维为主要原料，通过气流成网及不同固结方法生产非织造布的一种新工艺，其工艺过程为先将浆粕和纤维开松，通过成型头气流成网，再加固纤网。这种方法由于使用的纤维接近造纸所用的纤维，又称为无水造纸或干法造纸。

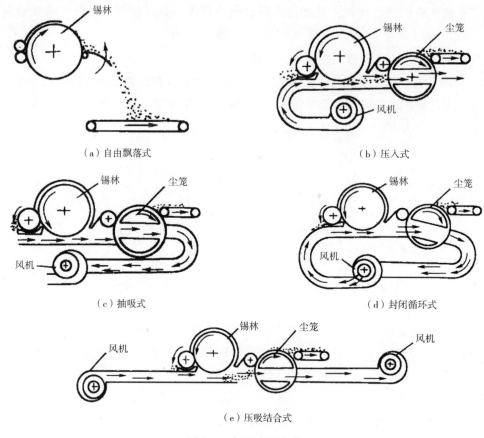

（a）自由飘落式　　　　　　　　　　（b）压入式

（c）抽吸式　　　　　　　　　　（d）封闭循环式

（e）压吸结合式

图 5-6　气流成网方式

　　浆粕气流成网使用的木浆纤维原料极短，可为几毫米，是用木材一类的纤维制成的浆粕纤维，此外茶叶、竹纤维、豆腐渣、废纸、皮革纤维、烟叶纤维等也可作为其原料。由于浆粕气流成网非织造布的主要原料是木浆纤维，因此具有吸水性好、柔软性好、蓬松性好以及原料成本低的特点。此外，在加工中还可加入高吸收树脂或纤维，可以得到更高吸湿与保湿能力的材料。其产品主要应用于医疗与卫生产品方面。

（二）铺网

　　经过梳理后纤维呈单根状态，依据最终非织造产品用途的不同，其对纤网的定量、厚度、幅宽、纤网中定向度要求也应不同。因此，需要将单网经铺网后再进行后加工。

　　1. 平行式铺网　平行式铺网根据梳理机的排列与形成纤网后走向的不同，分为串联式铺网与并联式铺网两种，串联式铺网如图 5-7 所示，并联式铺网如图 5-8 所示。

　　串联式铺网是采用将多台梳理机直线串接排列，将各台梳理机下机的纤维网铺叠在一起，最终形成的纤维网层数由梳理机的台数决定，通过这种方式提高了纤维网的厚度、均匀度。这种纤网中纤维大都平行顺直，纵向强度大，横向强度小。并联式铺网是采用将多台梳理机并列排列，纤网经过 90° 翻转后再依次铺叠在成网帘上形成最终纤网，最终形成的纤维网与串联式铺网实质是一样的。

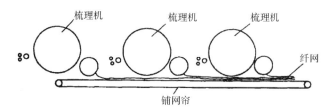

图 5-7　串联式铺网

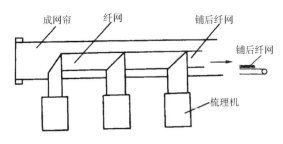

图 5-8　并联式铺网

平行式铺网形成的纤网宽度和厚度都有一定限制，纤网纵横向强力相差很大，实际生产中，这种纤网制成的产品常用于医用卫生材料、电器绝缘材料等。

2. 交叉式铺网　针对平行式铺网存在的不足，交叉式铺网只需一台梳理机加上一台铺网机对梳理机出机纤网进行交叉铺叠，可以达到所需的厚度和幅宽等要求。交叉式铺网的形式主要有立式铺网，四帘式、三帘式、二帘式铺网，夹持式交叉铺网等。立式铺网速度慢，影响产量，实际应用的比较少。图 5-9 为四帘式铺网机原理示意图，梳理机出机纤网经回转帘、补偿帘到铺网帘，铺网帘回转的同时还往复移动，移动的幅度决定了最终铺覆在成网帘上纤网的幅宽，而成网帘与铺网帘的相对速度决定了最终纤网的定量。图 5-10 为双帘夹持式交叉铺网机原理示意图，纤网被两个网帘夹持向前，交叉折叠铺网。

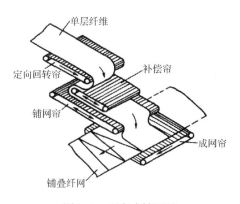

图 5-9　四帘式铺网机

铺网均匀度很重要，由于梳理机输出的纤网是由铺网帘恒速输送的，而铺网辊是左右摆动的，当摆动到铺网宽度的两端时需要换向，速度必须减至零，然后反向并重新加速，因此铺网辊摆到中间时速度变快，纤网变薄，而在左后两端时速度慢，纤维变厚，会形成纤网两边厚、中间薄的现象，使纤网的均匀度变差。通过优化铺网机机构和工艺可以改善这种情况。

3. 组合式铺网　组合式铺网是将交叉铺网折叠的纤网再与另一台梳理机下机的平行铺网机形成的纤网重新铺叠在一起，使纤网中的纤维呈纵横向多方向排列。但由于受幅宽限制，占地面积太大，所以很少采用。

4. 垂直式铺网 垂直式铺网装置是将梳理机出机纤网经过一特殊机构，对纤维网进行摆动折叠，梳理机下机纤网呈垂直折叠直立状态，最终铺成的纤维网平面与梳理机下机纤网平面基本呈垂直状态。这种铺网方式形成的纤网其产品特性表现为刚度好、抗压性好、回弹性好，能够替代海绵类产品，适于做床垫、汽车座椅、内衣衬垫等材料。

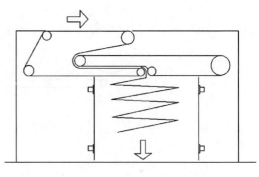

图 5-10　双帘夹持式交叉铺网机

5. 机械牵伸辊杂乱 交叉铺网形成的纤网纵横向强度差异虽然比平行铺网有了很大改善，但差异仍然较大，交叉铺网形成的纤网经过合适的机械牵伸杂乱后，可以更进一步改善纤网的纵横向强度。机械牵伸辊杂乱是将交叉铺叠后的纤网利用多对牵伸罗拉牵伸使纤网中横向排列的部分纤维向纵向移动来实现杂乱，使得牵伸后的纤网纵横向强度差异减小。

第三节　湿法成网技术

湿法成网非织造布又称湿法无纺布，湿法非织造布起源于造纸，它是采用改良的造纸技术，将含有短纤维的悬浮浆液脱水制成纤网，并进行加固得到的一种非织造布。国际非织造布协会对此的定义是：湿法成网是从水槽沉集、悬浮的纤维而制成的纤维网，再经固网等一系列加工而成的一种纸状非织造布。通俗来讲，湿法非织造布是以水为介质，纤维在水中分散形成均匀的悬浮液，其中还包含一些非纤维性的物质，在专门的成形器中脱水而制成的纤维网状物，再经物理或化学处理及后加工而获得的非织造布。

一、湿法非织造布与纸的区别

湿法非织造布技术沿用了许多造纸的工艺和设备，产品外观及某些性能也与纸十分相似。但随着非织造布技术日新月异的发展，不同领域及交叉科学知识的应用，其产品更趋于专业化和系列化，因此湿法非织造布与传统造纸的区别越来越明显。湿法非织造布与传统造纸的区别主要体现在以下几个方面：

（一）纤维原料长度

一般造纸的纤维长度为 1~3mm，而湿法非织造布所用的纤维长度是 5~10mm，最长的纤维可达 30mm。造纸一般用纤维素纤维原料，而湿法非织造布几乎可采用任何种类的纤维原料。

（二）纤维间结合方式

由于造纸纤维一般采用纤维素纤维，抄造前纤维须经打浆，使纤维切断、帚化、纵向分丝、纤维表面微纤维化，使暴露在纤维表面的氢键量增多，纸页成形后纤维间的结合靠氢键之间的相互作用及连接。而对于湿法非织造布，如果有纤维素纤维存在，纤维间的结合方式与造纸相同，如果是非纤维素纤维成形，纤维加固是靠外加黏合剂或黏合纤维通过化学黏合或热黏合完成的。

（三）成形工艺

造纸与非织造布的成形工艺有如下两点不同。

一是成形的浓度不同，造纸的成形浓度一般在 0.1%～0.5% 之间，而湿法非织造布的成形浓度一般在 0.01%～0.05% 之间。二是湿法非织造布的脱水和成形几乎在流浆箱中同时进行，而造纸的成形主要靠流浆箱完成，脱水全靠网部进行。

（四）最终成品的性能

湿法非织造布的强力（特别是湿强）、柔软性、悬垂性、耐水性优于纸，性能更接近传统的纺织品。

二、湿法非织造布的原料

（一）纤维原料

湿法非织造布的原料主要包括纤维原料和化学黏合剂。由于湿法非织造布加工技术不需要像干法那样对纤维进行梳理，其对纤维的要求较低，从理论上讲，只要是纤维，并通过一定的技术措施能均匀地分散在水中形成纤维悬浮液，就可作为湿法非织造布的纤维原料。湿法加工中纤维悬浮液的制备是关键的环节，要求纤维能在水中均匀分散，不易絮凝和成团，在整个输浆和成网过程中都应良好悬浮。

湿法非织造布所用的纤维原料可以是天然纤维、化学纤维，可以是有机纤维也可以是无机纤维，也可以是不同纤维混合使用。常用的纤维主要有纤维素纤维、涤纶、丙纶、黏胶、维纶和玻璃纤维、碳纤维等。

（二）化学助剂

湿法非织造布制造过程中所用的化学助剂主要分为过程助剂和功能性助剂两大类。过程助剂有分散剂、消泡剂、防腐剂等，其重要功效是使纤维在水中能均匀分散，悬浮液保持稳定。功能性助剂有增强剂（干强剂、湿强剂）、黏合剂（黏合纤维）、浸渍剂等，其主要功效是对纤维网进行加固。

1. 纤维分散剂　分散剂通常为表面活性剂，通过在浆料中加入分散剂来降低水的表面张力，提高纤维润湿性能，从而减小纤维絮聚趋势，达到纤维均匀分散的目的。此外，分散剂也能提高溶液黏度，阻碍纤维彼此接近和自由缠绕运动，降低纤维絮凝。常用的分散剂有聚丙烯酰胺和聚氧化乙烯。

2. 湿强剂　湿强剂是在纤维成网之前加入的。加入湿强剂的目的是对湿纤网提供足够的强度，保证纤网有足够的强度，使之顺利进入下一道工序，另外在有纤维素纤维存在时，它也可以赋予某些产品较好的湿强度。常用湿强剂有聚酰胺环氧氯丙烷和三聚氰胺甲醛树脂。

3. 黏合剂与黏合纤维　黏合剂与黏合纤维的加入都是为了对纤网进行黏合加固。黏合纤维在纤维成网前加入，黏合剂可选择在成网前或后加入，通常在纤维成网后干燥。常用的黏合纤维主要有维纶（聚乙烯醇）、双组分纤维以及低熔点聚丙烯纤维等。常用黏合剂主要有聚乙烯醇、环氧树脂、热塑性树脂等。

三、湿法成网原理

湿法成网原理与传统的造纸原理基本相同，将短纤维均匀分散在水中形成纤维悬浮液，为了制备出分散均匀、稳定的纤维悬浮液一般还需要加入一些非纤维性的物质，如分散剂、增强剂等添加剂。制备的纤维悬浮液在成形器上进行大量脱水和沉积，纤维均匀沉积在成形网面上，随着脱水过程的进行，留在成形网帘上的纤维基层逐渐增厚。纤维悬浮液中的纤维脱水和沉积到成形网上的过程是一随机过程，因此纤网中纤维呈杂乱排列。如果纤维悬浮液中混合的纤维品种和长度、细度不同，则在沉积过程中会发生自然选分和定向现象，使得纤网形成一定的密度梯度，会出现较为明显的两面性。

四、湿法非织造布生产流程

整个湿法非织造布的生产过程可以分为备料、供浆、湿法成网及纤维干燥与热处理四大步骤。

备料也就是纤维悬浮液的制备，主要是将纤维均匀分散在水中，通过打浆处理，使纤维经过必要的切短、润胀和细纤维化处理，使纤维分散成单根纤维，制备出满足湿法成网的工艺需求的纤维悬浮液。

供浆是将制备的纤维悬浮液送入供浆系统进行储存、筛选、净化、除杂、脱气等处理，排出悬浮液中混入的各类杂质、纤维束、浆团和空气等，以使湿法生产顺利进行。

湿法成网是湿法生产的主体部分，纤维悬浮液被传送到成形器上（网帘）进行脱水和沉积，纤维均匀沉积在成形网面上形成湿法纤维网。

纤网干燥与热处理实际上是对湿法纤网的干燥和加固处理，湿法成网后纤网经过压榨挤去水分，并经过烘燥蒸发出纤网中的水分，同时进行黏合剂施加、热定型或热黏合处理，使湿法非织造布具有要求性能。干燥的形式主要有接触式普通烘缸干燥、气流干燥、热风穿透干燥和辐射式干燥等形式。

五、湿法成形方式

湿法成形是湿法非织造工艺的关键工序，常用湿法成形方式有两种：斜网式湿法成形和圆网式湿法成形。

（一）斜网式湿法成形

斜网成形器是湿法非织造布的一种新的成形设备，比较适合于长纤维、合成纤维、无机纤维的成形，尤其适合于多种纤维混合成形。网部是成形器的主要部分，网部的主要作用是形成均匀的湿网，并脱去纤维悬浮液中绝大部分水。通常成形器的纤维上网浓度只有 0.1% ~ 1%，网部的脱水量占总脱水量的 95% ~ 98%。因此，成形器的性能和成形工艺不仅影响着湿法非织造布的品质，也影响着网部脱水的能力。

图 5-11 为斜网成形器结构示意图，主要由流浆箱、唇板、成形网、脱水成形箱、脱水管等组成。纤维通过冲浆泵的输送产生一定的压力，然后由阶梯扩散器将纤维悬浮液送入流浆箱和堰池内，纤维悬浮液进入流浆箱时经多处冲击和转向，产生足够的微湍流并保持到斜成网帘，成网帘的倾斜角一般为 10°～15°。纤维在悬浮液中处于悬浮状态，在成形区受到在垂直方向的较大的真空抽吸力垂直沉积，在较短的区域内可大量地脱水，并形成均匀的湿法非织造布。

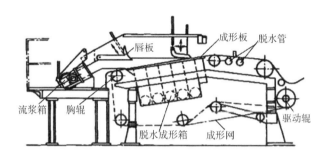

图 5-11 斜网成形器结构示意图

（二）圆网式湿法成形

圆网成形器的成形原理与斜网成形相似，主要不同之处是成网帘的形状，前者为圆形网，后者为一倾斜的平帘。圆网式湿法成形网帘也称为网笼。

图 5-12 为典型圆网式湿法成网机结构示意图。纤维悬浮浆由流送管道经分散辊输入成网区，一块可调节的挡板用来控制成网区空间的大小，成网帘为回转的圆网滚筒。纤维悬浮浆经抽吸箱的作用使圆网形成内外压力差，纤维吸附凝聚于圆网表面，水则被吸入抽吸箱，进入滤水盘。回转滚筒中有一固定的吸管对准圆网表面，帮助纤维离开圆网，并转移至湿网导带上成网。悬浮浆在成网区中的高度可由溢流螺栓调节。

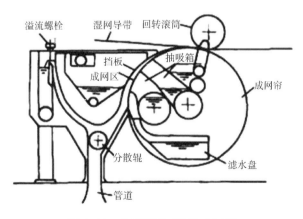

图 5-12 典型圆网式湿法成网机

六、湿法非织造布产品

湿法非织造产品在非织造布领域里所占比例相对较低，它的主要应用领域包括食品工业、家电工业、内燃机及建材工业、医疗卫生行业。如茶叶过滤袋、咖啡过滤袋、人造肠衣、电池隔膜、干燥剂的包装；空调过滤材料、各种内燃机的空气、燃油和机油过滤；玻璃纤维制作的防水卷材基材、墙布基材、印刷线路板基材；手术服、病员服、口罩、床单、手术器械的包覆、生物检测、医用胶带基材等。

第四节　聚合物直接成网技术

聚合物直接成网法非织造布是采用高聚物为原料，利用化学纤维纺丝原理，在聚合物纺丝成型过程中纤维直接成网，然后纤网经机械、化学或热黏合加固得到的一种非织造布；或利用薄膜生产原理直接使薄膜分裂成纤维状物加工而成的非织造布。目前，聚合物直接成网非织造布加工技术主要包括纺粘法、熔喷法、闪蒸法、膜裂法等。其中最主要的两个方法分别是纺粘法和熔喷法。

一、成纤聚合物的主要性质和成纤方法

（一）成纤高聚物的基本性质

化学纤维的性质主要取决于成纤高聚物的性质，同时纺丝加工工艺对其性能也有很大影响。化学纤维是由高聚物纺丝而成的，但并不是所有高聚物都适合纺制化学纤维。适合纺制化学纤维的高聚物应具有如下基本性能：分子结构为线型、相对分子质量高、相对分子质量分布应较窄、化学结构和空间结构具有规律性、玻璃化温度和熔融软化温度都远高于纤维实际使用温度、具有较好的热稳定性及介质稳定性。

高聚物分子结构对所制得纤维的各种性能都有重要影响：高聚物相对分子质量及其分布对高聚物熔体或溶液浓度、黏度、加工性以及纤维成形、取向拉伸和热定型条件都有影响；高聚物的结晶度对纤维的力学性能影响很大，结晶度高的纤维相比之下强度更大；而聚合物内晶片的厚度、结晶温度与高聚物的熔融温度有密切关系，而随着取向度和结晶度的增大，半结晶高聚物的玻璃化温度也会明显升高。

（二）成纤的主要方法

聚合物纺丝的方法主要包括熔体纺丝、溶液纺丝、液晶纺丝、冻胶纺丝（半熔体纺丝）、静电纺丝、喷射纺丝以及膜裂纺丝法等。

1. 熔体纺丝　熔体纺丝又称熔融纺丝，简称熔纺，是将高聚物通过加热使其成为熔融状态而进行纺丝的方法。熔体纺丝又可以分为直接纺丝和切片纺丝，直接纺丝是指使用制成的高聚物熔体直接纺丝，而切片纺丝则是将高聚物熔体制成切片，在需要时使用切片在纺丝机上进行熔融纺丝。涤纶、锦纶、丙纶等纤维就是采用熔体纺丝生产。

2. 溶液纺丝 溶液纺丝是先将高聚物溶解在适当溶剂中配制成纺丝溶液，然后进行纺丝的方法。溶液纺丝分为一步法和二步法，一步法是指直接利用聚合得到高聚物溶液做纺丝原液进行纺丝的方法，二步法是指先将成纤高聚物制成颗粒状或粉末状，然后溶解制成纺丝原液进行纺丝的方法。

溶液纺丝根据纤维成形过程的不同又可分为湿法纺丝、干法纺丝和干喷湿纺法纺丝，实际生产中以湿法纺丝和干法纺丝为主。湿法纺丝是指喷丝孔挤出的原液细流进入凝固浴，高聚物在凝固浴析出，形成纤维。干法纺丝指喷丝孔挤出的原液细流进入纺丝甬道，甬道中的热空气气流使原液细流中的溶剂快速挥发并带走，原液细流凝固并伸长变细而形成初生纤维。腈纶、再生纤维素纤维等就是通过湿法纺丝工艺制备的。

在纺丝过程中得到的纤维称为初生纤维，其结构还不完善，物理力学性能也较差，还不能满足纺织加工的需要，必须经过拉伸和热定型或其他后加工工序，以改善其结构和性能。

二、纺粘法非织造布生产技术

纺粘法非织造布是利用化纤纺丝的方法，将高聚物纺丝、牵伸、铺叠成网，最后经针刺、热轧或自身黏合等方法加固形成的非织造布。因此，适用于传统熔融纺丝工艺制备纤维的聚合物一般都可以用来生产纺粘法非织造布。纺粘法非织造布是聚合物挤压成网法非织造布中技术最成熟、产品应用最为广泛的方法。其产品的结构特点是由连续长丝随机排列组成纤网，具有很好的力学性能。

纺粘法非织造布加工工艺过程为：

切片→（干燥）→螺杆挤压机→熔体过滤器→计量泵→喷丝板→冷却吹风→气流牵伸→铺网→热轧成布（或水刺、针刺成布）→卷取

图5-13为纺粘法非织造布工艺流程图。

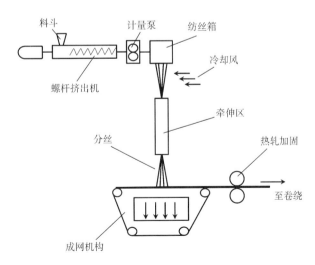

图5-13 纺粘法非织造布工艺流程

（一）纺粘法纺丝工艺

1. 原料的干燥与混合 目前占据市场的纺粘法非织造布的原料基本采用聚丙烯、聚酯、聚酰胺及一些功能性原料，如聚乳酸等。这些原料中除聚丙烯外都需要进行切片干燥工序。采用的切片干燥设备有适合小批量、多品种的真空转鼓干燥机及适合大型化与连续化生产的联合式切片干燥设备等。

非织造布往往需要考虑产品的特殊性能，如添加颜色、抗静电性能等。为达到这些特殊性能，可以考虑在原料中加入着色母粒和功能母粒，并将其与切片按比例均匀混合。

2. 熔融纺丝 纺粘法熔融纺丝的基本过程：将高聚物切片与功能母粒、着色母粒等按比例混合均匀喂入螺杆挤压机，经挤压、排气、熔融、混合均化后在恒定的温度和压力下定量输出高聚物熔体。熔体过滤进入计量泵，通过计量泵精确计量、连续输送，并产生一定的压力，以保证纺丝熔体能克服纺丝组件的阻力，从喷丝孔喷出。纺丝组件主要由熔体过滤器、熔体分配板、喷丝板、组装套的结合件与密封件等组成，熔体在纺丝组件中进行再次过滤，混合均匀后分配到每一个喷丝孔中，喷出形成均匀的熔体细流，在侧吹风冷却系统作用下形成固态的丝条。纺粘法非织造布生产一般选用矩形喷丝板，并可根据纤网宽度要求多块拼接。

纺粘法纺丝生产工艺中最重要的工艺参数就是温度，主要包括螺杆挤压区的温度，法兰区和弯管的温度以及纺丝箱体的温度。纺丝过程中熔体压力也是重要的工艺参数，合适的压力可以保证喷丝的连续性和均匀性。另外，纺丝速度同样对纺丝的稳定性有重要影响。

3. 侧吹风冷却系统的工艺 侧吹风冷却系统的工艺参数主要有风压、风速、风温、风湿和冷却位置等，风压必须十分稳定，风速和风温应根据原料、不同的生产设备、环境以及产品性能要求等来进行调整。

4. 拉伸工艺 由于通过纺丝形成的初生纤维，其强度低、伸长大，结构不稳定，物理力学性能达不到使用要求，必须经过拉伸，纤维才能具有一定的力学性能和稳定的结构，具有优良的使用性能。目前纺粘法通常采用气流拉伸方式，主要包括管式拉伸、宽狭缝式拉伸、窄狭缝式拉伸三种气流拉伸方式。通过高速气流对丝条进行拉伸，拉伸效果主要受拉伸机构、拉伸风风温、风压、风速，冷却条件，高聚物质量，高聚物灰分杂质含量，喷丝板的清洗质量等因素影响。

（二）成网工艺

成网就是将聚合物经熔融纺丝、冷却拉伸后形成的连续长丝分散并铺置在成网帘上，形成均匀的纤网。

1. 分丝工艺 为防止纺丝形成的连续长丝纤维相互黏连或缠结，保证成网的均匀性和蓬松性，需采用一定的方法，使长丝彼此分开。

常用的分丝方法有静电分丝法，包括强制带电法与摩擦带电法、机械分丝法、气流分丝法。强制带电法是在拉伸过程中丝束通过静电高压电场，使丝条带同种电荷，利用同性电荷相斥使丝条分开；摩擦带电法则是利用丝条摩擦产生静电来达到分丝效果；机械分丝法是利用挡板或振动板等机械装置，使高速运动的丝条突然撞击受阻，从而改变了丝条原来的运动状态，出现无规则运动，从而达到分丝的目的；气流分丝是利用拉伸过程中的高速气流产生的空气动力学效应使丝条分离。

2. 铺网 铺网就是将经过分丝后的长丝均匀地铺放在成网帘上，形成均匀的纤网，同时保证已铺好的纤网不因外界因素而产生波动或丝束产生飘动，成网帘前进时不会受外界气流影响而产生翻网现象，并消除长丝纤维在前面工序带来的静电。

铺网方式可分为四种：排笔式铺网、打散式铺网、喷射式铺网、流道式铺网。其中排笔式铺网易产生并丝，打散式铺网易出现云斑，而后两种方法铺出的网由于无并丝和云斑，柔软良好，延伸度高，目前应用较多。

3. 固网 长丝成网后得到的纤网还需进行加固才能成为纺粘法非织造布成品。目前纺粘法常用的加固方法为热黏合加固、针刺加固、水刺加固及复合加固。

4. 纺粘法非织造布产品 纺粘法非织造布成网时纤维呈杂乱排布，产品的纵横向强力相对差异较小，由于纤网中纤维是长丝，纺粘法非织造布强力较好。纺粘非织造布单位面积质量范围大，可以从几克到几百克不等。纺粘法非织造布产品具有良好的力学性能，生产效率高，成本较低，在众多领域得到广泛的应用。医疗卫生领域中，可用于消毒隔离服、帽子、鞋套、包扎布、绷带、湿毛巾、棉球、口罩、面罩、帷幕、床垫、床单、杀菌布、卫生巾、尿布、吸尘袋、失禁产品、干湿抹布、化妆用纸、擦镜纸、柔软垫、卫生材料等；土木水利建筑领域中，可用于公路、铁路、机场、水库等工程中的纺粘土工布和防水基布；农业领域中可用于丰收布；在家居日用领域，可用于贴墙材料、防尘布、床上用品及窗帘、餐布、桌布等；此外，纺粘非织造布产品还广泛应用于汽车内饰材料、过滤材料、生活用品等领域。

三、熔喷法非织造布生产技术

熔喷法非织造布是将螺杆挤压机挤出的高聚物熔体通过用高速高温气流喷吹或其他手段（如离心力、静电力等），使熔体细流受到极度拉伸而形成超细纤维，然后聚集到成网帘或成网滚筒上形成纤网，再经自黏合或热黏合作用得以加固而制成非织造布产品的一种非织造布。熔喷法非织造布工艺原理如图5-14所示。

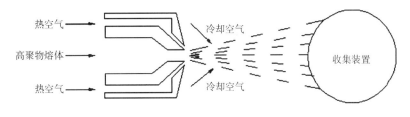

图5-14 熔喷法工艺示意图

（一）熔喷法工艺流程

熔喷法的工艺流程一般为：

聚合物喂入→熔融挤出→纤维形成→纤维冷却→成网→黏合加固→切边卷绕→成品

根据产品要求将常规高聚物切片（通常以聚丙烯为主）与功能母粒及着色母粒按比例混合后输入螺杆挤压机。螺杆挤压机将喂入的原料加热熔成熔体，过滤后由计量泵将熔体送入熔喷模头组件。熔体在熔喷模头组件中经过分配系统，再均匀送入模头，并使每个喷丝孔的挤出量一致。聚合物熔体从喷丝孔挤出后受到高速气流的冲击和拉伸，伸长变细，可形成超细纤维。喷吹出的聚合物细流在空气中冷却，杂乱地落在成网帘或收集滚筒上，在适当的条件下纤维落在成网帘上时仍有一定温度，仍保持一定黏性，因此纤维通过自带的余温相互产生粘连从而达到自黏合的效果。

相比于纺粘法，熔喷法采用的原料熔体流动指数更高，即熔体黏度更低，流动性更强，而且纺丝温度更高，从而满足更高的纤维牵伸速度。在纤维冷却方面，纺粘法经过更长的冷却牵伸距离，丝条先冷却成初生丝再由冷却风和抽吸风的作用下牵伸，而熔喷法的牵伸距离较短，纤维仅靠室温冷却。

熔喷设备由主机、加热系统、润滑系统、液压系统、冷却系统、电气控制系统组成。其中主机是整套设备的核心，主要包括喂料系统、螺杆挤压机、滤网、纺丝组件、熔喷模头、接收网系统和卷绕机构。而主机的核心在于熔喷模头，熔喷法的喷丝模头与纺粘法不同，典型模头结构为喷丝孔排成一直线，上下两侧开有高速气流的喷出孔，如图5-15所示。熔体挤出时热空气喷吹并极度拉伸熔体，同时在喷丝板的两侧有大量的室温空气与含有熔体细流的热空气流相混，冷却固化形成超细纤维。

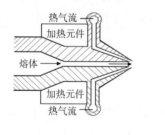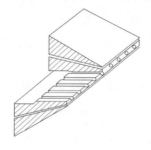

图5-15　熔喷模头结构示意图

熔喷法同样包括许多工艺参数，除基本的螺杆挤压机等各区域温度参数外，对原料的熔融指数、聚合物熔体挤出量以及热空气喷吹的温度和角度以及接受距离等对产品性能都有较大的影响。在其他工艺条件相同的情况下，熔喷法采用高熔体指数的聚丙烯切片，可大幅度降低能耗。在相同温度、螺杆转速和接收距离等条件下，热气流速度增大能降低纤维直径，使熔喷非织造布手感由硬变软，纤网密实，强度有所增加，但若气流速度过大，易出现飞花，会严重影响熔喷布表面外观。而热空气喷射角度也会对纤维在成网帘上分布的杂乱程度产生影响。随熔喷接收距离增大，熔喷非织造布强度下降，手感变得蓬松、柔软，材料的过滤效率和过滤阻力下降。

熔喷法纤网通过自身黏合作用加固形成的产品具有较蓬松的结构、良好的空气保有率或空隙率等，如只采用自身黏合加固不能达到产品要求则需采用热轧黏合、超声波黏合或其他加固手段。

熔喷非织造布是一种性能优良的过滤材料。通过对熔喷非织造布进行驻极化处理，使熔喷布表面带上电荷，形成驻极体，如在熔喷工艺中，可采用纺丝线上的发射电极使熔喷纤维带有持久的静电荷，在静电效应的作用下，可以得到过滤阻力不增加，但对亚微米级固体粒子的过滤效率提升很大的驻极熔喷非织造过滤材料。

（二）熔喷非织造布产品

熔喷非织造布主要以聚丙烯为主要原料，纤维直径很细，一般在 $1\sim4\mu m$ 之间，通常小于 $10\mu m$，属于超细纤维，产品结构蓬松、手感柔软、比表面积大、孔隙小而孔隙率大，其产品具有过滤效率高、过滤阻力低、柔软、手感好，绝热性好等优点。但是由于在成形过程中纤维得到的取向度很低，且成网纤维极细，所以纤维的强力也较低。熔喷布的强力较弱，成卷、退卷等工艺都容易使布料产生形变，因此熔喷布往往需要与其他材料复合，或经过特殊处理使用。

熔喷非织造布最大的应用领域是过滤材料领域，用于气体过滤、液体过滤、油水分离等方面；医用卫生材料如外科手术衣及口罩的阻隔层、手术室帷帘、消毒包扎布、尿布、卫生巾等是目前熔喷产品的另一个主要应用领域；此外，还应用于吸油材料、服装保暖材料、防护服、擦布、电池隔膜材料等方面。

四、纺粘—熔喷复合非织造布

纺粘—熔喷复合非织造布又称 SMS 复合非织造布，SMS 是由纺粘（spunbond）和熔喷（meltblown）的英文首字母组成。

由于熔喷非织造布本身强度很低，单独应用效果不好，常与其他材料复合制备产品。熔喷非织造布可与各种非织造布复合，也可与其他材料经过复合加工，制成多功能多层非织造复合材料。在这些非织造复合加工中，纺粘—熔喷非织造复合材料占有很大的比重，即通常所说的 SMS 复合非织造布。纺粘法非织造布的纤维为连续长丝结构，线密度范围大，与同定量的其他非织造产品相比强度大，各项同性好，而熔喷法非织造布为超细纤维结构，比表面积大，纤网孔隙小，过滤效率高，蓬松、柔软，过滤与屏蔽性能好，但强度低、耐磨性较差。因此将纺粘与熔喷非织造布复合，可优势互补，得到的复合材料具有强度高，耐磨性好，同时又具有优异的过滤和屏蔽等性能。目前，纺粘—熔喷复合非织造布的主要品种有 SMS（纺粘—熔喷—纺粘三层复合）。此外，根据产品使用要求还可生产多层纺粘—熔喷复合非织造布布，如 SMMS、SMSMS 等。

第五节　非织造布的加固工艺技术

非织造布已成形的纤网可通过机械法、热黏合法和化学黏合法进行加固，不同的加固方法对于非织造产品最终的结构有着重要的影响。

一、针刺加固

针刺加固就是利用针刺机的刺针对蓬松的纤维网进行反复穿刺，使纤维之间发生缠结从而对纤网进行加固的技术。

（一）针刺加固原理

针刺加固的基本原理是用截面为三角形（或其他形状）且棱边带有钩刺的针，对蓬松的纤网进行反复穿刺。刺针穿过纤网时，钩刺带动纤网表层和里层的纤维刺入纤网内部，使纤维在运动过程中相互缠结，由于摩擦力的作用和纤维的上下位移对纤网产生一定的挤压，使纤网受到压缩。刺针退出纤网时，刺入的纤维束脱离钩刺而留在纤网中，犹如许多的纤维束"销钉"钉入了纤网，从而使纤网产生的压缩不能恢复，这就制成了具有一定厚度、一定强度的针刺非织造布。图5-16 刺针示意图，图5-17 为针刺法的工艺原理示意图。

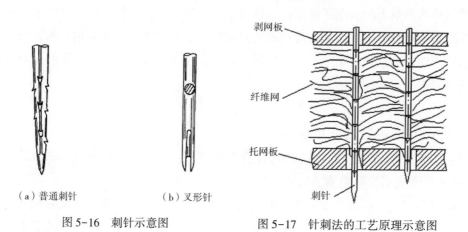

（a）普通刺针　　　　　　（b）叉形针

图5-16　刺针示意图

图5-17　针刺法的工艺原理示意图

（二）针刺机

针刺机主要有针板、刺针、托网板、剥网板、喂入辊、输出辊、主轴箱、传动机构等组成，图5-18 是针刺机结构原理图。按加工纤网的状态针刺机分为预针刺机和主针刺机。预针刺机和主针刺机基本结构和工作原理是相同的，但一些细节设计上有所不同。

1. 预针刺机　纤维在成网工序后形成的纤维网往往很蓬松、厚度较大、纤维间抱合力差，纤网强力极低，预针刺机主要是针对这类纤网进行针刺加固。因此，预针刺机送网机构设计与主针刺机要求不同，要保证高蓬松的纤网顺利喂入针刺区，在纤网的传送和针刺过程中不能产生拥塞和过大的意外牵伸，送网机构主要有压网辊式、压网帘式和槽形辊式。

2. 主针刺机　主针刺机主要加工对象是经过预针刺的纤网。与预针刺机相比，主针刺机的剥网板与托网板之间的间距缩小，针刺动程

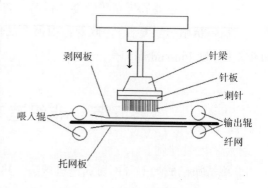

图5-18　针刺机结构原理图

变小，植针密度增大，针刺频率提高。而且针刺的方式也更多，甚至生产同一种非织造布，

采用的主针刺机的形式也可不同。

3. 针刺方式 依针刺角度不同，针刺方式可分为垂直针刺与斜向针刺，两者在结构上的区别是垂直针刺的纤维簇"销钉"位于纤网的垂直方向，而斜向针刺的纤维"销钉"是斜向插入纤网中，由于斜刺刺针穿过纤网的区域大，纤维缠结的机会更多，因此对于同样厚度的纤网，斜向针刺后纤网的强力更高，断裂伸长较小，尺寸稳定性更好。在实际生产中针刺方向可以采用向下刺、向上刺或上下对刺，针板可采用单针板、双针板及多针板，以调整产品结构或提高针刺效率。

(三) 针刺工艺参数

1. 针刺深度 针刺深度是指针刺时刺针穿刺纤网后，突出在纤网外的长度。

针刺深度是针刺工艺中的一个重要参数。纤网在针刺过程中，必须要有足够的针刺深度才能使纤维间得到足够的缠结，使纤维获得有效的抱合力。但针刺深度要合理设置，适当地加大针刺深度，可以加大钩刺带动纤维移动的距离，加强纤维间的纠缠，增加纤维之间的抱合力及摩擦力，从而提高纤网的强度。但刺得过深会损伤纤维，导致纤网强力下降，从而影响产品的结构和性能，同时针刺深度过大也会增加针刺力和设备负荷，造成断针；过浅则纤维间的缠结和抱合力不足，也就达不到纤网所要求的强度。一般来说，随针刺深度的增加针刺非织造布强度先增大再减小。

针刺深度的确定要依据原料种类、纤网厚度、产品的要求以及针刺机构等确定。一般针刺深度在3~17mm。选择针刺深度的一般原则是：对粗而长的纤维，纤网可刺得深些，反之则浅些。对厚型纤网刺得要比薄型纤网深些，反之则浅些。对要求硬挺的产品，可刺得深些，反之则浅些。

2. 针刺密度 针刺密度 D 是指单位面积纤网所受到的总的针刺数。计算公式如下：

$$D = \frac{N}{100 \times S}$$

或

$$D = \frac{N \times n}{10000 \times v}$$

式中：D 为针刺密度（刺/cm^2）；N 为针板的植针密度（枚/m）；S 为步进量（cm/刺）；v 为纤网输出速度（m/min）；n 为刺针的针刺频率（刺/min）。

植针密度又称布针密度，指1m长针板上的植针数，单位为枚/m。植针密度越高，针刺效率越高，对针刺机的材料与机械要求越高。针刺频率指每分钟的针次数，这两个指标是针刺机的重要参数，代表了针刺机的加工与技术水平。

针刺密度是针刺非织造布最重要的工艺参数之一，它对针刺产品的各种性能都有重要影响。随着针刺密度的增加纤维的缠结程度增加，但针刺密度超过某一临界值继续增大时，纤网中被刺断损坏的纤维过多，非织造布的密度不能再随之增加，纤维间的缠结情况下降。对一定单位面积质量的纤网，随着针刺密度的增加，纤网厚度会减小，在一定范围内面密度也会降低；非织造布的断裂强度、撕裂强度、顶破强度、刺破强度和落锥穿透强度随着针刺密度的增大而增大，当到达某一峰值后逐渐减小；而断裂伸长一般会随针刺密度的增加而减小；

随着针刺密度的增大，非织造布孔隙率和孔径先减小后增大，产品渗透系数先减小后增大，过滤效率先增大后减小。

3. 步进量 步进量 S 是指针板每刺一刺时纤网前进的距离（cm/刺），它与纤网的输出速度、针刺机的针刺频率有关，对产品质量有很大影响。其计算公式如下：

$$S = \frac{v \times 100}{n}$$

式中：v 为纤网输出速度（m/min）；n 为针刺频率（刺/min）。

在植针密度和针刺频率不变的情况下，步进量直接影响针刺密度，步进量增大，纤网针刺密度就会减小。在实际生产中为了增加产量，纤网输出速度就必须提高，相应的针刺频率也必须提高以保证针刺密度稳定不变。

4. 针刺力 针刺力是针刺过程中刺针穿刺纤网所受到的阻力，在每刺入纤网的一个循环动作中，随刺针与纤网接触位置的变化，针刺力是不断变化的。当刺针开始刺入纤网时，针刺力增加很缓慢；当刺针逐渐深入纤网时，随进入纤网的钩刺数增多针刺力快速增加，直到达到最大值。随着部分纤维断裂及刺针穿出纤网后，针刺力以波动方式逐渐下降。针刺力可间接地反映出针刺过程中刺针对纤维的转移效果和损伤程度，因此，通过测试针刺力大小可以研究针刺密度、针刺深度等工艺参数的合理性。

5. 针刺机产量 针刺机产量 W（kg/h）的计算公式如下：

$$W = v \times G \times L \times \frac{60}{1000}$$

式中：v 为纤网输出速度（m/min）；G 为纤网定量（g/m^2）；L 为机器幅宽（m）。

（四）针刺法非织造产品特点及用途

由于针刺加固的原理是通过纤网中纤维之间产生的抱合力、挤压力、摩擦力等形成产品的强力，纤维缠结后不影响纤维原有特征，而且由于在针刺加工中形成的纤维"销钉"与水平纤维缠结的结构，使得经过针刺加固的纤网中的纤维呈三维分布，因此生产的产品具有较好的尺寸稳定性和弹性、良好的通透性和过滤性能。针刺产品的风格独特，不仅能生产表面平整的产品，还能生产具有毛圈结构、毛绒结构或几何图案的产品以及管状、环状等立体成型结构的产品。

针刺非织造布产品应用非常广泛，可用于各类过滤材料，正逐步取代传统的机织和针织过滤材料；与其他土工材料相比，非织造土工布显示出难以比拟的优越性，被大量用于公路、铁路、桥梁、水利工程、建筑等方面；针刺地毯被大量应用于家庭、宾馆、饭店、写字楼、汽车等场合；另外，在保暖、隔热、隔音、合成革基布等方面针刺产品也有大量应用。

二、水刺加固

水刺加固是利用高速高压的水流冲击纤网，促使纤维相互缠结、抱合，从而达到加固纤网的目的。与针刺加固相比水刺加固不会损伤纤维，纤维之间柔性缠结，水刺加固后形成纤维在各个方向无规缠结的三维网状结构。产品外观比较接近传统纺织品，具有吸湿、柔软、强度高、悬垂性好、透气性好、低起毛性、外观花样多变的特点。

（一）水刺法加固原理

水刺法加固原理与针刺法相似，水刺法是由高压水流形成"水针"，其作用与针刺法中的刺针类似。纤网由输网帘送入水刺区，极细的高速高压水流（又可称为高压水针）从正面直接射向纤网，纤维在水力作用下从表面带入网内，纤维之间缠结抱合；当水流穿过纤网射到输网帘上会形成不同方向的反射水流，并作用到纤网反面，又将一部分底层纤维带到上层，纤维进一步缠结。在水流正面冲击和输网帘反弹水流的反射穿插的双重作用下，纤维形成不同方向的无规则的缠结，加固得到水刺非织造布。水刺工艺原理如图5-19所示。

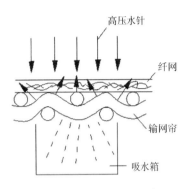

图5-19 水刺工艺原理示意图

（二）水刺加工工艺过程

水刺通常加工流程如下：

纤维成网→预湿→正反面多道水刺加固→花纹水刺→脱水→（预烘干）→后整理（印花、浸胶、上色、上浆等）→干燥定型→分切→卷绕→包装

水刺法加工工艺可以使用不同成网方式形成的纤维网，如梳理成网、气流成网、湿法成网、纺丝成网等，其中以干法梳理成网应用最多。预湿的目的是让纤维预先吸收部分水分，然后接受水刺处理，可以使水刺效果更好。在水刺处理之后还需一套效率较高的吸水系统，以便及时地把纤网内积存的大量水分尽快抽走，从而提高产品的生产效率。

水刺法加固设备主要由水力喷射器、输网帘、水处理及水循环系统组成。水力喷射器又称水刺头，是产生高压高速柱状喷射水针的关键部件。高压水通过喷头腔体的孔道被输送到水针板（又称喷水板）上，并通过水针板上的孔喷出。水针板上针孔的排列通常可分为单排式和双排式。水刺生产中水针的直径和排列密度由水针板上针孔的孔径及排列密度决定。安装不同规格的水针板，就可以调节水刺工艺中的水针直径及水针密度。

输网帘多由不锈钢丝编织而成，故称金属网帘，也可用聚酰胺、聚酯单丝制成。输网帘除了能输送纤网以外，还可以通过网的结构、目数形成水刺产品不同的花纹结构。

水刺生产工艺所需的用水量很大，为节约水资源，必须实现水的循环使用。另外，水源中会含有一定杂质，生产过程中水质还会受到各种因素的污染，一些杂质很容易将水针片微小的针孔堵塞，影响产品的质量和生产效率。因此，必须对水进行过滤处理，水处理及水循环系统就成为水刺设备的一个重要组成部分。经过正反两面水刺加固后的纤网，虽然经过真空吸水，但仍含有大量水分，因此烘燥工序是水刺生产中必不可少的步骤。烘燥不仅可除去纤网中的水分，还可使产品尺寸稳定。

（三）水刺工艺参数

1. 水针压力 水针压力分为低压、中压和高压。水的压力越高，产生的水刺能量也就越高，单位纤网吸收能量越多，纤维缠结效果越好，其产品的强力和稳定性越高。但随着水压的提高,生产成本也会随之增加。实际生产工艺中需要合理设置水针压力,在生产线上不同位置的水刺头采用不同的压力。

2. 水针直径 水针的直径一般为 80~180μm,生产中水针直径的选用要根据所用纤维性能、纤网的定量以及产品性能来决定。定量较轻时,直径要小;定量较大时,直径要大。加工黏胶纤维和棉纤维时,水针直径要小些;加工涤纶、锦纶时,水针直径要大些;前道水刺直径要大些,后道水刺直径要小些。

3. 水针排列密度 水针排列密度即水针板上的打孔密度,各公司生产的设备水针排列密度有所不同,一般在 10~24 个/cm,其中 16 个/cm 比较常见。

4. 输网帘速度 在其他工艺参数不变的情况下,输网帘速度越快,纤维所获得的水刺能量越小,纤维缠结效果越差,反之亦然。输网帘速度的大小要依据产品设计和产品性能要求来确定。

(四) 水刺法非织造产品的特点及用途

水刺法适合加固比较轻薄的纤网,其定量范围一般在 20~40 g/m²,与针刺产品相比,水刺产品纤维缠结效果更好,尤其较薄型的产品强度比同等规格的针刺法产品高出数倍,拉伸伸长较小,不掉毛,具有优良的柔软性和悬垂性;与热黏合工艺相比,水刺工艺不仅可以加工各种合成纤维,还可以加工非热塑性的纤维素纤维及其混合纤维。与化学黏合工艺相比,水刺法不用黏合剂就可以固结出手感柔软、强度很高的产品。因此,水刺法工艺可以加工出性能优异、用途广泛的产品。

水刺法非织造产品广泛应用于医疗领域,如外科用罩布、灭菌包布、医用床单、伤口敷料、手术巾、吸液垫等;卫生材料领域,如湿巾、美容面膜、抹布、干巾、尿布与卫生巾的表层材料等;服装与装饰领域,如合成革基布、高档服装黏合衬基布、围裙、台布、窗帘布、汽车内饰等。此外,还可应用于屋顶防水材料、蓄电池隔膜、屋内装饰材料、屋顶吸音材料、过滤材料等方面。

三、缝编法加固

缝编法非织造布是通过经编线圈结构对纤网进行加固得到的产品。缝编法加固具有工艺流程短、产量高、原料适用范围广、能耗低等特点。其可以在产品上产生花纹效果或形成图案,在外观和织物特性上与传统纺织品非常接近,其强度也较高,比其他非织造布更适合用于制作服装材料和家用装饰材料。缝编法加固分为纤网—缝编纱型缝编和纤网—无纱线型缝编两种形式。

纤网—缝编纱型缝编非织造布将具有一定厚度的纤网喂入缝编区,采用缝编纱形成的线圈结构对纤网进行机械加固而形成非织造布。这种方法纤网采用纤维原料广泛,一些难以用其他方法加固的纤维,如玻璃纤维、石棉纤维等,都可以采用该种方法加固。

纤网—无纱线型缝编非织造布不用缝编纱,织针直接在喂入的纤网中勾取纤维形成线圈结构加固纤维网而形成的非织造布,这种产品由于没有缝编纱,因此其强力不如纤网—缝编纱型缝编产品，需要通过适当的后整理工艺，如涂层、叠层、化学黏合等方法来提高其强力。

缝编法加固的非织造布在服装材料方面主要用于外衣面料、童装、保暖材料等；在家用材料方面主要用于台布、窗帘、床罩、毛毯、浴衣和擦布等；在工业材料方面主要用于人造革基布、过滤材料、绝缘材料、包装材料等。

四、化学黏合法加固

化学黏合法非织造布是将化学黏合剂施加到纤网上，通过黏合剂的黏合作用使纤维之间互相黏结，固化后纤网加固而制成的非织造布。按施加黏合剂的方法，可分为饱和浸渍法、喷洒法、泡沫浸渍法、印花法。

化学黏合法主要用于干法梳理成网、气流成网和湿法成网非织造布的加固，在聚合物直接成网法中也有一定应用，也可与其他加固方法组合使用。常用的黏合剂有聚丙烯酸酯、乙烯—醋酸乙烯共聚物、丁苯乳胶、丁腈乳胶、聚氨酯等。化学黏合法生产具有工艺简便，设备简单，成本低，易操作等特点，是非织造生产中应用历史最长、使用范围最广的一种纤网加固方法。但由于某些化学黏合剂对健康及环境有一定的副作用，近年来这种加固方法的应用受到了限制，随着各种绿色环保型化学黏合剂的开发，为化学黏合法非织造布的发展提供了新的机遇与空间。

（一）饱和浸渍法加固

饱和浸渍法简称浸渍法，它是将纤网喂入装有黏合剂的浸渍槽中，浸渍后经过一对轧辊或吸液装置除去多余的黏合剂，再通过烘燥装置使纤网得到固化而成为非织造布。这种方法由于受到轧辊表面阻力的影响，不易浸渍较薄的纤网，一般只能加工 $40g/m^2$ 以上的纤网。浸渍黏合法产品特点是手感较硬，一般适宜做衬布、磨料、包装等材料。

浸渍法是最早问世的非织造布生产方法之一，常用来加工一次性材料中的各种揩布、箱包衬里、黏合衬基布、包装材料、农用保温材料等。浸渍法还用来开发以非织造布为基材的新型弹性研磨材料，在工业领域作为抛光、打磨材料等应用，在日常生活中也有应用，如含磨料的百洁布，它去污力强，可减少洗涤剂用量，是清洁厨房灶具、餐具等的理想材料。

（二）喷洒黏合法加固

喷洒黏合法是采用喷洒的方式把黏合剂工作液施加到纤网中，再使纤网受热固化而得到加固的一种方法。喷头可采用气压式喷头和液压式喷头，气压式喷头采用空气为传送介质，因为气流会对纤网的均匀度产生破坏，适用于已经初步加固的纤网。液压式喷头采用静压力控制分散喷出的雾粒，黏合剂喷洒较均匀。与饱和浸渍法相比，该方法的黏合剂是以雾状形态喷洒在纤网上，分布均匀，无须轧液过程，因此产品蓬松度高。喷洒黏合法主要用于制造高蓬松、多孔性的保暖絮片、过滤材料等产品。

喷洒黏合非织造产品主要为各类蓬松的絮片类产品，其中以喷胶棉为典型代表，可以用于保暖材料、过滤材料、弹性填充材料等。喷胶棉根据蓬松度和柔软性能的不同，可分为普通喷胶棉、软棉、仿丝棉等。将混有低熔点纤维的纤网铺敷在产品的表层，可以减少黏合剂的用量。化学黏合与热黏合组合使用，提高了产品的柔软性，是服装较为理想的保温衬垫材料。

（三）泡沫浸渍法加固

泡沫浸渍法是用发泡剂和发泡装置将黏合剂溶液制成泡沫状态，采用涂刮或轧压等方式将泡沫黏合剂施加在纤网上，待泡沫破裂后，释放出黏合剂，使纤网黏合加固后形成多孔性结构的非织造布。泡沫黏合剂的施加方式分刮涂式、轧涂式及两者组合式。刮涂式是利用刮刀把泡沫黏合剂涂覆在纤网上，在刮刀的刮压作用下，泡沫发生破裂，黏合剂均匀渗入纤网中。轧涂式是利用一对轧辊对纤网进行轧涂，使泡沫破裂。

与饱和浸渍法相比，泡沫浸渍法黏合剂用量少、分布均匀，产品具有多孔性、蓬松性和柔软性。这种黏合方式可适当提高黏合剂溶液的浓度，不仅减小了黏合剂在烘燥过程中泳移的可能性，还有利于降低烘燥过程的能耗，达到了节水、节能、节约化学药品的目的。

（四）印花黏合法

印花黏合法指采用花纹辊筒或圆网印花滚筒施加黏合剂再烘干加固的方法。该工艺只用少量黏合剂，就能有规则地分布在纤网上，即使黏合剂的覆盖面小，也能得到一定的成品强度。黏合剂的施加量及其在纤网上的分布完全由印花辊的刻花图形、刻纹深度及黏合剂的浓度来决定。若在黏合剂中加入染料，能在黏合加固的同时进行印花。

印花黏合法适宜于加工轻薄型非织造布，其定量一般在 $20 \sim 60 \mathrm{g/m^2}$，生产的产品手感柔软，透气性好，成本低廉，主要用于医疗卫生用品、揩布，桌布、窗帘等方面。

五、热黏合加固

热塑性高分子材料，当加热到一定温度后软化、熔融，变成具有一定流动性的黏流体，冷却后又重新固化成固态材料。热黏合加固就是利用高分子材料的热塑性，给聚合物纤维材料施加一定热量使其部分软化、熔融，纤维间产生黏结，冷却后固化，得到热黏合非织造布。热黏合加固既可单独应用，也可与其他加固方法复合运用以改善产品的性能。热黏合法可分为热轧黏合、热熔黏合、超声波黏合三种工艺。热轧黏合是指用一对热辊对纤网进行加热，同时加以一定压力的热黏合方式。热熔黏合是指在烘燥设备上利用热风穿透纤网，使之受热而得到黏合的方式。超声波黏合是指利用超声波使热塑性纤维之间和纤维内部分子高速振动，摩擦产生热量使纤维熔融黏合。

热黏合加固法制备的非织造产品由于不用施加化学助剂，产品具有优良的卫生性，非常适于医疗卫生用品的生产和使用。

（一）热黏合加固的方式

1. 热轧法加固　热轧法加固是利用一对或两对钢辊或包有其他材料的钢辊对纤网进行加热，同时加上一定的压力，纤网中部分纤维熔融、流动而产生黏结，冷却后加固而成为热轧非织造布的一种工艺。热轧黏合所使用的设备是热轧机，关键部件是热轧辊，一般由纤网通过热轧辊，使纤维熔融并相互连接轧薄，成为布状材料。热轧机的主要形式有双辊式、三辊式和四辊式，如图 5-20 所示。根据产品和加工工艺的不同，轧辊可以是光辊、花辊、金属辊、棉辊、尼龙辊、纸辊等形式。

热轧法加固是一个非常复杂的工艺过程，在该工艺过程中，发生了一系列的变化，包括纤网被加热，纤网产生形变，纤网中部分纤维产生熔融，熔融的高聚物流动与扩散以及冷却成形等。

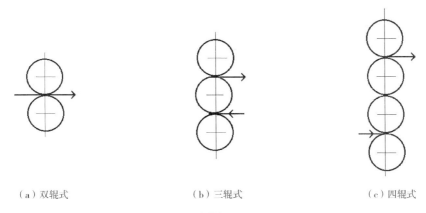

（a）双辊式　　　　　　　（b）三辊式　　　　　　　（c）四辊式

图 5-20　热轧机的主要形式

2. 热熔法加固　热熔法加固是指利用烘房对混有热熔介质的纤网进行加热，使纤网中的热熔纤维或热熔粉末受热熔融，熔融的高聚物流动并凝聚在纤维交叉点上，冷却后纤网得到黏合加固而成为热熔非织造布的一种工艺。

热熔法的关键在于热风烘燥，由于热风穿透纤网，使纤维熔融并相互连接在一起而形成或薄或厚的蓬松絮片状材料。热熔黏合工艺过程包括热传递过程、流动过程、扩散过程、加压和冷却过程。热熔黏合与热轧黏合的主要区别是热熔黏合主要利用热空气或红外辐射对热熔纤维或粉末进行加热；而热轧黏合是利用热轧辊的热传递和辐射传递热量，同时由于轧辊的加压使纤网变形产生形变热，加热加压联合作用。

3. 超声波法加固　超声波法加固是通过换能器将超声波发生器发出 20 kHz 的高频电能转换为高频振动机械能，经过变幅杆振动传递到传振器，传振器的振动引起局部纤维材料内部微结构之间产生摩擦而产生热量，导致纤维熔融。传振器的下面安装有钢滚筒，其表面按照黏合点花纹图案设计有凸出点，被黏合的纤网通过传振器和滚筒之间形成的缝隙时，纤网在钢滚筒凸出点局部受到一定的压力，在压力的作用下，熔融的聚合物纤维材料发生流动、扩散、黏合，离开超声波作用区后冷却形成超声波黏合非织造布料。

超声波法加固设备上无须加热机件，纤维材料是从里向外熔融，能量利用率高，生产条件大为改善。超声波黏合用作超声波缝合时比传统的绗缝机速度快，产量高，黏合缝的强度比较高，洗涤后无缝线收缩现象。

（二）热黏合工艺参数

1. 热轧黏合工艺参数　热轧黏合工艺参数较多，其中对热轧非织造布性能影响较大的工艺参数是黏合温度、轧辊压力和生产速度等。

（1）黏合温度。黏合温度是最重要的影响因素之一，它对热黏合法非织造布的诸多性能有影响。黏合温度的高低主要取决于纤维的熔融温度。在一定范围内，温度越高越有利于纤维黏合，非织造布的机械性能提高，但当黏合温度的提高超过适宜的黏合温度时，会使热熔纤维原有结构遭到破坏，导致热轧黏合非织造布强度下降。黏合温度越高，热轧黏合非织造布的收缩率越大，弯曲刚度增加。

（2）轧辊压力。轧辊压力使纤网变形，增加对纤网的热量传递，促进熔融纤维的流动，有利于形成良好的黏合。黏合压力的选择取决于纤网的厚度、纤维的种类等因素，且与黏合温度、黏合时间、生产速度等也相关。在其他条件一定时，轧辊压力有一个最佳值。在低于最佳压力时，压力增大，布的强度随之增加，在压力达到最大值后，继续增大压力，强度反而下降。

（3）纤网定量。纤网的定量直接影响黏合温度和黏合压力的选择。一般来说，纤网定量越大，相应的黏合温度和压力也越高。

（4）生产速度。在一定的黏合温度和压力下，热传递时间主要取决于生产速度。随着生产速度的提高，热传递时间缩短，将对黏合效果产生一定影响。

（5）刻花辊轧点尺寸和数目。产品的性能与轧辊的花纹、轧点的多少及尺寸也有紧密关系，轧点数量多，尺寸大，则总的黏合面积大，布的强力高，但会影响布的柔软性。

（6）冷却速率。冷却速率的大小会直接影响纤维微观结构的形成，从而对纤维和布的性能产生影响。

（7）黏结纤维含量及性能。黏结纤维的种类和含量主要与产品性能要求相关。黏结纤维的性能及其含量是黏合温度、压力和速度设计的重要依据之一，一般来说，随着黏结纤维含量的增加，非织造布的强度也增大。但如果黏结纤维的强度低于主体纤维，黏结纤维含量增加超过一定范围反而会降低产品的强力。

2. 热熔黏合工艺参数

（1）热熔纤维特性。热熔纤维的性能直接影响热熔黏合工艺参数的选择和产品性能。相对于单组分热熔纤维，双组分热熔纤维如 ES 纤维热熔黏合温度范围较大，热收缩较小，因此加工中烘房温度控制较方便，制成的产品尺寸变化小，强度高，有利于高速生产。

（2）热风温度、热风穿透速度和加热时间。热风温度的选择主要取决于纤网中热熔纤维的熔点。随着热风温度的提高，纤网中热熔黏结效果变好，产品强度增大。但热风温度过高会引起热熔纤维结构的破坏，导致产品强度下降。

热风穿透速度的选择主要取决于纤网的面密度。穿透速度高，施加到纤网上的热量多，产品强度增大。但过高的穿透速度会破坏纤网结构，使得产品性能下降。

纤网的加热时间与热风温度、热风穿透速度有关。在产品强度保持一定的前提下，若热风温度、穿透速度增加，加热时间可相应减少。

（3）冷却速率。冷却速率主要影响纤维微观结构的形成，其对于所制备的产品强度有明显的影响。存在一个优化范围，冷却速率超出此范围制备的产品强度都会减小。

（三）热黏合非织造产品的特点及用途

热轧黏合有点黏合工艺、面黏合工艺和表面黏合工艺三种方式，各适用于制备不同种类的产品。

1. 点黏合工艺 点黏合工艺是指热轧黏合时采用一对钢辊（一根为刻花辊，另一根为光辊）进行热轧，热轧后纤网中仅有刻花辊轧点区域被黏合加固，其余区域为未黏合区，纤网仍保持一定的蓬松性，因此产品的手感较好。点黏合工艺适用于生产用即弃卫生产品，如手术衣帽、婴儿尿布、成人失禁垫等的包覆材料、衬布、台布、擦布、地板革基布等。

2. 面黏合工艺 面黏合工艺是指热轧黏合时采用两对钢辊（第一对加热光钢辊在上，棉辊在下，第二对加热光钢辊在下，棉辊在上）进行热轧，分步对其上、下表面进行黏合加固。面黏合工艺适用于生产婴儿尿片包覆材料、药膏基布、胶带基布及其他薄型非织造布。

3. 表面黏合工艺 表面黏合工艺是指针对厚重型非织造布进行热轧，目的主要对非织造布的表面进行轧光处理。表面黏合工艺适用于生产过滤材料、合成革基布、地毯基布和其他厚重型非织造布。

热熔黏合产品一般具有蓬松度高、弹性好、手感柔软、保暖性强等特点，热熔黏合工艺常用来制作用于防寒服、被褥、婴儿睡袋、床垫、沙发垫等的热熔非织造布；热熔黏合工艺也可用来加工高密度的非织造布，用于制作过滤材料、隔音材料、减震材料、汽车成型地毯、壁毡、服装衬里等。

参考文献

[1] 柯勤飞，靳向煜. 非织造学 [M]. 上海：东华大学出版社，2016.

[2] 郭秉臣. 非织造材料与工程学 [M]. 北京：中国纺织出版社，2010.

[3] 张得昆，张星. 非织造材料及性能检测 [M]. 上海：东华大学出版社，2019.

第六章　二维缝合织物

第一节　概述

一、二维缝合的定义

二维缝合可以分为传统缝合工艺与无线缝合工艺。传统的二维缝合工艺是指用针、线按照一定的缝型穿过缝料将缝料进行缝合的过程；无线缝合的生产工艺主要是运用焊接、熔黏技术，通过热力、超声波震荡、激光等，将缝料热压缝合而成，或通过点黏、熔合的方法完成缝料的缝合，或将胶条热压在缝料内侧进行缝合的方法。

二、二维缝合的产生与发展

从旧石器时代晚期人类发明了骨针，并利用骨针将兽皮等材料进行缝合用来制作简单的衣物，到 14 世纪铜针的出现，但直到 18 世纪末，缝制工具仍处于原始阶段，工艺方式一直是手工操作。19 世纪初，欧洲资本主义近代工业的兴起，英国人托马斯·逊特（Thomas Saint）发明了手摇式线迹缝纫机；30 年代，法国人巴特勒米·西蒙纳（Barthelemy Thimonnier）制造了第一架有使用价值的链式线迹缝纫机；英国人艾萨特·梅里特·胜家（Isac Merrt Singer）兄弟设计了转速达 600 r/min 的全金属锁式线迹缝纫机。这时，人们制作服装已由纯粹的手工操作进化到使用人力的机械操作。直到 19 世纪末，发动机驱动的缝纫机问世，人们开始进行机械高速化、自动化及专门化的研究；20 年代初开始逐渐制造了数控工业缝纫机，这类缝纫机可使缝纫工序程序化、标准化。

无线缝合技术最早采用模压制作毡帽、绒鞋、胸杯等铸形制品，20 世纪 80 年代针织行业推出了无缝针织品概念。近年来，基于焊接、熔黏技术的无线缝合技术发展迅速。

三、二维缝合的应用

（一）家用领域

家用纺织包括室内用品、床上用品和户外用品，如针织物在汽车的内装饰中的大量运用，如座椅套、敞篷车顶盖、侧面板、脚垫、轮胎等。编织物可制成桌布、毯子、杯垫、杯套、笔筒、手机壳、艺术品等；在常用穿着领域，纺织二维缝合织物可制成衬衫、女衣裙、牛仔裤、西裤、西服、马甲、运动服等各种日常穿着服装。

（二）医用领域

在医疗卫生领域的应用包括普通的包扎布［图6-1（a）］、绷带、医疗床垫的衬底织物，用于外科手术的服装、护士鞋面材料等，也包括一些具有高科技的产品，如经编疝气修补网、可降解人造皮肤基布和软组织修补材料、心包网、人造血管［图6-1（b）］、人造食管、人造心脏瓣膜等进入生物体类针织品。

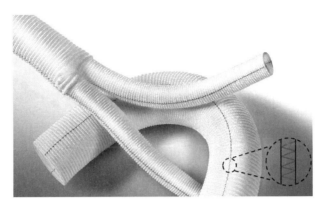

图6-1　医疗用缝合织物

（三）其他领域

二维缝合可制成工业领域纺织品，如篷盖布、枪炮衣、过滤布、筛网、路基布、过滤材料、绝缘材料、水泥包装袋、土工布、包覆布等；农业用布，如作物保护布、育秧布、灌溉布、保温幕帘等；还有太空棉、保温隔音材料、吸油毡、烟过滤嘴、袋包茶叶袋等。

第二节　二维缝合的组织结构

一、二维缝合的线迹结构

线迹是由一根或一根以上的缝线采用自链、互链、交织等方式在缝料表面或穿过缝料所形成的一个单元，如图6-2所示。

（a）自链　　　　（b）互链　　　　（c）交织

图6-2　线迹形成方式

从线迹类型的角度，可将 ISO 4915 标准中的六类线迹综合为两大类，即锁式线迹和链式线迹。

1. 锁式线迹（300 类） 线迹正反面形状相同，均为虚线形，有直线形锁式线迹、曲折形锁式线迹及锁式暗线迹。直线形锁式线迹（301 号）又称平缝线迹，在服装生产中应用最广泛；曲折形锁式线迹（304 号）其外形为曲折形虚线。曲折形锁式线迹的弹性高于直线形锁式线迹，具有一定的延展性，也可防止织物边缘脱散，可作为简单的包边用。该类线迹较多地应用于女式内衣、文胸等的服装的缝制加工以及打结、锁眼、装接花边等；锁式暗线迹（306 号）其外形一面为双线条虚线，另一面看不见线迹，主要用于服装下摆、裤脚口的暗缝加工。

2. 链式线迹（100 类、400 类） 缝迹外形，一面为虚线状直线，另一面为新旧线环依次相互串套的锁链状或网状线环，或者两面均为网状。链式线迹可分为单线链式线迹、双线链式线迹、绷缝线迹、覆盖线迹及包缝线迹。

（1）单线链式线迹（101 号）。所形成的缝迹不牢固，易于拆解。用于衣片的暂缝、装饰内衣的缝接、衣片下摆折边的缲缝等。

（2）双线链式线迹（401 号）。主要用于衣片的缝合加工，由于线迹弹性较好，多用于针织服装、牛仔服等要求缝口弹性较大的服装缝制。目前在机织服装加工中的应用也较多，如衬衫的袖下缝和侧缝、裤子后裆等处的缝合。

（3）绷缝线迹（406 号、407 号）。用于衣片的拼接及装饰加工，如针织服装的绷袖头、滚领、滚边、拼边。

（4）覆盖线迹（602 号、605 号、607 号）。覆盖线迹的成环方式与绷缝线迹相同，只是在线迹表面的上线线环中以串套的形式加入能覆盖缝迹的装饰线。该类线迹外表美观，弹性良好，可用于衣片的拼接装饰，如服装的滚领、滚边，肩缝、侧缝的拼接等。

（5）包缝线迹（501 号、503 号、504 号、505 号、509 号、507 号、512 号、514 号）。又称锁边缝线迹，其中四线包缝线迹一般用于针织外衣的缝合加工，在内衣、T 恤加工中也常用于受摩擦较多的肩缝、袖缝等处的缝合，起加强作用。

二、二维缝合的缝型结构

基础缝型包括：平缝、分压缝、扣压缝、搭缝、来去缝、单折边缝、双折边缝、内包缝、外包缝等，如图 6-3 所示。

1. 平缝 平缝是最基础的缝合方式之一，将两层衣片正面相对重叠，距衣片边缘 1cm 缝头进行缝合，常用于各种衣片的合缝。

2. 分压缝 分压缝是先将两块面料正面相对叠合，平缝，然后将上层缝份折转，沿上层缝头止口 0.1cm 缉线，线迹与平缝线迹重合。分压缝用于薄料服装如裤子前、后裆缝等处，起固定缝口、增强牢度的作用。

3. 扣压缝 扣压缝是先将一裁片正面缝头折光，然后与另一裁片正面相搭合（缝头在两层衣片中间），距离折边 0.1cm 缉线。扣压缝多用于贴袋、过肩等处的固定。

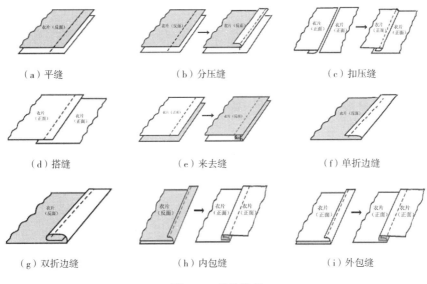

（a）平缝　　　　　　　　（b）分压缝　　　　　　　　（c）扣压缝

（d）搭缝　　　　　　　　（e）来去缝　　　　　　　　（f）单折边缝

（g）双折边缝　　　　　　（h）内包缝　　　　　　　　（i）外包缝

图 6-3　基础缝型

4. 搭缝　搭缝是将两层衣片都正面朝上，缝头左右叠合，在叠合区域的中线处绱线固定。搭缝多用于衬布、胆料等的拼接。

5. 来去缝　来去缝是先将衣片反面相对，绱 0.3cm 的缝线，将缝头劈缝后再将衣片翻转，正面相对，沿缝边绱 0.7cm 的缝线，将原来的缝头包住。来去缝常用于女衬衫、童装的摆缝、合袖缝等。

6. 单折边缝　单折边缝是将衣片沿边折光缝头的宽度，然后距离缝头边绱线，通常为0.1~0.2cm。单折边缝常用于各类衣服的下摆、袖口的扣光处理。

7. 双折边缝　双折边缝是将衣片先沿边折光约 0.7cm，然后再沿内侧折光 1.5cm，并沿内侧折光边 0.1cm 绱线。双折边缝常用于非透明面料的裤口、袖口、下摆等处的固定。

8. 内包缝　内包缝是先将衣片正面相对，错位叠合，下层衣片放出 0.6cm 包转上层缝头，距离缝头边 0.1cm 绱线。再将衣片翻到正面坐倒包缝，在衣片正面距离缝口 0.5cm 绱线。内包缝常用于中山装、工装裤、牛仔裤的制作。

9. 外包缝　外包缝是先将衣片反面相对，错位叠合，下层衣片放出 0.6cm 包转上层缝头，距离缝头边 0.1cm 绱线。再将缝头翻到正面，向缝头边缘一侧坐倒，在正面沿止口0.1cm 绱线。外包缝常用于夹克、风衣、大衣等的制作。

第三节　二维缝合的形成原理与设备

二维缝合由于织物不同特性和品种款式多样化，需要用到多种性能的缝制设备才能进行符合要求的缝制。此外，服装特定的部位需要用到专用的缝合设备来满足不同的工艺要求。

缝合设备可以分为通用、专用、装饰用及特种设备等种类。这里重点介绍通用缝纫机。

一、通用缝纫机的原理与设备

（一）平缝机

平缝机主要由机针、梭、挑线杆和送料牙四个主要成缝构件组成，按一定顺序进行工作。前三个构件分别属于平缝机的刺料机构、钩线机构及挑线机构。如图 6-4 所示为平缝机外形图。

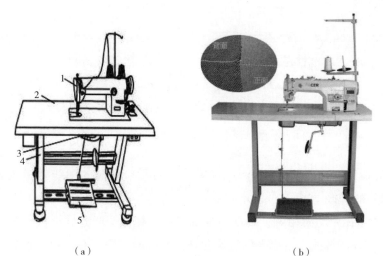

码 6-1　二维缝合

（a）　　　　　　　　　　　　　　　　（b）

图 6-4　平缝机外形图

1—机头　2—工作台板　3—电动机　4—机架　5—脚踏板

1. 平缝机的功能　工业平缝机俗称平车，主要用于平缝。用平缝机缝制时，由针线（面线）和梭芯线（底线）构成的锁式线迹结构（如 301 型线迹），在缝制物的正反面有相似的外观，平缝机主要用于缝制领、口袋、门襟及缝订商标等。

2. 平缝机的使用

（1）针线的选用。机针型号规格有 5 号、7 号、8 号、9 号、11 号、14 号、16 号，号数越小机针越细，号数越大机针越粗。机针的选择原则是缝料越厚、越柔、越疏，则机针越粗（号数越大）；衣料越薄、越脆、越密，则机针越细（号数越小）。

（2）针迹、针距的调节。针迹清晰、整齐，针距密度合适均是衡量缝纫质量的重要方面。针迹的调节由回针杆与调节旋钮两部分控制，调针距时，先将回针杆压低，然后再转动调节旋钮，顺时针旋转则针迹越小，逆时针旋转则针迹越大，在调节旋钮的过程中，能感受到回针杆的上下受力运动。针迹调节也必须按衣料的厚薄、松紧、软硬合理进行。缝制薄、松、软的衣料时，底面线都应适当地放松，压脚压力及送布牙也应适当放低，这样缝纫时可避免皱缩现象。缝制表面起绒的面料，为使线迹清晰，可以略将面线放松，卷缉贴边时，因反缉可将底线略放松。机缝前必须先将针距调节好。缝纫针距要适当，针距过稀不美观，而且影响牢度。针距过密也不好看，而且易损衣料。

（3）装针、穿线方法。

①装针。机针的选择和安装在一般情况下，缝制薄、脆、密的缝料应选用小号（细）针，而缝制厚、柔、疏的缝料则宜用大号（粗）针。缝制薄料时，由于机针与缝料摩擦较大，机针上升时缝料会随机针在压脚槽内上升，延缓了线环的形成，从而引起跳针；缝制厚料时如选用了细针，则会引起机针弯曲或断针。在高速缝纫时，机针和缝料的剧烈摩擦会导致机针温度过高，严重的会在化纤织物中形成熔孔或造成化纤缝线熔融，针孔过线阻力增加，使面线成形条件恶化而引起跳针或断线，因此应对机针进行特别的选择和冷却。安装机针时应切断电动机电源，转动上轮，使针杆上升到最高位置，旋松装针螺丝，将机针的长容线槽朝向操作者的左面，然后把针柄插入针杆下部的针孔内，使其碰到针杆孔的顶部，再旋紧装针螺丝。

②穿引面线和绕、引底线。穿面线的顺序是：转动机器上轮，使挑线针升至最高位置，把缝线由线架的过线勾上拉下来，穿入缝纫机顶部的过线板的右孔中，经过夹线板，自左孔中引出。再经过三眼线勾的三个线眼，向下套入夹线器的夹线板之间。再勾进挑线簧，绕过缓线调节勾，向上勾进右线勾，再穿过挑线针的线孔，然后向下勾左线勾、针杆套筒线勾、针杆线勾，最后将缝线自左向右穿过机针的针孔内，并引出100mm左右的线备用。绕、引底线的顺序是：线头从梭芯上方向左拉出，将梭芯装入梭壳后，线头从槽向下拉出，理顺底线。左手拉近面线，右手顺时针转动手轮使机针下降，面线被梭钩挂住并开始跨过底梭。继续转动手轮，机针升起到最高，左手向前带面线，底线从针孔被带出。挑出底线，底、面线一起向后拉出20cm，理顺准备缝纫。

（二）包缝机

包缝机是形成包缝线迹（500类线迹）机种的总称，利用一根至多根缝线形成包边链式线迹的工业用缝纫机。包缝机可将两层或多层缝料缝合，其中至少有一根缝线包绕缝料边缘，或仅将一层缝料的边缘包绕加固。通常专指用于服装包边缝合的机器。包缝机俗称锁边机或拷边机，如图6-5、图6-6所示。

图6-5 三线包缝机

图6-6 四线包缝机

1. 包缝机的功能　包缝机适用于丝、麻、棉、毛、化纤等织物在包边的同时将数层缝料缝合，或用于单层缝料边缘包绕加固，防止料边松散。由于它缝制的包边链式线迹具有较大的弹性，因此特别适用于缝制穿着时需要扩张和复原的内衣，是针织服装加工的主要机种之一。

2. 包缝机的分类及使用　包缝机的种类很多，一般可按线迹形式分类：

（1）三线包缝机。由一根直针和大、小弯针形成三线包缝线迹（504型、505型线迹）的缝纫机，其用线量适中，线迹可靠，在机织和针织服装加工中均可使用，是最常用的包缝机种之一。

（2）四线包缝机。由两根直针和大、小弯针形成四线包缝线迹（507型、512型、514型线迹）的缝纫机，所形成的线迹较为牢固，大多用于针织服装衣片合缝、女式连裤袜的缝合及包边。

（3）五线包缝机。由两根直针和三根弯针形成五线包缝线迹（401·504型或401·505型线迹）的缝纫机，所形成的线迹是由三线包缝线迹和双线链缝线迹呈平行独立配置而成，能将缝合与包边两道工序的加工一次完成，故又称为"复合缝缝纫机"。由于五线包缝机效率高、线迹可靠，因此，其应用日益广泛，如衬衣侧缝、袖缝的缝合及牛仔裤侧缝的缝合等。

（三）绷缝机

绷缝机俗称冚车，是利用针、梭两种缝线使梭线在缝料底面形成单面多针链式线迹（400类线迹），或在缝料正面再增加覆盖线形成双面覆盖链式线迹（600类线迹），将两层或多层缝料缝合的工业用缝纫机。

1. 绷缝机的功能　绷缝机适用于缝制睡衣、内衣、裤子以及各种衬衫等。它缝制的线迹为链式缝纫线迹。此线迹多用于针织服装的滚领、滚边、摺边、绷缝、拼接缝和饰边等。

2. 绷缝机的分类及使用　绷缝机按照机头外形分类，有筒式和平式绷缝机等机种，图6-7为筒式车床绷缝机，适用于缝制针织内衣、运动衣裤、T恤、胸罩、束腰裙松紧带等各种弹性织物的领口、袖口、裤口等筒径小的部位绷缝。图6-8为平式车床绷缝机，多用于衣下摆、宽展部位缝口的绷缝。平式车床绷缝机派生品种繁多，可以安装多种附件来实现多种功能缝合，广泛用于各类针织缝料，如内衣、衬裤、棉毛衬裤、运动衫裤、T恤，也适合缝制各种款式的针织时装、针织外衣、牛仔服装等。

四线绷缝线

五线绷缝线

图6-7　筒式车床绷缝机　　　　　图6-8　平式车床绷缝机

二、专用缝纫机的原理与设备

专用缝纫机是用于完成服装上某种专用缝制工艺的缝纫机械，如钉扣机、锁眼机、套结机、缲边机、缲袖机等。专用缝制设备的开发和应用使服装的加工速度得到了大幅提高。

（一）钉扣机

钉扣机是用来缝钉服装纽扣的专用缝制设备，多数采用单线链式线迹，只有少数采用平缝锁式线迹（平缝钉扣机）。图6-9所示为自动送扣单链缝钉扣机，这种钉扣机可以缝钉各种纽扣，如平纽扣（两眼或四眼）、子母扣、带柄纽扣、加固纽扣和缠脚纽扣等。只要交换各种附件就可以变换缝钉形式（X形、Z形、匚形、门形、无渡线形等）。图6-10所示为各种纽扣的缝钉形。

图6-9　自动送扣单链缝钉扣机

图6-10　各种纽扣的缝钉形

（二）锁眼机

锁眼机又称开纽孔机，是防止纽孔周围布边脱散的专用缝制设备。按所开纽孔形状分为平头锁眼机和圆头锁眼机。

1. 平头锁眼机　平头锁眼机（图6-11），多用于男女衬衫、童装及薄料时装等平头扣眼的锁缝加工，一般采用曲折型锁式线迹或链式线迹。根据纽扣外径大小及成衣要求，平头锁眼机可锁缝相应尺寸的扣眼。

图6-11　平头锁眼机

图6-12　圆头锁眼机

2. 圆头锁眼机　圆头锁眼机（图6-12），多用于西服、外衣等圆头扣眼的锁缝。圆头锁眼机加工出的扣眼美观、空间大、易于纽扣通过。圆头锁眼机一般采用双线链式线迹，按机器结构和锁缝顺序，分有先切后锁和先锁后切两种形式。先切后锁的扣眼边缘光滑，外观较好。

（三）套结机

套结机又称打结机，用于防止线迹末端脱散、加固线迹，或用于加固袋口、裤襻等服装中易受力撕扯部位的专用缝制设备，如图6-13所示。套结机的线迹是双线锁式线迹结构，不易脱散，当套结针数和尺寸调定后，能自动完成一个套结循环，并自动剪线停止。

图6-13　套结机

图6-14　缲边机

（四）缲边机

缲边机又称托边机，是专门用于各类外衣下摆和裤脚的缲边设备，如图6-14所示。缲边机所用的机针是弯针，它在缝制时只穿刺贴边布而不穿透正面布料，因此服装正面无针迹显露，故也称暗缝机。

（五）绱袖机

绱袖机是将衣袖与衣身组装在一起的专用缝合设备，可以使绱好的袖子左右对称、袖山饱满、平顺，如图6-15所示。

三、装饰用缝纫机的原理与设备

装饰用缝纫机是用于缝制各种漂亮的装饰线迹和缝边的缝纫设备，如曲折缝机、绣花机、打褶机等。

曲折缝机又称人字车，通过针杆左右摆动，在服装上形成曲折形锁式线迹，既缝合衣片又具有装饰作用，如图6-16所示。曲折缝机广泛用于缝制各类装饰内衣、补正内衣及泳装的缝制与装饰，其缝边光滑平整，且具有一定的弹性。

图6-15　绱袖机

绣花机是在服装面料上绣出各种花色图案的服装设备，早期使用手动式绣花机，现已普遍采用电脑绣花机，按机头数量分为单头绣花机和多头绣花机，可完成链状线迹、环状线迹、镂空、平缝等不同类型的绣花加工，广泛用于女装、童装、衬衣及装饰用品等，如图6-17所示。

图 6-16 曲折缝机

图 6-17 电脑绣花机

四、特种缝纫机的原理与设备

特种自动缝纫机是能按设定的工艺程序自动完成一个作业循环的缝纫机械，可有效降低对员工技术要求的依赖。这些设备多数用在款式较固定的服装生产线上，如西装、西裤、牛仔裤、男衬衫等。自动开袋机可用来完成多种形式袋口的制作，如嵌线袋，如图 6-18 所示。

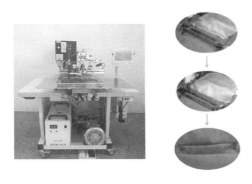

图 6-18 自动开袋机

第四节 二维缝合的工艺参数设计

一、缝纫机针

机针的种类虽然很多，但基本结构大体相近，图 6-19 为常用平缝机机针的机针结构。机针结构两面不一样，图 6-19（a）针柄为平面，图 6-19（b）针柄有长容线槽。装针时将针插入针槽，顶住针槽顶部，长容线槽朝向机头外侧（操作者左侧），即针眼为左右方向，拧紧螺丝固定机针。

我国使用的缝针的粗细以号数来区别，粗细程度随着号数的增加而越来越粗，服装加工中使用的缝针号型一般从 5~16 号，不同的服装面料采用不同粗细的缝针，见表 6-1。

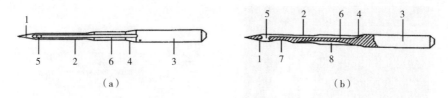

图 6-19　机针结构

1—针尖　2—针杆　3—针柄　4—针肩（针梢）　5—针孔（针眼）　6—长容线槽
7—曲档（凹口、针穴）　8—浅容线槽（包缝机、绷缝机）

表 6-1　各类质地面料的标准缝针

缝纫机针（号别）	面料
5 号	电力纺、贡缎
7~8 号	电力纺、贡缎、双绉
9~10 号	薄丝织品、贡缎、双绉、乔其纱、巴厘纱
11~12 号	薄漂布、宽幅布、全毛薄纺织品
13~14 号	宽幅纺织品、纯毛织品、一般纺织品
16 号	一般厚纺织品（外衣等）、防水布

二、缝线的选择

缝线的选择原则上应与服装面料同质地、同色彩（用于服装明线装饰设计的除外）。缝线一般包括丝线、棉线、涤纶线、涤/棉纶线、等。在选择缝线时还应注意缝线的质量，如色牢度、缩水率、牢度、强度等。各类质地面料应采用的标准缝线见表6-2。

表 6-2　各类质地面料的标准缝线

面料的质地	缝线
丝绸、毛、丝/合成纤维、毛/合成纤维、以丝和毛为主的混纺交织布	丝线、涤纶线
棉、棉/合成纤维、以棉为主的混纺交织布	棉线、涤/棉线
上述质地以外的面料	涤纶线、涤/棉线

三、针迹密度

针迹密度是指针脚的疏密程度，以露在布料表面3cm内的缝合数来判断，也可用3cm布料内针孔数来表示。表6-3为常见服装缝合的针迹密度。

表 6-3　针迹密度

服装类型	缝合方式的类别		运针数
机织服装	直线缝锁缝（外衣）		13~15 针/cm
	直线缝锁缝（中衣）		15~17 针/cm
	联锁缝		12~13 针/cm
	包缝		13~14 针/cm
	包缝锁边		8 针/cm
	手工缭缝（翻边缭里边）		3~4 针/cm
	手工缭缝（缭明缝）		7~9 针/cm
针织服装	厚型织物	平缝机缝迹	9~10 针/2cm
		包缝机缝迹	6~7 针/2cm
	薄型织物	平缝机缝迹	10~11 针/2cm
		包缝机缝迹	7~8 针/2cm

第五节　二维缝合的工艺流程

一、针织服装加工工艺流程（以二维缝合针织物为例）

以二维缝合针织物为例，针织服装加工工艺流程：

纺纱→编织→染整加工→验布→裁剪→缝制→整烫→检验→包装→入库

缝制针织服装的缝迹应满足以下条件：

（1）缝迹应具有与针织织物相适应的拉伸性和强力。

（2）缝迹应能防止织物线圈的脱散。

（3）适当控制缝迹的密度。

二、款式及工艺说明

1. 款式　T恤衫的款式如图6-20所示。

2. 款式说明及制作准备　该款白色女式T恤衫款式
简约，整体衣身呈直筒造型，略收腰，V领，短袖。面
料选用白色纯棉汗布，缝线采用 9.8tex×4 或 7.4tex×3
的纯棉或涤棉混纺的白色缝线。需要的缝制设备及工具
有平缝机、绷缝机、四线包缝机、熨斗、布剪、记号
笔等。

图 6-20　T恤衫

3. 工序流程 合肩缝→做领→绱领→固定领圈缝头→绱袖→合袖缝、侧缝→处理袖口、下摆折边→剪线

4. 缝制工艺与要求（表6-4）

表6-4 缝制工艺与要求

工序序号	工序名称	使用设备	线迹	线迹密度	缝型结构	缝型图示
1	合肩缝	四线包缝机	512号	8针/2cm	平缝	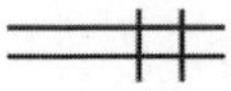

操作说明：

将前、后衣片正面相对，叠合肩缝，对齐缝头，采用四线包缝机缝合

操作图示

工序序号	工序名称	使用设备	线迹	线迹密度	缝型结构	缝型图示
2	做领	平缝机	301号	9针/2cm	平缝	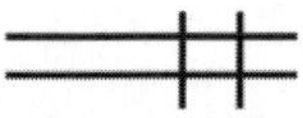

操作说明：

将领片正面相对，对齐缝头，使用平缝机缝合领圈

操作图示

工序序号	工序名称	使用设备	线迹	线迹密度	缝型结构	缝型图示
3	绱领	四线包缝机	512号	8针/2cm	平缝	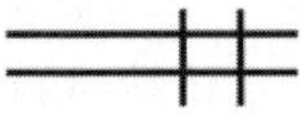

操作说明：

将做好的领圈与衣片正面相对叠合，对齐缝头，采用四线包缝机缝合

操作图示

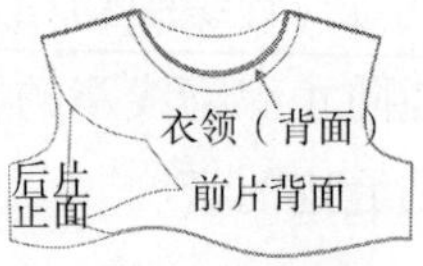

工序序号	工序名称	使用设备	线迹	线迹密度	缝型结构	缝型图示
4	固定领圈缝头	平缝机	301	9针/2cm	坐缉缝	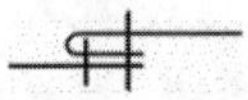

操作说明：

将领子和衣身缝合的缝头倒向衣身一侧，利用平缝机距离领圈0.1cm缉线，固定缝头

操作图示

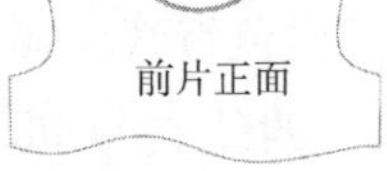

工序序号	工序名称	使用设备	线迹	线迹密度	缝型结构	缝型图示
5	绱袖	四线包缝机	512 号	8 针/2cm	平缝	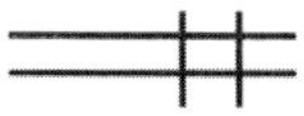

操作说明：

　　将衣袖与衣身正面相对，对齐衣袖袖顶点与衣身的肩点及其他绱袖对位点，叠合两层的缝头，采用四线包缝机进行缝合

操作图示

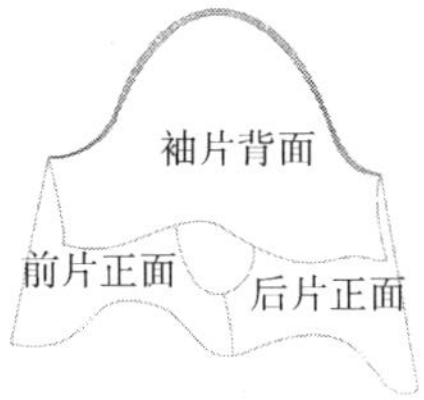

袖片背面

前片正面　　后片正面

工序序号	工序名称	使用设备	线迹	线迹密度	缝型结构	缝型图示
6	合袖缝、侧缝	四线包缝机	512 号	8 针/2cm	平缝	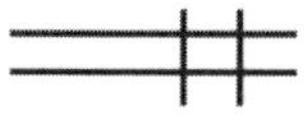

操作说明：

　　将前后衣片正面相对，叠合袖底缝、侧缝，对齐腋下缝口（缝制过程中不能错位），采用四线包缝机缝合

操作图示

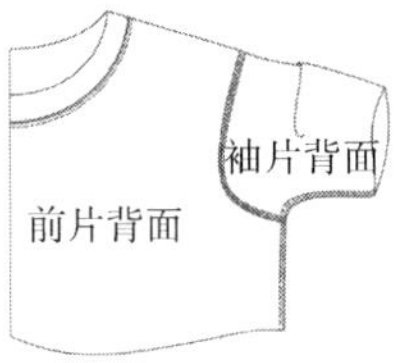

袖片背面

前片背面

工序序号	工序名称	使用设备	线迹	线迹密度	缝型结构	缝型图示
7	袖口、下摆折边	平式绷缝机	406 号	7 针/2cm	单折边缝	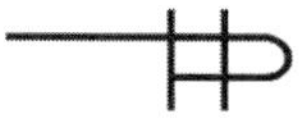

操作说明：

　　将衣身下摆、袖口部位的缝头折光（可熨烫定型），用平式绷缝机将衣身下摆与袖口折边分别绷缝

操作图示

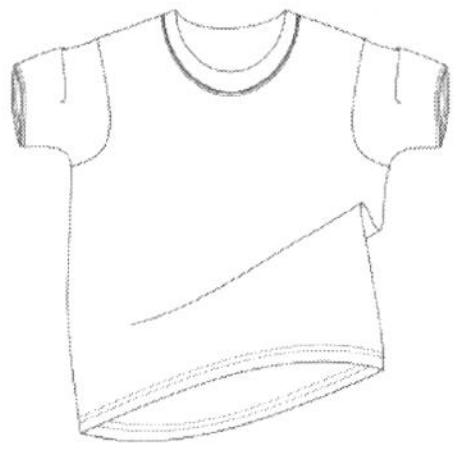

参考文献

［1］陈霞，张小良．服装生产工艺与流程［M］．北京：中国纺织出版社，2014．

［2］姜蕾．服装生产工艺与设备［M］.2 版．北京：中国纺织出版社，2008．

［3］刘大为，赵卫平．服装生产与经营管理［M］．广州：华南理工大学出版社，2013．

［4］冯麟. 无线缝合工艺分析 ［J］. 上海纺织科技，2009，37（2）：5-7.

［5］郑炳丽. 简述成衣工艺的发展史 ［J］. 丝路视野，2016（17）：77-78.

［6］万爱兰，丛洪莲，蒋高明，等. 针织技术在产业用纺织品领域的应用 ［J］. 纺织导报，2014（7）：28-32.

［7］付爱丽. 基于针织面料特性的针织服装缝制工艺研究 ［J］. 国际纺织导报，2011，39（9）：69-71.

第七章　二维编织物

第一节　概述

一、二维编织的定义

二维编织指按同一方向，即织物成型方向取向的三根或多根纤维（或纱线）按不同的规律同时运动，从而相互交叉、交织在一起，并沿织物成型方向呈一定角度的方向排列，最后形成织物的工艺。二维编织技术主要用于生产绳、带、管等织物，其厚度最多是参加编织的纱线或纤维束直径的三倍。图7-1为二维编织最基本的形式。图7-2为二维编织结构示意图。

图7-1　二维编织最基本的形式

图7-2　二维编织结构示意图

二、二维编织的产生与发展

二维编织具有悠久的历史，简单的草帽就属于二维编织。早在18世纪，德国和法国就可以制造二维编织机，用于生产鞋带，衣服上的绳、带等。在二维编织物中，纤维之间呈现相互缠结的状态，纤维与纤维之间的约束较强，整体性较好，而且制造过程机械化程度高，因此人们开始将二维编织物用作复合材料的预成型件，并将其运用到复合材料的成型过程中。所以，用于绳带编织的二维编织机逐渐发展为锭数较多，可编织直径较大的大型高速编织机。此外，编织的纤维材料也由原来的服用纤维或者纱线发展到碳纤维等高性能纤维材料。

三、二维编织物的组织结构

二维编织主要有菱形编织、规则编织、赫格利斯编织以及带有衬纱的三轴编织四种组织结构，如图7-3所示。

1. 菱形编织 菱形编织结构又称1/1交织结构，即一根纱线连续交替地从另一纱线组中的一根纱线的下面通过，紧接着又从另一纱线组中的一根纱线的上面通过，如图7-3（a）所示。

2. 规则编织 规则编织结构又称2/2交织结构，即一根纱线连续地从另一纱线组中的两根纱线的上面通过，紧接着又连续地从另一纱线组中的两根纱线的下面通过，这样交替地进行交织，如图7-3（b）所示。

3. 赫格利斯编织 赫格利斯编织结构又称3/3交织结构，即一根纱线连续地从另一纱线组中的三根纱线的下面通过，紧接着又连续地从另一纱线组中的三根纱线的上面通过，这样交替地进行交织，如图7-3（c）所示。

4. 三轴编织 在上述各种编织结构中，都可以沿织物成型方向加入一组纵向纱线，此种纱线被称为衬纱或轴纱。衬纱在编织过程中并不运动，而只是被运动的编织纱所包围、握持，最后形成织物的一部分。衬纱的引入提高了编织物的稳定性，提高了织物及所形成的复合材料在衬纱引入方向的抗拉、抗压强度和模量。带有衬纱的规则编织织物结构如图7-3（d）所示。

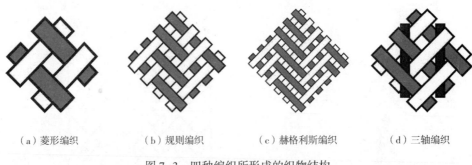

（a）菱形编织　　　　（b）规则编织　　　　（c）赫格利斯编织　　　　（d）三轴编织

图7-3　四种编织所形成的织物结构

四、二维编织物的应用

二维编织物中纤维之间呈现相互缠结的状态，因此具有纤维与纤维之间约束较强，整体性较好，制造过程中机械化程度高，生产成本低等特点，使其广泛应用于民生、航空航天、交通运输、建筑、医学和体育用品等领域。

（一）民生领域

1. 细线类 主要包含钓鱼线、电脑提花龙头通丝、手机挂绳、耳机线、球拍绳、首饰绳、牙线等，如图7-4所示。通常用于生产上述制品的原始材料包括涤纶、丙纶、PE、HDPE、尼龙、大力马线、高分子材料等其他复合材料。

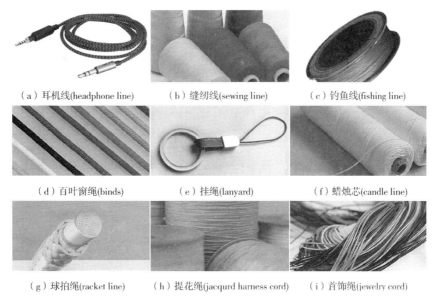

（a）耳机线(headphone line) （b）缝纫线(sewing line) （c）钓鱼线(fishing line)

（d）百叶窗绳(binds) （e）挂绳(lanyard) （f）蜡烛芯(candle line)

（g）球拍绳(racket line) （h）提花绳(jacqurd harness cord) （i）首饰绳(jewelry cord)

图 7-4 细线类二维编织物

2. 服装辅料类 服装辅料包含编织鞋带、松紧带、运动服拉绳、花边带、家居用品带、曲边带、悬挂吊带、双色带、三色带、三棱绳、四棱绳、方形绳、子母带、多色带等，如图 7-5 所示。通常用于生产上述制品的原始材料包括涤纶、丙纶、PE、HDPE、尼龙、大力马线、高分子材料等其他复合材料。

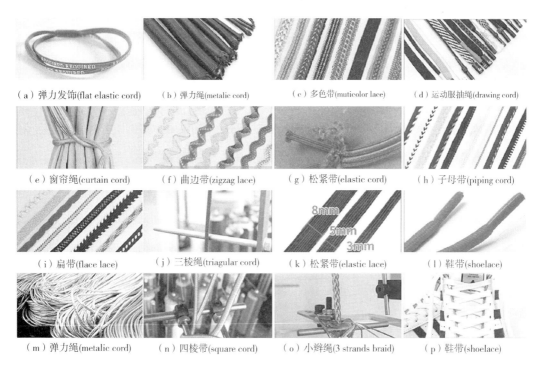

（a）弹力发饰(flat elastic cord) （b）弹力绳(metalic cord) （c）多色带(muticolor lace) （d）运动服抽绳(drawing cord)

（e）窗帘绳(curtain cord) （f）曲边带(zigzag lace) （g）松紧带(elastic cord) （h）子母带(piping cord)

（i）扁带(flace lace) （j）三棱绳(triagular cord) （k）松紧带(elastic lace) （l）鞋带(shoelace)

（m）弹力绳(metalic cord) （n）四棱带(square cord) （o）小辫绳(3 strands braid) （p）鞋带(shoelace)

图 7-5 服装辅料类二维编织物

109

3. 绳缆类 编织登山绳、安全绳、蹦极绳、士兵绳、军事用绳、配重绳、健身绳、捆扎绳、帐篷绳、宠物绳、吊桥绳、体育用品绳、晾衣绳等。通常用于生产上述制品的原始材料包括涤纶、丙纶、PE、HDPE、尼龙、大力马线、高分子材料等其他复合材料。

4. 电线电缆类 医疗器械用管、厨卫软管、淋浴钢丝软管、钢丝高压管、压力灌溉水管、各种民用压力管等。通常用于生产上述制品的原始材料包括尼龙、纱线、玻璃纤维、不锈钢丝、铜丝等。

（二）航空航天及国防领域

随着编织设备的发展，可以编织出具有更大的尺寸、更复杂的编织结构、更加优异的力学性能的编织结构件。利用二维编织技术编织的航天飞机零部件具有较高的纵向模量、扭转模量和层间强度，并节省80%的体积。目前，采用二维编织技术编织的喷气发动机风扇机匣已经被用于波音飞机的发动机上。新的机匣不仅提高了发动机的密封性，而且减轻了单个发动机的重量。还有直升机旋转翼、叶片翼梁和发动机的零件等。

（三）交通运输领域

现在很多汽车的金属部位（如汽车的前纵梁）都已经被编织结构的复合材料取代。与金属材料部件相比，编织结构复合材料的汽车前纵梁在发生汽车碰撞时，具有更好的吸收冲撞能量的能力，提高了驾驶的安全系数。此外，采用编织复合材料作为汽车顶梁和赛车车身等可以大幅减轻汽车重量，为汽车的节能减排做出了很大的贡献。

（四）建筑领域

在建筑工程领域中，已经有将碳纤维为原料制备的编织拱肋用于公路桥梁以及将玻璃纤维和碳纤维编织的编织棒用于增强水泥的实例。针对后者而言，由于编织物的特殊结构使得编织棒拥有独特的表面特征，可以让编织棒和水泥接触得更加充分紧密，同时使编织棒具备很好的传递应变的能力，甚至可以在工程领域中充当应变传感器来使用。

（五）医学领域

利用编织技术制备的用于医疗领域的编织物，如人造关节、支架、手术线等，可通过人工方式植入体内。但是作为人体器官的使用，编织物的尺寸要相对较小，结构也更加复杂，这就要求编织技术和编织机能够织造出结构尺寸更加精细的编织件。

（六）智能可穿戴领域

随着智能可穿戴纺织品的热潮来袭，我们可以利用二维编织将具有特殊功能的纱线，如具有导电功能的金属丝，作为轴纱，再根据不同的需要选择编织纱，做成可传递电信号的编织物。这种编织物在智能可穿戴领域具有非常好的前景。例如，采用导电尼龙做芯纱，采用共轭静电纺丝技术在芯纱上包覆一层PVDF纳米纤维，而后在上面采用二维编织技术包覆导电尼龙纱线，形成如图7-6所示结构的压电纱线，该压电纱线可以在人体运动情况下产生能量输出，如图7-7所示。

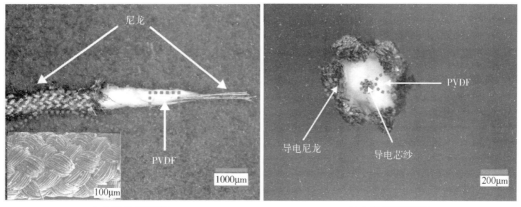

（a）表面三层结构　　　　　　　　　（b）截面三层结构

图 7-6　压电纱线在超景深显微镜下的图像

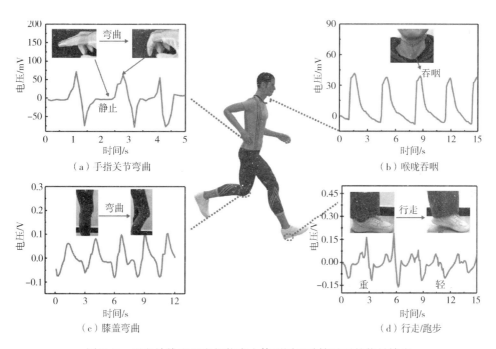

（a）手指关节弯曲　　　　　　　　　（b）喉咙吞咽

（c）膝盖弯曲　　　　　　　　　（d）行走/跑步

图 7-7　压电纱线和压电织物在人体不同运动情况下的能量输出

第二节　二维编织物的织造原理与设备

一、二维编织物的织造原理

编织时，编织纱系统分成两组，所有纱线同时运动，同一组中的所有纱线都沿同一方向运动（顺时针或逆时针），而另一组中的所有纱线则沿与上一组纱线运动方向相反的方向运动（逆时针或顺时针），这样纱线由齿轮驱动携纱器引导分别沿+α角和-α角交织（α角称为编织角），形成织物。

为了保证两组纱线相互交织，机器提供了这样一种运动，即在每一组中，一些纱线朝着圆管的中心运动，而其余纱线则朝着圆管的外缘运动。在同一时刻，纱线不但沿着圆管的半径方向向里、向外运动，而且沿着圆管的圆周方向运动。

二、二维编织机的分类

二维编织机按编织物成型的方向可分为两种：编织物按竖直方向成型的编织机称为立式或竖直式编织机［图7-8（a）］；编织物按水平方向成型的编织机称为卧式或水平式编织机［图7-8（b）］。

竖直式编织机通常锭数少，占地面积小，编织速度快，常用来编织绳索、细管及线缆保护层等。卧式编织机可以方便地添加芯轴，因此不仅可编织绳索、细管等立式编织机可编的织物，还可以通过控制芯轴截面，编织变截面织物，还可通过控制芯轴往复运动进行多层编织。

（a）立式　　　　　　　　　　　　　　　　（b）卧式

图 7-8　二维编织机结构示意图

三、二维编织机的组成

二维编织由传动机构、轨道盘、携纱器、成型板和卷取装置组成，如图7-9所示。其中，轨道盘上面装有纱锭运行的轨道。携纱器在传动机构的作用下，在轨道盘上沿不同的方向运动。携纱器上有卷绕好纱线的纱管，因此纱管随纱锭一起运动，同时纱锭还有控制编织纱线张力的作用。成型板用于控制编织物的尺寸和形状，编织好的织物被卷取装置移走。编织物的组织结构、外型尺寸、纱线的取向可以通过选择携纱器的个数、携纱器在轨道盘上运动的速度、卷取机构的运动速度、纱线的粗细来确定。

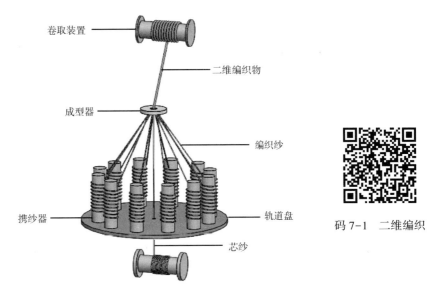

图 7-9 二维编织机结构示意图

码 7-1 二维编织

具体编织步骤如下：

（1）编织前，首先根据所需的织物结构确定所用的纱锭数目，并将这些纱锭按一定规律安放在轨道盘上。

（2）将缠有已选择好的纱线或纤维束的纱管安放到纱锭上。

（3）把所有的纱线通过成型板集中在卷取装置上。

（4）调整好纱锭在轨道盘上的运动速度和卷取速度即可开始编织。

（5）编织时，编织纱系统又分为两组，一组在轨道盘上沿一个方向运动，而另一组在轨道盘上沿相反的方向运动，这样纱线相互交织，并和织物成型方向夹角为 $\pm\alpha$。

（6）交织的纱线在成型板处形成织物，然后被卷取装置移走。

（7）如果希望沿织物成型方向（即轴向）使织物得到增强，可以沿织物成型方向加入另一个纱线系统，即轴纱系统。轴纱在编织过程中并不运动，它只是被编织纱所包围，从而形成一个二维三向织物，如图 7-3（d）所示。纱线的取向为：0，$\pm\alpha$。

（8）二维编织所织造出的织物厚度不会超过三根纱线直径的总和。有时，有的织物厚度需超过三根纱线直径的总和，则可以根据要求，在已经编织好的织物上再编几层，形成二维多层编织物，以满足厚度的要求。需要注意的是：在二维多层编织物中，层与层之间是不连接的。

1. 携纱器 编织机上采用有边或无边的纱管作为普遍纱线的卷绕装置，为了进行编织，必须把纱管安放在携纱器上。携纱器由轨道跟随器、纱管轴、张力机构和送纱机构组成。所有的携纱器都含有这些基本结构，但其主要的差异在送纱机构（可以通过钩、圈或轮）和张力控制机构（也可通过重锤或弹簧），图 7-10 为携纱器实物照片。

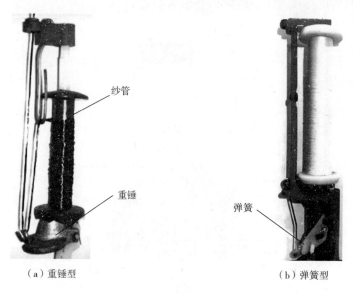

（a）重锤型　　　　　　　（b）弹簧型

图 7-10　携纱器实物照片

2. 角齿轮　携纱器在角齿轮的带动下沿轨道槽运动。角导轮是安装在角齿轮上的一个金属盘，在此金属盘的周界上铣有凹槽，这些凹槽带着携纱器运动，并把携纱器从一个角齿轮转移到下一个角齿轮。

为了保证携纱器能从一个角齿轮顺利地转移到下一个角齿轮上，在每一个交叉点处，齿轮的定位必须非常精确。当一个携纱器运动到轨道的一个交叉点时，由于轨道特定的形状就迫使携纱器从一个角齿轮转移到下一个角齿轮上。这种转移过程是编织工艺的关键。图 7-11 所示的轨道就是携纱器运动路径。它一般被加工成复合的 8 字形。白线代表沿一个方向（顺时针方向）运动的纱线的运动轨迹；黑线则代表沿相反（逆时针方向）方向运动的纱线轨迹。轨道要保证携纱器的轨道跟随器永远在角导轮中。没有轨道，携纱器也就不能按需要从一个角齿轮转移到下一个角齿轮上。

图 7-11　携纱器运动路径

角导轮上凹槽的数目不同，所编织出的织物组织结构就不同，即纱线交织的形式不同。图 7-12（a）、（b）分为编织机的角齿轮和携纱器轨道盘。具体分以下两种情况：

（1）如果角齿轮都相互连接，那么编织出的就是管状织物；

（2）如果角齿轮有断点，那么编织出的就是平幅织物。

角齿轮位于轨道板的下面，由于它们连接在一起，所以管状编织机应有偶数个角齿轮。角齿轮的尺寸决定了编织机的最小尺寸，同时也影响安装螺栓的大小以及螺栓中心通孔的大

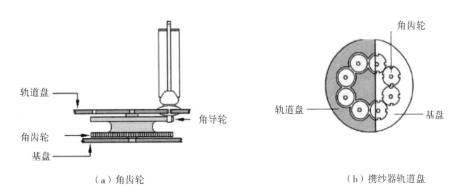

图 7-12　角齿轮和携纱器轨道盘

小，这些通孔被用来安装轴向纱，引入轴向纱线。

3. 提取机构　当角齿轮旋转并推动携纱器沿着轨道运动时，纱线相互交织并形成织物。在纱线形成织物的那一点被称为编织口。为了形成连续的编织物，就必须有一个装置不断地把已形成的编织物从编织口处移走，从而为将要形成的新编织物提供空间，这个装置就是提取机构。

4. 成型器　成型器是一个中间有引导孔的装置，它安装在携纱器上方，轨道盘的纵轴方向，它和轨道盘之间的距离可以调节。织物从引导孔中通过，它可以使织物的编织口和轨道盘之间的距离固定不变，因此可以编织出结构均匀的织物。

5. 轴向纱线　轴向纱线又称纵向纱线，它是在编织时被引入的一组和织物成型方向一致的纱线。轴向纱线在编织过程中并不运动，而是夹在编织纱线之间，因此也可称衬垫纱。加有轴向纱线的编织物属于二维三轴向织物。这种编织方式也常用来生产包芯纱。轴向纱线通过角齿轮螺栓中心的通孔被引入两组编织纱之间。卧式或立式编织机都可以引入轴向纱线。

四、二维编织结构与纱锭的位置关系

二维编织物的编织结构可以通过调整编织纱在纱锭上的位置来调整。以 24 锭的二维编织机为例：在织机满锭情况下可形成 2×2 编织结构，如图 7-13（a）所示。深色锭子为顺时针方向运动，浅色锭子为逆时针方向运动；当放置纱锭的位置如图 7-13（b）时，便可形成具有 12 股编织纱的 1×1 编织结构；当同一运动方向的纱锭不放置编织纱时，编织纱之间不交织，如图 7-13（c）所示；当放置纱锭的位置如图 7-13（d）时，便可形成与图 7-13（b）相同的 12 锭 1×1 编织结构；当放置纱锭的位置如图 7-13（e）时，编织纱只是相互覆盖并不形成交织结构；当放置纱锭的位置如图 7-13（f）时，便可形成 18 锭 1×1，2×2 混合编织结构。

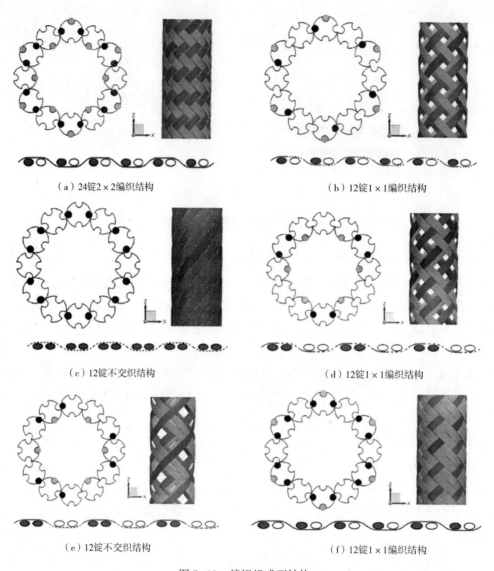

（a）24锭2×2编织结构　　　　　　　　　　　　（b）12锭1×1编织结构

（c）12锭不交织结构　　　　　　　　　　　　　（d）12锭1×1编织结构

（e）12锭不交织结构　　　　　　　　　　　　　（f）12锭1×1编织结构

图7-13　编织机成型结构

第三节　二维编织物的工艺参数设计

二维编织物的几何结构与织造此织物的机器有直接关系。影响二维编织物规格的因素包括纱锭的个数、纱锭运动速度（编织速度）、卷曲速度、纱线粗细。

一、二维编织物的工艺参数和结构参数

二维编织物的结构参数主要包括：编织角 α，花节长度 h（为一个携纱器运动循环所织出的预制件长度），如图7-14所示。

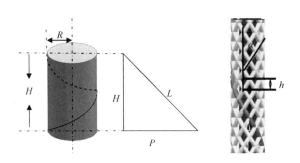

图 7-14　编织角 α 与花节长度 h 示意图

编织角 α 介于 0 到 80° 之间，是重要的编织工艺参数，它与包缠紧度、纤维比例、编织效率都有直接的关系。编织角难以测量，需要计算求得。花节长度在一定情况下可以反映编织角的大小，如图 7-14 所示的 H 为一个花节长度。编织角的计算公式如下。

$$\tan\alpha = P/H \tag{7-1}$$

式中：H 为编织节距，指编织纱围绕编织轴心完整旋转一周的螺距长度；P 为二维编织物的圆周长度 $P = \pi D_b$，其中 D_b 为编织物的直径。

编织节距与编织角描述了编织纱在二维织物中的相对位置，决定了编织物的结构变形特性，并且对编织物的性能有决定性影响。编织结构不同，螺距的算法不同，假设编织机的锭数为 n，则不同组织结构的编织节距计算如下：

1/1 编织结构：

$$H = n \cdot h \tag{7-2}$$

2/2 编织结构：

$$H = \frac{n}{2} \cdot h \tag{7-3}$$

编织物中的纱线（圆柱形）以一定的角度倾斜，由于编织机运转时转速较高，编织纱在运动时会产生较大的张力，因此相互以相切的形式接触，如图 7-15 所示，这样编织物的周长（或宽度）就可以看成是与纱线直径有直接关系的量。

二维编织物处于挤压状态时编织纱线的有效直径（D_e）和纱线原始直径（D_y）之间存在如下关系：

$$D_e = \frac{D_y}{\cos\alpha} \tag{7-4}$$

则以一定角度（编织角 α）倾斜的纱线，编织纱线形成圆周长为：

$$P = \pi \cdot D_b = \frac{nD_e}{K} = \frac{n \cdot D_y}{K \cdot \cos\alpha} \tag{7-5}$$

式中：K 为纱线紧密因数。

影响管状编织物直径的编织纱线的实际百分比取决于以下几个因素：纱线横截面、纱线横向压缩性能和纱线间的摩擦力。图 7-16 给出了结构中两种可能的极端情况。纱线紧密因数 K 还取决于在管状编织物的芯中是否加入填充材料。如果没有加入填充材料，那么编织物本

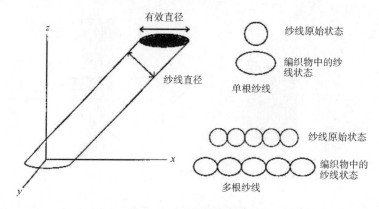

图 7-15　二维编织中的纱线状态图

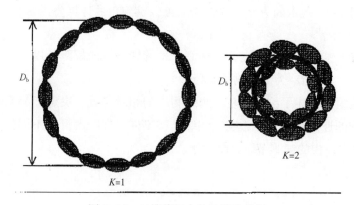

图 7-16　二维编织中的纱线状态图

身受到挤压，纱线就会被压缩。如果加入了填充材料，填充材料便占据了管状编织物内径中的空间，它会给编织物沿半径方向一个向外的压力，从而使 K 减小。K 的可能取值范围为 $2 \geqslant K \geqslant 1$。由于压缩而形成挤紧状态的编织结构，所有编织纱都可以形成编织物的圆周，如含有芯纱的二维编织，可以认为 $K=1$；由拉伸而形成挤拉状态的编织结构，则只有几乎一半的纱线可以形成编织物的圆周，如空心管状编织物，可以认为 $K=2$。

编织纱原始横截面积 S_y：

$$S_y = \pi \cdot \left(\frac{D_y}{2} \right)^2 = \frac{\lambda}{\rho} \tag{7-6}$$

则纱线原始直径为：

$$D_y = 2 \cdot \sqrt{\frac{\lambda}{\rho \cdot \pi}} \tag{7-7}$$

联合式（7-5）和式（7-7）可以得到编织物的直径如下：

$$D_b = \frac{n \cdot 2 \cdot \sqrt{\dfrac{\lambda}{\rho \cdot \pi}}}{\pi \cdot k \cdot \cos\alpha} \tag{7-8}$$

例如，某公司欲利用表 7-1 所示的苎麻纤维作为芯纱、聚乳酸纤维作为外包纱制备结构为 1/1 编织的二维平纹编织绳。当编织纱锭数分别为 14、12、8、6 时，根据式（7-1）和式（7-2）可计算出相应编织角下编织绳的花节长度。

表 7-1　纤维基本性能参数

纤维材料	密度/（g/cm³）	拉伸强度/MPa	线密度/tex	伸长率/%
苎麻	1.55	400~938	167	3.6~3.8
聚乳酸	1.25	50.4	16	10~70

当编织角度为 25° 时，根据上述公式可以计算出对应的花节长度和编织物的等效直径，具体计算结果见表 7-2。

表 7-2　编织物工艺设计参数

材料	锭数	编织角/（°）	花节长度/mm	编织物直径/mm
苎麻/聚乳酸（30/70）	14		1.21	2.56
苎麻/聚乳酸（40/60）	12	25	0.91	1.65
苎麻/聚乳酸（50/50）	8		0.91	1.11
苎麻/聚乳酸（60/40）	6		0.91	0.85

二、编织机参数

编织机参数主要为编织机转速，即为编织机底盘角齿轮转速，可根据编织物的几何结构与参数得到编织机的机器转速与牵伸速度。

根据编织节距 H 与花节 h 的关系，可得到编织速度与牵伸速度的关系如下。

$$V_1 H = V_2 \tag{7-9}$$

式中：V_1 为编织机转速；V_2 为编织机牵伸速度。

假设编织物的编织速度均为 650r/min。由于编织物在实际编织过程中使用编织机的驱动器来编织节距，从而控制花节长度。因此，编织节距需根据编织机对应卷绕速度换算得出。四种编织物的编织工艺参数见表 7-3。

表 7-3　编织工艺参数

材料	编织角/（°）	锭子转速/（r/min）	卷绕速度/（mm/min）	编织节距/mm
Kevlar	10		116220	178.8
	20	650	56160	86.4
	30		30240	54.0
	40		24180	37.2

参考文献

［1］ 夏燕茂．二维编织复合材料的结构及力学性能研究［D］．石家庄：河北科技大学，2015.

［2］ 赵展，Md. Hasab Ikbal，李炜．编织机及编织工艺的发展［J］．玻璃钢/复合材料，2014（10）：90-95.

［3］ 赵倩娟，焦亚男．二维编织包芯绳索的结构与拉伸性能［J］．纺织学报，2012，33（3）：48-52.

［4］ 尚自杰，吴晓青，诸利明．二维编织在复合材料中的应用研究［J］．天津纺织科技，2016（2）：6-7，10.

［5］ 毕蕊，姜亚明，刘良森，等．二维编织包芯纱成纱工艺及质量探讨［J］．纺织导报，2006（2）：56-58，94.

［6］ 蔡永明．三维编织复合材料的热粘弹性能研究［D］．南京：南京航空航天大学，2012.

［7］ 李小刚．编织复合材料成型工艺与性能研究［D］．北京：北京航空材料研究院，2002.

［8］ 董卫国，黄故．包芯编带纱的制造工艺及结构参数［J］．纺织学报，2004，25（2）：66-68.

［9］ 张莉．三维纺织复合材料新结构的探讨［D］．天津：天津工业大学，2005.

［10］ 丁许．二维编织绳拉伸性能实验研究［D］．天津：天津工业大学，2019.

［11］ 赵倩娟．二维纺织高性能纤维绳索的研制［D］．天津：天津工业大学，2012.

［12］ YuanLinjia, Fan Wei, Miao Yaping, et al. Enhanced mechanical and electromagnetic properties of polymer composite with 2. 5D novel carbon/quartz fiber core-spun yarn woven fabric［J］. Journal of Industrial Textiles, 2021, 51（1）：134 – 151.

［13］ Kyosev Y. Advances in Braiding Technology［M］. UK：Woodhead Publishing, 2016.

［14］ Xue Lili, Fan Wei, Yu Yang, et al. A novel strategy to fabricate core-sheath structure piezoelectric yarns for wearable energy harvesters［J］. Advanced Fiber Materials, 2021（3）：239 – 250.

第八章　三维编织物

第一节　概述

一、三维编织的定义

编织是由若干携带编织纱的编织锭子，沿着预先确定的轨迹在编织平面上移动，使所携带的编织纱在编织平面上方某点处相互交叉或交织构成空间网络状结构。而三维编织是指所加工的编织物的厚度至少超过编织纱直径的 3 倍，并在厚度方向有纱线相互交织的编织方法。

二、三维编织的产生与发展

20 世纪 60 年代以来，许多关于三维编织的方案相继被提出。直到现在，三维编织的设备和编织技术仍在不断完善。60 年代，W. A. Douglass 详细讨论了编织技术及机理，提出了编织物作为复合材料增强体可以降低异形构件制造成本的概念。在 80 年代，由于先进复合材料的快速发展，编织工艺成为一种很有效的生产编织结构复合材料的方法而受到人们的重视。1988 年，美国航空航天局（NASA）开展了先进复合材料技术（ACT）计划，其中便包括开发三维编织技术、自动化加工和低成本制造技术等重要内容。此外，美国波音（Boeing）、洛克希德·马丁（Lockheed Martin）和 Brunswick 公司也对编织复合材料结构在机身部件、导弹弹翼和航天器接头上的应用进行了深入研究；除此之外，澳大利亚、俄罗斯、德国、法国、韩国、日本等国家均投入了大量的人力物力，对三维多向编织复合材料进行了深入的基础研究和应用开发。

在国内，1996 年，天津工业大学复合材料研究所研制成功了目前世界上挂纱根数最多的一台由计算机控制的全自动三维编织机，可挂编织纱线 2 万根，不动纱 2 万根。编织由计算机控制，可编织异形构件。此外，哈尔滨工业大学、西北工业大学等航空院校在材料结构力学性能研究方面，开展了大量富有成效的研究工作，有力促进了三维多向编织复合材料的发展和应用。

近年来，三维编织复合材料成为部分特殊航天结构件的首选材料，如卫星承力空间析架结构、耐高温耐烧蚀的导弹头锥、火箭发动机的喷管、喉衬等。三维多向编织复合材料在用于主承力构件和功能构件时，能在满足材料结构力学性能要求的前提下，充分发挥复合材料的高减重效率优势，已成为航空航天领域极富潜力的重要结构材料。

三、三维编织物的应用

三维编织复合材料具有结构不分层，结构可设计性强、比强度、比模量高、抗冲击损伤容限高、抗疲劳性能好、对开孔不敏感等优点，尤其适合异形构件的近净整体成型，但其制作周期长、成本相对较高，目前在人造生物构件材料中也有部分应用，如人造支架、人造韧带、人造血管、接骨板等，但其主要应用还是集中在航空航天等领域。

（一）航空领域

大多数三维编织复合材料都是采用树脂传递模塑工艺（RTM）、树脂膜渗透工艺（RFI）及真空辅助树脂渗透工艺（VARI）等液体成型工艺制备的，可直接形成复合材料结构件，具有强度高、质量轻等优点，可以应用于飞机发动机风扇叶片等耐高温、耐烧蚀和高速冲刷的结构材料。同时，三维编织复合材料还可以用于一些特殊的结构，如大曲率机骨架、机翼、机蒙皮、机匣、飞机进气道、刹车片、飞机起落架、螺旋桨、航空发动机机匣等。

此外，三维编织复合材料技术可以应用于制作 J 形机骨架、机翼、机身蒙皮、飞机进气道、飞行器承力梁等制件。例如，洛克希德·马丁公司采用三维编织技术研制了 F-35 战斗机进气道的预制体，加强筋与进气道壳体为整体结构，节省了大量紧固件的使用，提高了气动性能，简化了装配工序。直升机的起落架扭力臂和纵向推力杆已开始使用三维编织一体成型技术（图 8-1）。

图 8-1　三维编织一体成型的直升机构件　　图 8-2　三维编织成型的复合材料发动机风扇叶片

目前，采用三维编织技术研制的 LEAP-X 发动机风扇叶片也已成功通过 FOD 试验，并将应用于中国商飞 C919 等多个机型（图 8-2）。

（二）航天领域

在航天领域，高温、烧蚀和高速冲刷的导弹头锥、筒身、火箭发动机喷嘴、密封调节片、筒体等零部件也大量采用三维整体编织复合材料。耐冲击性能好的三维编织复合材料可用于承载结构中的冲击部件以及抗冲击需求高的集装箱或压力容器件。对于开孔较多的复合材料制件，三维编织技术能很好地保证此类制件的整体性，减少二次加工量，并避免二次加工对复合材料零件的损伤。图 8-3 为正在编织的 JASSM 巡航导弹筒身。此外，还有卫星桁架、耳片结构、多通接头等。其中，我国首颗探月卫星"嫦娥一号"卫星空间桁架结构连接件已采用三维编织复合材料。图 8-4 为三维复合编织材料在航天领域的一些实际应用。

图 8-3　正在编织中的 JASSM 巡航导弹筒身　　图 8-4　火箭发动机推力式喷管

（三）医疗领域

目前，三维编织复合材料已经在医疗领域得到了应用。通过利用三维编织复合材料可以制造人造骨和人体关节。作为一种骨修复材料，可以制造出接骨板替换金属制的设备。在骨组织工程中作为支架进行细胞的培养。

（四）交通运输领域

对于交通运输来说，汽车的耗油量最为重要，因为它直接关系到运输成本。因此，汽车轻量化是全球汽车产业重要的发展方向。三维编织复合材料由于其自身的密度较小、质轻、抗冲击、能量吸收强等特点，从而可以满足降低耗油并且进一步提高运输速度，可以广泛应用于交通运输领域，如碳纤维复合材料传动轴、车顶横梁、保险杠，如图 8-5 所示。

图 8-5　车顶横梁

第二节　三维编织物的组织结构

在三维编织物的纱线结构中，纱线在三维空间中相互交织、交叉，表面纱线和材料的轴向夹有一定的角度，这个角度通常被称为表面编织角，通过改变编织角的大小和花节长度就可以改变三维编织预制件的纱线结构，改变纱线的走向，从而改变三维编织增强复合材料的纤维体积含量和各个方向的性能。同时纱线的粗细、纱线的位置、纱线的添加方向等都可以设计，从而起到对三维编织复合材料力学性能和其他性能的调节作用。

一、三维四向编织

三维四向编织结构采用四步法编织，结构内的所有纱线均参与编织，在空间四个方向上延伸，因此称为三维四向编织。结构内所有编织纱与编织成型方向均有一定的夹角，并且纱线通过材料的厚度方向，因此相对于简单层合结构而言材料在厚度方向的性能得到了提高。其织物结构图及单胞模型如图 8-6 所示。

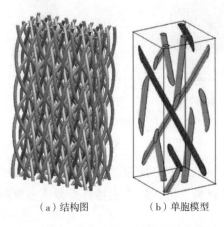

（a）结构图　　　　（b）单胞模型

码 8-1　三维四向编织

图 8-6　三维四向编织预制件的结构及单胞模型示意图

二、三维五向编织

在三维四向编织的基础上，在编织过程中引入了一组沿材料纵向（即编织成型方向）不动的纱线而形成的一种新的整体编织结构称为三维五向编织。加入的不动纱线不参加编织，但被编织纱所包围，称为第五向不动纱或轴纱，此纱线在编织结构中基本保持伸直，因此材料的纵向性能得到了极大的提升。其织物结构图及单胞模型如图 8-7 所示。

（a）结构图　　　　（b）单胞模型

图 8-7　三维五向编织预制件的结构图及单胞模型图

三、三维六向编织

三维六向编织是在三维五向的基础上再加一组不参加编织的纱线，以获得特有性能的织物，其织物结构图及单胞模型如图8-8所示。三维六向编织携纱器所携带的编织纱线在编织机底盘上的排列形式与三维五向一致，第六向由操作人员在织物宽度或厚度方向手动加入。

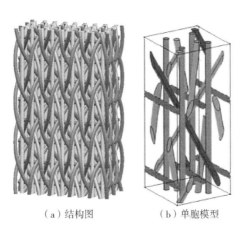

（a）结构图 （b）单胞模型

图8-8 三维六向编织预制件的结构图及单胞模型图

四、三维七向编织

三维七向编织则是在三维六向的基础上再添加一组不参加编织的纱线所得到的织物，其织物结构图及单胞模型如图8-9所示。相比于三维四向织物而言，三维七向编织物多了沿织物长度、宽度和厚度三个系统的纱线，且该系统纱线全部处于伸直状态，因此材料整体性能均得到了提升。其编织携纱器所携带的编织纱线在编织机底盘上的排列形式与三维五向一致，第六向和第七向由操作人员分别在织物宽度和厚度方向手动加入。

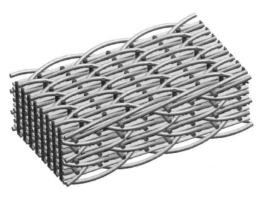

（a）结构图 （b）单胞模型

图8-9 三维七向编织预制件的结构图及单胞模型图

第三节　三维编织物的织造原理与设备

三维编织物的织造方法按编织循环方式与步骤可分为旋转法、二步法、四步法、多步法等，依照以上几种方法可以编织出横截面形状为矩形的预制件。此外，借助减纱和加纱工艺，还可编织出截面尺寸沿长度方向变化的变截面三维编织物。

一、旋转式三维编织

（一）旋转式三维编织的基本原理

旋转法三维编织是在旋转二维编织技术上发展起来的角轮（horn gear）驱动工艺。旋转式二维编织中通常有两组携纱器，一组携纱器（图 8-10 中的黑点）绕圆心顺时针带动纱线循环转动，另一组携纱器（图 8-10 中的白点）绕圆心逆时针带动纱线按相反轨迹循环转动，使纱线相互缠绕形成编织物。旋转式三维编织工艺中携纱器的组数和移动路径比二维编织更加多样和复杂，如图 8-11 所示，利用角轮和拨盘的规律运动，使纱线按照预定的轨迹运动，进而相互交织形成织物。

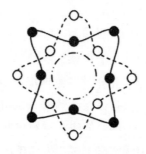

图 8-10　旋转式二维编织的携纱器运动轨迹图

（a）旋转式三维编织底盘轨道

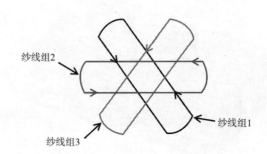

（b）携纱器的移动路径

图 8-11　旋转式三维编织

在旋转式编织机中，角轮通过轮系驱动，所有角轮同时运动，且转动方向相反，而每一个拨盘独立驱动。通过选择拨盘的运动状态，可以灵活控制携纱器的轨迹，理论上携纱器可以运动至编织机的任意位置。因此，在该种编织机上，整体编织工艺并不局限于方形截面预制件的编织，所有矩形组合截面的织物均可在该种编织机上实现，常见的截面形状有 L 形、T 形、I 形等。编织时，机器循环周期内的动作不变，角轮和拨盘的配置以及携纱器的轨迹如图 8-12 所示。

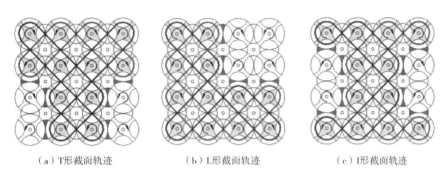

（a）T形截面轨迹　　　　　（b）L形截面轨迹　　　　　（c）I形截面轨迹

图 8-12　矩形组合截面三维编织结构的携纱器轨迹

（二）旋转式三维编织的产生与发展

旋转式编织机（图 8-13）也可称为角轮式编织机，起源来自传统的二维编织机。1991 年，Tsuzuki 等使用角轮机构驱动携纱器，当某个携纱器由角轮旋转驱动到相邻角轮的缺口位置后，相邻的角轮旋转，将其移动到另一个角轮；角轮阵列可以排布为带状和平面任意形状，从而满足编织需要。

2000 年，Laourine 等发明的 Herzog 旋转式三维编织机（图 8-14）加入特制的离合装置，易于控制携纱器的停止和旋转，可随意将携纱器切换到循环状态或转移状态。

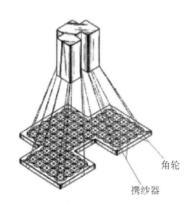

图 8-13　Tsuzuki 旋转式三维编织机

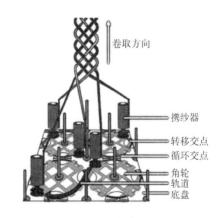

图 8-14　Herzog 旋转式三维编织机

2002 年，Mungalov 等在相邻的角轮间增加了转换装置，使得相邻角轮能在同一时刻旋转时不发生冲突（图 8-15）；随后，3TEX 公司根据其生产了旋转式三维编织机的样机。

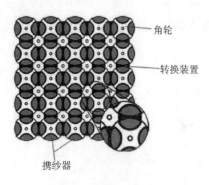

角轮

转换装置

携纱器

图 8-15　增加了转换装置的 Herzog 角轮阵列

图 8-16　美国 ALBANY 公司的圆型三维编织机

此外，美国 Atlantic Research 公司耗资 1000 多万美元研制生产了可挂 14000 根纱线的圆型编织机，直接为美国航天航空部门编织三维织物。图 8-16 为美国 ALBANY 公司研制的圆型三维编织机，可挂 1000 根编织纱线。

2008 年，北京柏瑞鼎科技有限公司完成模块式三维编织平台（图 8-17），可根据需求，搭建适合用户生产的可方便重组、可扩展的三维编织平台。其中包括矩形及其组合形状三维编织平台和圆形三维编织平台。

图 8-17　北京柏瑞鼎科技有限公司的模块式三维编织机

（三）旋转法三维编织设备

旋转法编织机由传动机构、角轮盘、拨盘、携纱器和提升装置组成。其纱锭安装在角轮缺口处，由图 8-18 可以看出角轮的缺口排布为 90°，因此决定了其运动形式，即每次需要精确运动 90°或 90°的整数倍。以相邻两个角轮与其中间的拨盘为例，角轮每转动 90°，相邻角轮缺口的圆心将重合，两缺口组成一个圆形的空间，此时两角轮中间的拨盘可以自由转动，称这一位置为"交换点"。角轮运动至交换点后停止，此时可以选择拨盘是否运动。当拨盘为运动状态时，携纱器将在拨盘的带动下从一个角轮转移至另一个角轮，纱线将产生交织，在提升机构的作用下，纱线交点向上延伸，形成织物结构。在这种情况下，携纱器在编织台面上的轨迹为 8 字形路线。在成型结点所在平面处收紧，可以得出如图 8-18 所示的相互交织的结构。

当拨盘为静止状态时，在交换点处携纱器不发生转移，携纱器下一步仍然跟随同一角轮。在这种情况下，携纱器在拨盘处折返，形成边界。如果携纱器始终在同一个角轮上转动，携纱器在编织平面上的轨迹为 O 形。因此纱线呈螺旋结构延伸，并不发生交织，如图 8-19 所示。

推广到多个角轮的情况下，每当角轮运动至交换点处，拨盘为运动状态时，携纱器将被交换至不同的角轮。携纱器每经过一个拨盘，将会产生一个交织点，与多个纱线依次产生交

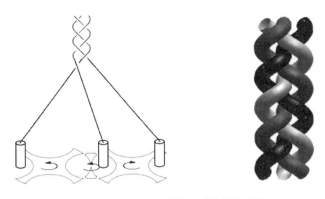

图 8-18　拨盘为运动状态时的纱线结构

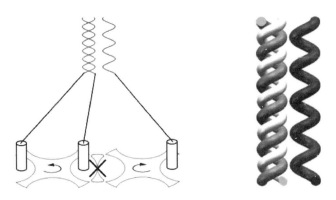

图 8-19　拨盘为静止状态时的纱线结构

织后，将形成复杂的三维整体织物编织结构。因此拨盘的状态决定了携纱器的轨迹，利用这个特点，合理配置拨盘的状态，可以获得多种复杂的编织结构。

二、二步法三维编织

（一）二步法三维编织的定义及基本原理

二步法三维编织包含两个纱线系统，一个纱线系统为编织纱，另一个纱线系统是轴纱。在编织过程中，轴纱保持不动，编织纱按一定的规律运动，相互交织，并把轴纱捆绑起来，从而形成一个不分层的三维整体结构。在编织过程中纱线在机器上的排列形式经过两个机器运动步骤之后又恢复到初始状态，即两个机器运动步骤为一个循环，故称作二步法三维编织。

（二）二步法三维编织的产生与发展

二步法三维编织是三维编织的一种，它以独特的结构和优异的力学性能，在纺织复合材料领域中占有一席之地。其制造过程是先采用二步法编织技术编织纱线得到预制件，然后预制件与基体经过成型工艺得到复合材料。同其他三维编织方法相比较，在二步法的三维编织过程中，携纱器的运动规律相对简单，同时得到的预制件具有很高的纤维体积含量，大量的轴向纤维束使得材料轴向力学性能优异，成为轴向承力复合材料的首选材料。二步法三维编织预制件是一个没有分层的整体结构，其在复合材料内部呈现三维五向的网状结构，因此能显著提高其复合材料的性能。许多国内外研究人员从编织工艺、细观结构、力学性能等方面对二步法三维编织复合材料进行了研究。

1988 年，Popper 和 Mcconnell 提出了二步法三维编织工艺同时申请了专利，他们认为二步法三维编织工艺是众多编织方法中运动部件最少的一种编织形式，相对较容易实现机器的自动化编织。而且采用二步法三维编织还可以编织出多种外型的构件，除了方型的样式外，还可以编织圆管、工型梁和 T 型梁等样式的构件，该类复合材料的轴向性能十分优越。1988 年，Ko. Soebrto 和 Lei 对于轴纱采用碳纤维，编织纱采用 K-49 纱线的二步法三维编织预制件的力学性能进行了测试分析。实验结果表明，此种预制件拉伸模量、强度以及弯曲性能都比较好，适用于一定厚度结构件的编织，可以用于直接承重。1990 年，Li 对二步法圆型和方型三维编织均进行了分析，给出了细观结构及工艺参数的关系，他认为纱线截面均是圆形的，同时做了大量的试验以验证理论分析，建立了用于预测纱线取向角、编织尺寸和纱线体积含量的预制件结构模型。1991 年，Byun 和 Chou 等总结了二步法三维编织预制件中影响复合材料力学性能的纤维束结构。在确定了微观结构特点同时，提出了一种方法，即根据贯穿复合材料横截面和花节长度的大单元体进行分析，该种方法对于具有比较复杂结构的编织复合材料十分有效。1996 年，Du 等给出了二步法方型编织预制件中的细观结构和纱线的交织情况，分析得知，内部、边上和角上三个位置的轴纱形状不同。同年，Byun 和 Chou 等更进一步研究了二步法三维编织复合材料的特性，同时与四步法进行了对比分析确定了单元体的结构和工艺参数，并通过预测预制件加工范围估计出相应的工艺参数。

在国内，孙颖等对二步法三维编织复合材料的三维五向空间结构进行了大量的定性和半定量的宏观性能和细观结构的实验工作，定量地计算了轴纱受编织纱捆绑挤压的变形量大小；并通过"单元胞体叠加法"推导出计算平均内部编织角、纤维体积含量和复合材料外形尺寸的工艺计算公式；最后对二步法编织的复合材料的轴向拉伸、轴向压缩和三点弯曲等主要力学性能进行了测试和计算。上述研究为二步法三维编织的发展奠定了基础。

（三）二步法三维编织的分类

根据二步法三维编织的概念可知，在二步法三维编织中，编织纱线在机器底盘上的排列形式与最终制件的横截面形状有关。根据最终制件的形状可将二步法三维编织分为两类。

（1）方型编织。编织出横截面为矩形或矩形组合的织物。

（2）圆型编织。编织出横截面为圆形或圆形组合的织物。

1. 二步法方型编织 二步法方型三维编织原理：在编织过程中，第一步将所有编织纱线一隔一以相反的方向沿对角线运动，即一半的纱线沿对角线从左向右穿过轴向纱线，另一半则沿对角线从右向左穿过轴向纱线，如图 8-20（a）所示；第二步与第一步运动方向相反，如图 8-20（b）所示。在整个过程中，每根纱线都穿过一部分或者全部的编织结构，通过以上两个步骤的重复运动，编织纱线沿着所遵循的路径完全嵌入轴向纱线的阵列中，从而形成一定编织结构的预制件。

2. 二步法圆型编织 二步法圆型三维编织原理：轴纱按圆圈排列，每一周称为一层，以

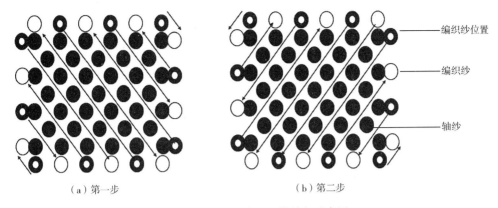

（a）第一步　　　　　　　　　（b）第二步

图 8-20　二步法方型三维编织示意图

m 表示；两相邻层的纱线交错排列，每一层的轴纱数为 n。一般情况，m 取奇数，n 取偶数，并以轴纱的层数和每层的轴纱根数定义圆型编织物，记为：$m \times n$。编织纱排列在轴纱内部或外部，间隔排列，如图 8-21 所示。第一步：编织纱沿一方向倾斜的轨道，穿过轴纱，相邻两个轨道上的编织纱运动方向相反，如图 8-21（a）所示。第一步完成后，所有空的位置上有编织纱；第二步：编织纱沿一方向倾斜的轨道，穿过轴纱，相邻两个轨道上的编织纱运动方向相反，如图 8-21（b）所示。经过两个步骤后，编织纱线沿着所遵循的路径完全嵌入轴向纱线的阵列中，从而形成一定编织结构的预制件。

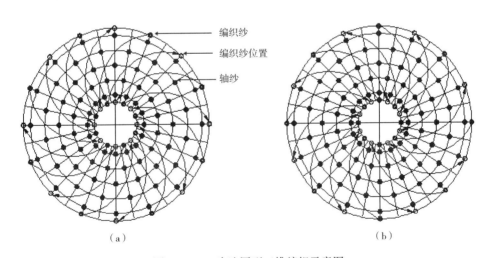

（a）　　　　　　　　　　　　（b）

图 8-21　二步法圆型三维编织示意图

此外，圆型编织可以编织截面为圆环状的预制件，例如管、锥套等。

（四）二步法三维编织设备简介

二步法三维编织机主要包括携纱器、导轨、纱线系统、提升机构以及机器底盘五个部分，如图 8-22 所示。

（1）携纱器。用来挂编织纱，可在导轨中运动。

（2）导轨。主要部件，上开导槽，中间可挂不动纱；相邻导轨上导槽位置相对时形成携纱器的一个运动轨道，导轨运动形成另一轨道。

（3）纱线系统。主要有轴纱和边纱；轴纱按行和列排布，边纱间隔排列于轴纱周围。

（4）提升机构。用来提升已成型的预制件。

（5）机器底盘。安装导轨和驱动机构。

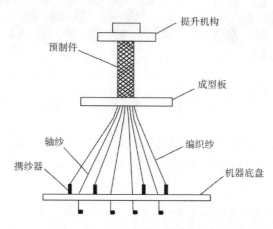

图 8-22　二步法三维编织机示意图

由图 8-22 可以看出轴纱和编织纱挂在机器底盘的携纱器上，然后集中到提升机构上，调整好张力后，编织过程开始。编织纱沿与预制件表面成呈±45°方向有序地来回穿插。编织纱所在的携纱器每完成一个两步的机器循环，就进行打紧动作，使预制件成型，得到一个节距长度（h）的预制件，提升装置把预制件移开成型区，不断重复以上步骤，编织纱和轴纱就相互交织成一个特定长度的三维编织预制件。

（五）二步法三维编织的特点

（1）预制件的整体形状一次成型，避免了材料的后加工给纤维带来的损伤，简化了复合材料的加工工艺。

（2）编织过程中机器运动部件比较少，编织运动规律相对简单。

（3）轴向纤维比率大，可以达到80%，材料沿轴向的力学性能比较突出，是轴向承重载荷构件的首选材料。

（4）可以编织多种异形构件，如工字形、L形、工字梁等。

（5）根据不同用途灵活选择轴纱和编织纱的种类和规格。

（6）由于预制件的横截面尺寸受到编织机器规格的限制，所以预制件的幅宽比较窄，适用于横截面较小的编织。

三、四步法三维编织

由于一个编织循环包括四个机器运动，故称此名。四步法编织也称为行列式编织，其源于 Florentine 在 1982 年提出的专利方法。编织纱线以行和列的方式排列成一个矩阵，每一根编织纱线由一个携纱器单独控制，携纱器沿行和列作交替运动，形成具有一定尺寸和形状的整体预成型体。

码 8-2　四步法三维编织

（一）四步法三维编织的基本原理

携纱器按照行（m）和列（n）的形式分布在编织机底盘上，并在 X 和 Y 方向上运动，预制件成型于 Z 方向，如图 8-23（a）所示。在一个机器循环中，携纱器运动分四步，且每步运动相邻一个位置。四步法具体编织步骤如下：

第一步：（列运动）相邻列上的携纱器沿相反方向运动。

第二步：（行运动）相邻行上的携纱器沿相反方向运动。

第三步：（列运动）与第一步运动的方向相反。

第四步：（行运动）与第二步运动的方向相反。

经过携纱器四步的运动，携纱器在机器底盘上的排列恢复到初始位置，完成一个机器循环，如图 8-23（b）所示。在一个机器循环中获得的预制件长度即为为花节长度（h）。重复上述编织步骤并辅以相应的"打紧"工序使纱线相互交织在一起形成最终结构。

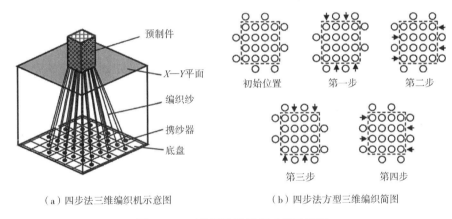

（a）四步法三维编织机示意图　　　（b）四步法方型三维编织简图

图 8-23　三维四步法编织工艺示意图

四步法编织工艺制备的织物整体成型，损伤容限较大。相比二步法编织而言，四步法可以通过改变携纱器的编织模式而灵活设计编织体的内部结构，从而编织出各种形状的编织预制件，具有更强的设计性。

（二）四步法编织的产生与发展

1981 年，General Electric 的研究人员开发的 Omniweave 是三维编织技术的一个新发展。这两种方法的编织机理不同于传统的编织技术，采用不连续的行和列的运动取代了角轮连续运动，出现了四步法三维编织的雏形。1982 年，Floretine 申请了一个专利为 Magnaweave 的机器设备，使四步法三维编织得到了彻底完善。同时他提出了 21×21 由气动驱动的方型四步法编织机，由开关控制行和列的驱动，纱管直径为 3.81cm（1.5 英寸）。随后，美国大西洋研究公司生产了一个大型四步法三维编织机，携纱器 64×194。编织的形式为四步法 1×1 编织，基本为定长编织。1982 年，Ko. F. K. 首次定义了代表四步法 1×1 方型编织预制件中纤维构造的单胞。它是一个立方体，具有与预制件截面相同的取向，长度为一个编织花节，含有四根主对角线方向的纱线，每根纱线与编织方向的夹角为编织角 γ。1989 年，北卡罗来纳州立大学研制成功了一种全自动连续喂纱的四步法编织机，它的携纱器数量比较少，但是全自动连续喂纱，这是一个很重要的进展。1990 年，Li 采用实验的方法研究了四步法 1×1 编织预制件的内部纱线结构，并在纱线为伸直的圆形横截面假设基础上，定义了代表性单胞，推导了编织工艺参数间的关系。Li 定义的单胞在拓扑上不同于 Ko 所定义的单胞，Li 的单胞取向与 Ko 的单胞关于编织轴有 45° 的偏转。同时 Li 还发现预制件表面的纱线结构不同于内部的纱线结构。1994 年，Wang, Y. Q. 等提出了一种描述三维编织预制件的纱线拓扑结构分析方法，定义了三种不同的单胞模型，内部、表面和棱角单胞。内部单胞的几何形状为一长方体，包含四组相互交织的纱线，纱线结构与 Li 的结论一致。表面和角单胞的几何形状均为三棱柱体。表面单胞内含有两组相互交织的纱线，角单胞中含有一组平行的编织纱线。1996 年，天津工业大学复合材料研究所研制成功了目前世界上挂纱根数最多的一台由计算机控制的全自动三维编织机，可挂编织纱线 2 万根，不动纱 2 万根。编织由计算机控制，可编织异型构件。1998 年，陈利采用实验和理论分析相结合的方法，系统地分析了三维编织预制件的细观结构，定义了内部、表面、棱角的单胞模型。在实验观察的基础上建立了椭圆形纱线横截面的假设，推导了编织工艺参数的关系，考虑了复合固化和纱线填充因子对预制件细观结构的影响。2002 年，陈利等采用最小二乘法拟合了编织纱线的运动轨迹，定义了三种单胞：内部、表面、棱角单胞。所有单胞的取向与预制件的取向相同，有利于力学分析。

（三）四步法三维编织的分类

由四步法三维编织的概念可知，在四步法三维编织中，编织纱线在机器底盘上的排列形式与最终制件的横截面形状有关。根据最终制件的形状可将四步法三维编织分为两类：

（1）方型编织。编织出横截面为矩形或矩形组合的织物；

（2）圆型编织。编织出横截面为圆形或圆形组合的织物。

1. 四步法方型编织

（1）四步法方型三维编织设备。四步法方型编织机主要包括四部分：携纱器、导轨、驱动装置、机器底盘，如图 8-24 所示。

①携纱器。携纱器上挂有编织纱线，安装在导轨的导槽内，并可在导槽内运动。

②导轨。主要的运动部件。导轨上开有间距相同的导槽，用来安装携纱器，在导槽之间有挂不动纱的挂纱器。

③驱动装置。驱动机构：驱动导轨运动和携纱器沿导槽运动，完成编织过程。驱动方式可采用电动和气动，并可由计算机控制。

④机器底盘。安装导轨和驱动机构。

（2）四步法方型三维编织携纱器在机器底盘上的运动轨迹。

①携纱器在机器底盘上沿一定的轨迹运动，每一条运动轨迹都包含了一组携纱器，并决定了它们的位置，这特别有助于由若干不同类型纱线组成的混杂编织。

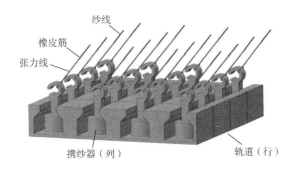

纱线

橡皮筋

张力线

携纱器（列）　　　　　　　　　　　　　　　　轨道（行）

图 8-24　四步法编织设备示意图

②编织过程中，四步完成一个机器循环，运动轨迹相同的携纱器在机器底盘上的排列相差一个机器循环运动间距。在同一时间，它们在同一轨迹的不同位置开始运动。

③携纱器经过若干机器循环后都回到原来的位置，对于 $m \times n$ 方型编织，携纱器的个数 N_r（纱线根数）为：

$$N_r = m + n + mn = (m + 1)(n + 1) - 1$$

（3）四步法方型三维编织物的命名与特点。四步法方型三维编织物以主体行（m）和列根数（n）命名，如 $m \times n$ 预制件。例如，8×6 即代表 8 行 6 列编织预制件。

（4）四步法方型三维编形式。四步法方型编织有多种形式。依据行和列上边纱的多少以及不动轴纱的加入与否，四步法方型编织有多种变化形式。而边纱的多少决定了编织过程中携纱器每步移动的间距。

前边所讲的编织形式是四步法方型编织的基本形式，也是应用最为广泛的一种形式，即 1×1 形式，表示在行向和列向边纱的根数为 1，即在每步运动中携纱器移动一个携纱器位置。其他形式如 1×2、2×2、1×2×1/2F 等。第一个数表示每一行向上边纱的根数或行运动的携纱器位置数；第二个数表示每一列向上边纱的根数或列运动的携纱器位置数；第三个数（如果有）表示所加不动轴纱与编织纱的比例。F 表示不动轴纱，加入不动纱后形成五向交织结构。不动轴纱在编织过程中保持伸直，并由编织纱线束缚，可以提高材料沿不动纱加入方向的力学性能。

2. 四步法圆型编织

（1）编织纱线在机器底盘上的排列形式。圆型编织的编织纱线按圆周和径向排列构成主体纱阵，其中半径方向的携纱器数称为层数，用 m 表示，圆周方向的携纱器数称为列数，用 n 表示，n 为偶数。主体纱内外间隔排列边纱，边纱列数为 $n/2$，如图 8-25 所示。

（2）编织步骤。四步法圆型编织步骤如图 8-26 所示，图 8-26（起始位置）为携纱器在机器底盘上排列的初始状态。

第一步：相邻径向的携纱器沿径向做相反方向运动，

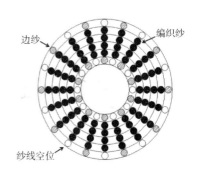

边纱　　　　　　　编织纱

纱线空位

图 8-25　圆型编织纱排列示意简图

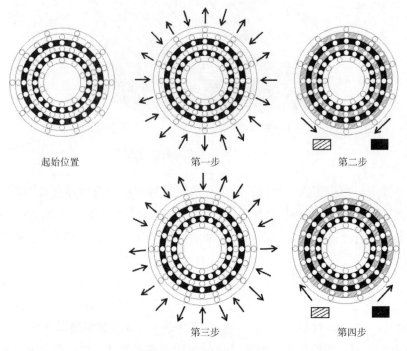

起始位置　　　　　　　　　第一步　　　　　　　　　第二步

第三步　　　　　　　　　第四步

图 8-26　四步法圆型编织

运动后携纱器在底盘上的排列形式如图 8-26（第一步）所示；在这个过程中原来的边纱被推进主体纱中，在列的另一端形成新的边纱。

第二步：相邻周向的携纱器沿周向做相反方向运动；此过程仅主体纱运动，且携纱器只移动一个步进距离，运动后携纱器在机器底盘上的排列形式如图 8-26（第二步）所示。

第三步：与第一步运动的方向相反，运动完成后的状态如图 8-26（第三步）所示。

第四步：与第二步运动的方向相反，运动完成后所有携纱器初始位置，如图 8-26（第四步）所示。

经过携纱器四步的运动，携纱器在机器底盘上的排列形式又恢复到初始排列的形式，完成一个机器循环。在机器运动过程中，边纱在机器沿圆周方向运动时保持不动。

（3）四步法圆型三维编织的命名。圆型编织中，处于同一直径圆周上的纱线称为一"层"。层数用 m 表示，每层的纱线根数用 n 表示，即织物表示为 $m \times n$ 圆型编织物（预制件）。对于 $m \times n$ 圆型编织，携纱器的个数 N_t（纱线根数）：$N_t = n(m + 1)$。

（4）四步法圆型三维编织的形式。四步法圆型编织形式与方型编织类似，也有多种形式，如 1×1、1×2、2×2、$1 \times 1 \times 1/2F$ 等。其中 1×1 为基本的编织形式，也是最广泛的编织形式之一。携纱器在每步运动中只移动一个携纱器位置，而且沿径向排列的边纱根数也为 1。另外，较常用的编织形式为 $1 \times 1 \times 1F$、$1 \times 1 \times 1/2F$ 等加不动纱的编织形式，这种结构为三维五向交织结构。

（四）四步法三维编织的特点

（1）基本的四步法三维编织使每根纱线都能通过织物的长、宽、厚三个方向，从而使纱线相交形成不分层的三维整体网状结构。织物中所有纱线的取向均与织物成型方向有一定的夹角。

（2）基本1×1编织的织物是一种三维四向结构，在基本形式中加入不动纱线系统，该系统纱线平行于织物成型方向，且在编织过程中保持不动，形成三维五向结构。

（3）适用于多种异型构件的整体成型，如圆型、方型、工型、L型、Ⅱ型、盒型、锥型等。

（4）有多种变化编织形式，适用不同的需要。

（5）由于机器设备的限制不适合编织尺寸较大的预制件，特别是在宽度方向上。

四、多步法三维编织

多步法三维编织是专门针对如T型、工字型、回型等异型构件成型编织而采用的方法。采用普通的四步法三维编织工艺不能对上述矩型组合的异型构件进行正常编织，因为在一个编织循环中需要经过多步运动（超过四步）之后携纱器的排列才恢复到初始位置。但其编织实质思路没变，多步法编织就是将编织构件拆分为有限的矩型编织单元，然后分组编织。以工字型为例，八步法三维编织工艺示意如图8-27所示。第一至第四步编织上下两个矩形，第五至第八步编织中间的矩形，经过八步运动之后，纱线排列恢复到初始位置，完成一个编织循环；重复此操作，工字梁即可编织成型。因此，横截面越复杂，一个编织循环中的步数就越多。综上所述，多步法可以认为是四步法的组合和衍生，其具体编织原理与设备在此不再赘述。

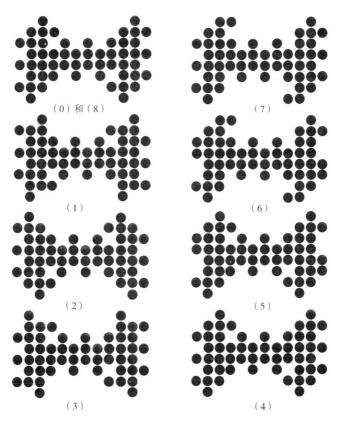

（0）和（8）　　　　　（7）

（1）　　　　　（6）

（2）　　　　　（5）

（3）　　　　　（4）

图8-27　八步法三维编织工艺示意图

五、变截面三维编织

（一）概述

实际应用中，绝大多数复合材料并不是等截面结构件，而是截面尺寸沿长度方向变化的变截面异形件，如飞机旋翼桨叶、风力发电机叶片、导弹壳体防热套等。目前，基本的成型工艺只能制备等截面结构件，获得变截面外观的主要方法是在相应等截面试件基础上进行切削、打磨等机械加工。然而，三维编织复合材料具有高度整体化的空间互锁网状结构，通过切削和打磨的方式会使纤维严重损伤，试件结构完整性破坏，力学性能大幅衰减。因此，需要采用三维整体编织技术净尺寸成型异形结构件，避免后续加工造成材料损伤，有效保证纤维的连续性、结构的整体性与力学性能的稳定性。

采用三维整体编织技术净型制备变截面预制件构件，需要借助减纱或者加纱工艺沿编织轴向调整纱线数量和纱线排列等工艺参数。如果变截面构件从尺寸较大的一端开始编织，则需要进行减纱操作，相反，则需要加纱操作。加纱工艺原理与逐渐减纱类似，因此，以下只叙述常用的减纱操作。

（二）变截面三维编织减纱原则

1. 保证增减纱后具有连续的可编织性 保证增减纱后可以继续运行四步法编织规律，即要求每行主体纱线数量相同，每列主体纱线数量相同，且 m、n 不小于 2。所以增减纱点的总数应是整行或者整列的结构单胞，纱线调整后通过均匀化处理使携纱器排列仍保持完整的方型编织状态。

2. 尽量保证预制件的结构均匀变化 预制件结构中一个单元被减掉后，旁边的单元平移填补过来，编织结构与原来一样。所以增减纱点的最小单位应为重复性携纱器单元，此单元在整个机器上应尽量均匀分布，否则增减纱后新携纱器轨迹与原对应的纱线运动路径差异大或相反，容易使结构出现大的不匀或孔洞缺陷。表面纱线应与其对应内部位置和走向同时进行增加或减少，不允许出现较长缺纱点，以保证表面纹路清晰，结构一致。

（三）变截面三维编织方法

目前主要应用的减纱方法可以分为三类：减少纤维束细度法、逐行或逐列减纱法和逐点减纱法。在实际变截面制件编织过程中，上述三种方法都比较常用，在复杂异型件中可联合使用。

1. 减少纤维束细度法 在三维编织过程中，根据需要将每个携纱器所挂纤维束细度减少，携纱器数量和排列不变。三维编织复合材料所用高性能纤维主要包括碳纤维、玻璃纤维、芳纶、石英纤维等具有高强度和高模量的纤维。这些纤维或纤维的原丝是由成纤高聚物通过纺丝方法制得的，实际编织用纤维束或纱线包括成千上万根单丝。例如常用的 12K 碳纤维，其中包含 12000 根单丝，单丝无捻度，单丝之间无粘连。所以理论上减任意细度都是可以实现的。实际操作中，由于手工操作限制，很难将单丝精确地分离出来，同时细度太低的高性能纤维织造起来困难，容易起毛、断丝，造成性能下降。所以一般将编织纱线利用较细的纱线合股进行编织，在需要减纱的地方细度减至原来的 1/2 或 1/3。例如，将 6K 两合股进行编织，在需要减纱的地方减去一股纱线。

（1）减少纤维束细度法的特点。

优点：利用减少纤维束细度来改变截面尺寸，携纱器的运动规律不改变，不用改变机器的控制程序。纤维束在预制件内的走向与未减纱时一致，细观结构容易分析。同时工人容易理解和操作。

缺点：细度的一致性控制不是很精确。由于携纱器数量不变的限制，截面变化不能很大。出现不同细度纤维束在预制件内部同时存在的情况，对最终材料的性能均匀度有影响，尤其对功能性复合材料的性能影响比较明显。

（2）减少纤维束细度法的适用范围。异型构件概念中，有一类属于截面逐渐变化的构件，可以通过减细度来实现。尤其是锥度变化较小时，或需要实现可调锥度时。例如矩形截面试件，锥度很小要求整体纤维束变化小于一整行或一整列，这时就需要采取减细度的方法。

2. 逐行或逐列减纱法　逐行或逐列减纱法即在成型过程中，一次性减掉整数行或整数列的纤维束，其他纤维束仍维持四步法的排列规律。如图8-28所示，图中涂成黑色的纱线是被减掉的部分。

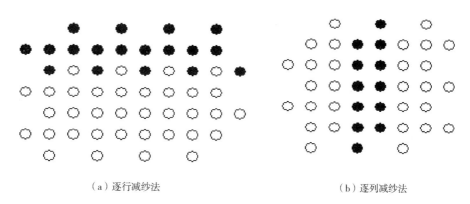

（a）逐行减纱法　　　　　　　　　　　　（b）逐列减纱法

图8-28　逐行或逐列减纱法示意图

逐行或逐列减纱在厚度或宽度的边缘处发生，会在织物上形成阶梯。在携纱器排列的中部发生，会在织物中形成通透的孔洞。可以根据实际异型构件的外形需要选择不同的方案。

（1）逐行或逐列减纱法的特点。

优点：逐行或逐列减纱操作比较容易，纱线减掉后携纱器进行平移组合仍然为四步法行列式排列。

缺点：使纱线的断头集中，对力学性能造成缺陷。随着余下纱线编织的继续进行，减掉纱线的断头失去张力束缚，会发生脱散，需要相应的固定处理。

（2）逐行或逐列减纱法的适用范围。主要适用于截面突变的复合材料制件。当纱线排列数太少时，例如 $m<3$ 或 $n<3$ 时不能用此方法。

3. 逐点减纱法　根据需要，将应该减掉的纱线按重复性单元逐点均匀分布在整个机器底盘上；再根据纤维体积含量的要求，确定减纱点处编织纱线的粗细，再通过编织纱线的移动，并股再减细的方法实现预制件的截面变化，完成变截面预成型件的三维多向整体编织。

（1）逐点减纱法特点。当减纱数量较多且发生在内部时，逐点减纱能避免在织物内出现大的缺陷。欲使减纱点均匀分布，减纱点排列需要根据实际情况进行设计。

（2）逐点减纱法的适用范围。逐点减纱适用范围较广，一般可以实现任意锥度和任意方向的尺寸变化，例如构件尺寸只有一个方向缩小而其他方向不变时。

4. 减纱单元编织原理 逐行、逐列和逐点减纱属于单元数量减少法，即将需要减掉的纤维束按照单元划分，通过分次逐步移除一定数量的减纱单元来缩减截面面积，可以实现任意锥度和任意方向的尺寸变化。减纱单元必须沿编织阵列的列方向或行方向依次排满，减纱点数量必须是整列或整行结构单元的整数倍。设计减纱点数量时，要以预制件的最大端面为基准，根据截面尺寸变化情况、纱线细度和预制件结构，计算出满足要求时需要减掉的纱线总根数。设计减纱点排列时，要保证各减纱点间互不紧邻，彼此间隔一定数量互不连通的编织纱，从而均匀分布在减纱截面内。减纱点中的纱线被减掉后，与被减纱线运动规律相同的相邻纱线将依次平移，填充空缺纱线的位置，编织纱阵列缩减，然后所有纱线按照移纱后的交织规律参与后续编织。

5. 减纱单元纱线的运动轨迹 由于被减纱线的抽出和未被减纱线的移动，变截面三维编织预制件的内部结构在减纱截面位置发生改变，形成特殊的表面减纱单元和内部减纱单元，而其他位置的内部结构则与矩形等截面预制件相同。图8-29为单元减纱预制件在变截面区域的外观结构照片。

由于减纱单元在横截面内均匀分布，编织体表面没有形成明显的纱线断头和通透性孔洞，在纱线张力作用下，预制件边缘呈平滑的梯形过渡，尺寸收缩比较均匀。减纱前，所有纱线形成规则的表面交织纹路，减纱截面附近，表面纱线的走向发生改变，花节交织情况也略有变化，出现一条较长的表面花节线，若干编织循环后，纱线编织角和花节长度又恢复至与减纱前相同。追踪表面减纱单元内携纱器的运动轨迹，通过拓扑分析方法建立表面减纱单元中纱线的几何交织结构，如图8-30（a）所示。将表面减纱单元05-14-15减掉，则与其紧邻的表面移纱单元03-12-13会平移到该位置，填补相

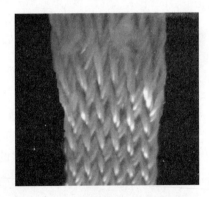

图8-29 减纱区域的表面结构

应的纱线空缺，并按照05-14-15处的运动规律进行后续编织。以携纱器05为例，运动到表面时被减掉，则携纱器03移动至05处，并在两步后占据05应该到达的位置，之后携纱器03恢复为正常的四步法运动规律。经过上述减纱、移纱操作，表面结构循环单元减少一个，表面携纱器阵列减少两列。内部减纱单元中纱线的运动轨迹如图8-30（b）所示，将内部减纱单元44-45-54-55减掉后，平移相邻的内部移纱单元42-43-52-53填充相应的纱线空缺，并按照移纱后所处位置的运动规律继续参与交织。例如携纱器44被减掉后，携纱器42会按照携纱器44的运动规律遍历44应该到达的位置，内部结构循环单元减少一个，内部携纱器阵列减少两列。分析图8-30（a）和图8-30（b）可以发现，减纱前后纱线的倾斜方向不变，

不会出现纱线走向相反的现象，因此不会形成明显的减纱结构缺陷。表面与内部减纱单元中纱线的编织角均比减纱前有所增大，且纱线的长度增加，几个编织循环后，编织角、纱线长度等结构参数又与减纱前保持一致。

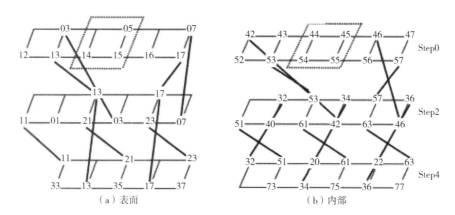

（a）表面　　　　　　　　　　（b）内部

图 8-30　表面及内部减纱单元的纱线运动轨迹

因此，减纱单元以运动规律重复的最小携纱器阵列为基本单位，至少包括同行或同列上相邻的两根编织纱线，为保证减纱后仍具有连续的可编织性，减纱单元必须沿列或行方向依次排满。采用单元减纱方法编织变截面预制件时，应使减纱单元在截面内均匀分布。在纱线张力作用下，变截面预制件在减纱截面附近呈现平滑的梯形过渡，由于被减纱线的抽出和未被减纱线的移动，表面与内部减纱单元中纱线的编织角增大，长度增加，若干运动循环后，编织角、纱线长度等结构参数又与减纱前保持一致。

第四节　三维编织复合材料的细观几何结构

一、三维编织复合材料细观结构

相对于其他纤维增强复合材料，三维编织复合材料优异性能的获得完全依赖于其独特的纤维交织结构，正确认识其细观结构是进行力学性能研究的基础。细观几何结构模型的研究主要包含纱线空间拓扑模型和纱线截面两个重要部分。其中，细观拓化模型的发展经历了一个从简单米字形到复杂完整三单胞的过程。

20世纪90年代以前，学者们对其细观结构进行了大幅简化。Ko提出了"纤维构造"的术语，首次定义了矩形截面预制件中表示纤维构造的单胞模型。以此为基础，Ma等根据复合材料内纱线的相互作用建立了米字形单胞模型，这些模型为理论计算提供了一定的依据，但并不能反映材料内部的真实结构。

20世纪90年代以后，研究人员对其进行了更为深入的研究，逐步建立起符合其细观结构特征的单胞模型，并据此建立了工艺参数与结构参数之间的关系。此后的研究工作大都采用控制体积法来建立单胞模型，并对复合材料内部纤维束的空间分布和截面形状进行了探索，以提高模型精度。此外，一些学者开始研究纤维束受挤压截面形状的变化，完成了从规则的圆形到四边形、六边形或八边形的过渡，更加真实地反映了三维编织复合材料的细观几何结构。

本节将从三维四步法 1×1 编织规律出发，研究各区域纱线的运动轨迹和空间构型，深入分析三维四向编织复合材料内胞、面胞和角胞的细观结构特征。假设纱线横截面为特定形状并考虑各区域纱线的挤压状况差异，以样条曲线拟合纱线空间轨迹，系统建立三维四向编织复合材料的三单胞实体结构模型。

二、四步法三维四向编织纱线面内运动规律

每个携纱器携带一束纱线，携纱器牵引着纱线在机器底盘上做周期性的交错四步运动。在连续的编织过程中，每一个携纱器沿着固定的折线轨道，穿越内部，遍历所有边界，经过若干步后回到起始位置。

对于内部区域纱线运动，以携纱器 22 为例，该携纱器沿 Z 字形连续运动，4 步运动位置点分别为 A、B、C、D 和 E。携纱器的位置点也是纱线运动轨迹的控制点，但位置点对编织纱线的控制是暂时的，随后由于"打紧"工序中纱线张力的作用，纱线在水平面内的投影沿携纱器连续运动方向。采用最小二乘法对携纱器相关运动位置点进行拟合，获得了编织纱线面内运动轨迹，轨迹为携纱器运动过程中相邻位置点中点的连线，如图 8-31（a）中内部区域 $A'E'$ 所示。

对于表面区域纱线运动，以携纱器 62 为例，该携纱器运动 5 步的位置点分别为 F、I、J、J'、I' 和 K，纱线由内部区域进入表面后再返回内部区域，其中 $J—J'$ 停动一步。表面纱线面内运动轨迹为折线段，如图 8-31（a）中表面区域 $Q—R—S$ 所示。

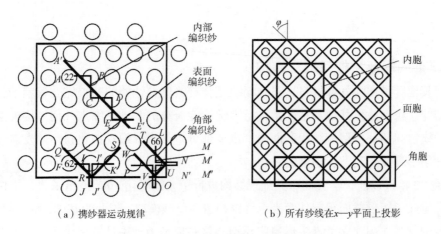

（a）携纱器运动规律　　　　　　　　（b）所有纱线在 x—y 平面上投影

图 8-31　三维四向编织纱线面内运动规律

对于角部区域纱线运动，以携纱器 66 为例，该携纱器运动 8 步的位置点分别为 L、M、

N、N'、M'、O、O'、M'' 和 P，纱线由内部区域进入角部区域后再返回内部区域，其中 N—N'，O—O' 各停动一步。角部纱线面内运动轨迹为双折线段，如图 8-31（a）中角部区域 T—U—V—W 所示。

图 8-31（b）为所有编织纱线的 x—y 面内运动轨迹。编织纱在 x—y 面内的投影与 y 轴之间的夹角 φ 定义为水平取向角，理想状态下 $\varphi = \pm 45°$。

三、三维四向编织纱线的空间运动规律

由编织纱线的面内运动规律分析可知，各区域携纱器的运动规律各不相同，但携纱器每运动一步，各区域纱线在空间均沿 z 方向拓展 1/4 花节高度。

携纱器 22 经历 4 步由点 A 运动到点 E，其空间运动规律如图 8-32（a）所示。携纱器携带的纱线经"打紧"工序后，其轨迹为空间直线，如 $A'E'$ 所示。这些内部区域的编织纱线均处在与试件横截面呈 $\pm 45°$ 的两组正交平面内，且与 z 方向夹角为 γ，γ 为内部纱线编织角。

携纱器 62 经历 5 步由点 F 运动到点 K，其空间运动规律如图 8-32（b）所示。其中，携纱器在 J—J' 停动一步，导致表面编织纱线的空间构型与内部纱线不同。经"打紧"工序后，表面纱线的轨迹实际上是空间曲线。并对表面纱线空间轨迹进行简化，认为其由两条直线段 QR 和 RS 组成，并与其他区域纱线自然连接过渡。直线段 QR 与 z 方向夹角为 β，β 称为表面纱线编织角。

携纱器 66 经历 8 步由点 L 运动到点 P，其空间运动规律如图 8-32（c）所示。携纱器在 N—N'，O—O' 各停动一步，导致角部编织纱线的空间构型与内部纱线、表面纱线均不相同。内部纱线在"打紧"工序后的轨迹也是空间曲线，角部纱线空间轨迹由三条直线段 TU、UV 和 VW 组成，并与其他区域纱线自然连接过渡。直线段 UV 与 z 方向夹角为 θ，θ 称为角部纱线编织角。

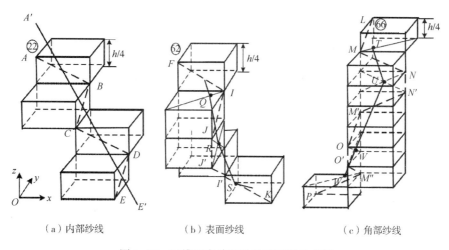

|（a）内部纱线|（b）表面纱线|（c）角部纱线|

图 8-32　三维四向编织纱线空间运动规律

由四步法三维四向编织工艺过程可知，编织纱携纱器在材料内部、表面和角部的运动规

律并不相同，这决定了各区域纱线拓扑结构各不相同。因此，采用三单胞划分思想，认为三维四向编织复合材料由周期性的内胞、面胞和角胞构成（图8-33），三单胞的取法如图8-32（b）所示。三类单胞的取向均平行于预制件边界。图8-33给出了三种单胞的几何模型，这些模型中可以看出纱束的拓扑关系。从形成材料主体区域的内胞几何模型图8-33（a）可以看出，纱束在空间为向四个方向延伸的直线，这也就是称其为三维四向编织复合材料的原因。

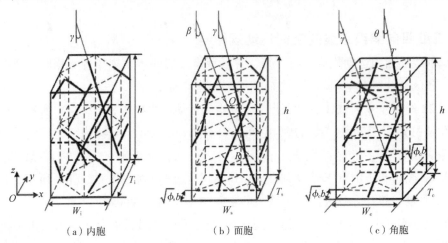

(a) 内胞　　　　　　　(b) 面胞　　　　　　　(c) 角胞

图 8-33　三维四向编织材料三单胞模型

第五节　三维编织物的工艺参数设计

一、三维编织物的工艺参数和结构参数

三维编织物是呈空间网状的整体结构，主要参数包括编织角 β、花节长度 h、纤维体积含量、外型尺寸、纱线参数等。这些参数不是独立的，而是通过一定的关系相互制约，又一起决定了材料的结构与性能。本节以最常用的四步法三维编织为例进行阐述。

1. 编织角与花节长度　三维编织预制件的表面形态如图8-34所示。

其纱线结构可以用编织角 β 和花节长度 h 表示。β 定义为预制件表面的纹路线与编织轴向的夹角；h 和 w_h 分别为一个携纱器运动循环所织出的预制件长度和宽度。由图8-34可知：

$$\tan\beta = w_h/h \qquad (8-1)$$

从整个预制件角度来看：

$$w_h = 2W/n \qquad (8-2)$$

式中：W 为预制件的宽度；n 为沿宽度方向的主体纱

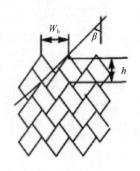

图 8-34　三维编织预制件的表面形态

数量，即主体纱列数。

将式（8-2）代入式（8-1）中得：

$$\tan\beta = \frac{2W}{nh} \tag{8-3}$$

由式（8-3）可知，编织角与预制件宽度、纱线排列和花节长度相关。W 和 n 确定后，编织角随 h 的增大而减小。在编织过程中，一般编织角测量误差较大，而花节长度的测量较准确，并可在线及时调整。

2. 内部纱线倾斜角 γ 与表面编织角 β 三维编织物内部的纱线基本呈斜线状态，遇到表面后弯折。图 8-35 为内部纱线与表面纱线的相对状态。

由图 8-35 可确认：

$$\tan\gamma = \sqrt{2}\tan\beta \tag{8-4}$$

式中：γ 为内部纱线倾斜角。

纱线倾斜方向直接影响材料的力学性能分配，使用单位可根据实际情况提出要求。

3. 外形尺寸（$W \times T$）与纱线排列（$m \times n$）

由陈利等对三维方型编织预制件内部结构的分析可知，预制件的外形尺寸与纱线排列和纱线参数相关，假设预制件内部编织纱的横截面为一等效椭圆形，长、短半轴分别标识为 a 和 b（mm），则：

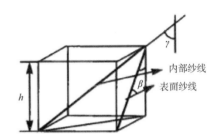

图 8-35 预制件内部纱线倾斜角与编织角的关系

$$W = 2\sqrt{2}(m + 0.5)b \tag{8-5}$$

$$T = 2\sqrt{2}(n + 0.5)b \tag{8-6}$$

式中：W 为预制件的宽度；T 为预制件的厚度。

三维编织预制件中纱线相互接触时，其椭圆截面长、短半轴关系为：

$$a = \sqrt{3}b\cos\gamma \tag{8-7}$$

因此，在纱线排列 m、n 不改变的情况下，γ 角增大时，外形尺寸增大。若不改变外形尺寸而增大 γ 角，则需调整纱线排列，否则纤维体积含量就会变化。

二、纤维体积含量的计算

纤维体积含量（V_f）是指在三维编织物内含有的所有纤维体积与整个三维编织物外轮廓体积之比。纤维体积含量是复合材料一个重要结构参数，与工艺参数高度相关，直接影响复合材料的最终性能。通常等于纱线体积含量 V_y 乘以纱线填充因子 k，即：

$$V_f = kV_y \tag{8-8}$$

k 值取决于纤维在纱线中排列的紧密程度。初始纱线为同心圆模式的开式排列，填充系数近似 0.85。最紧密状态为六边形模式的闭式排列，填充系数约为 0.91，三维编织物中纱线的 k 一般取 0.91。纱线体积含量 V_y 的计算方法主要有内部单胞法、定长预制件法和称重法三种。

1. 内部单胞法　单胞是预制件内的代表性重复单元。不考虑表面影响时，内部单胞的 V_y 代表整个织物的 V_y。根据文献分析，三维编织物内部代表性单胞结构如图 8-36 所示，相应计算公式如式（8-9）、式（8-10）所示。

单胞高度为 h，宽度 $W_c = 4b$，厚度 $T_c = 4b$。纱线总体积为：

$$Y = 4 \times \frac{h}{2\cos\gamma} \times \pi ab = \frac{2\pi hab}{\cos\gamma} \quad (8-9)$$

纱线体积含量为：

$$V_y = \frac{Y}{hW_cT_c} = \frac{\pi a}{8b\cos\gamma} \quad (8-10)$$

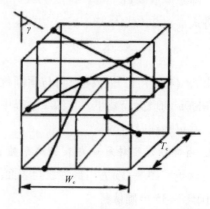

图 8-36　三维编织预制件内部单胞模型

2. 定长预制件法　内部单胞法只考虑内部结构部分。当预制件外形尺寸较小时，就需要考虑表面影响。可以取一段既包括内部又包括表面的预制件来计算，具体如下：

$$V_y = \frac{N_y L_y A_y}{L_p WT} \quad (8-11)$$

式中：N_y 为纱线总根数；L_y 为预制件内纱线长度（mm）；A_y 为纱线等效截面面积（mm^2）；L_p 为预制件长度（mm），$L_p = L_y \times \cos\gamma$。

纱线等效截面面积按下式计算：

$$A_y = \lambda / \rho \quad (8-12)$$

式中：λ 为纱线线密度（g/m）；ρ 为纱线体密度（g/cm^3）。

在给定 V_y 的情况下，可用式（8-11）、式（8-12）推导出用纱数量的计算公式：

$$N_y = \frac{V_y WT\cos\gamma}{A_y} = \frac{V_f WT\rho\cos\gamma}{k\lambda} \quad (8-13)$$

纱线总根数 N_y 用于表征三维编织物的横截面形状，随横截面的形状和编织工艺而变化。

两步法三维编织中，纱线总根数 N_y 为：

$$N_y = 2mn + 1 \quad (8-14)$$

在四步法三维四向矩形立体编织中，纱线总根数为：

$$N_y = mn + m + n = (m+1)(n+1) - 1 \quad (8-15)$$

在四步法三维四向管状三维编织物的纱线总根数为：

$$N_y = mn + n = n(m+1) \quad (8-16)$$

在四步法三维五向矩形立体编织中，纱线总根数为：

$$N_y = m \times (2n - 1) \quad (8-17)$$

携纱器的行列数与三维编织预制件近似存在下列关系：

$$m/n = T/W \quad (8-18)$$

可利用式（8-13）～式（8-17）求解纱线排列。注意因为携纱器的矩形排列要求，m 和 n 需根据情况取整数。

3. 称重法 预制件编织完成后，除上述两种方法之外，还可以采用称重法来检测纤维体积含量：

$$V_f = \frac{G}{\rho WTH} \tag{8-19}$$

式中：G 为预制件干重（g）；H 为预制件总长度（mm）。

这种测量方法比较直接，误差也较小，可作为检验设计的实测值，也是实际工程应用中较为常用的方法。

三、三维编织物主要参数的选取

设计和生产预制件时，纱线挤紧状态是一个几何边界条件。在此状态下，纱线彼此接触，造成最紧可能结构。故三维编织工艺参数设计有一定范围限制。

1. 编织角 由式（8-7）解得 $\gamma = 54.7°$ 时，椭圆长短轴相等，纱线横截面近似圆形，此时为最紧密状态。由于纱线上的张力作用，实际 γ 角变化从 $0 \sim 54.7°$，超过 $54.7°$ 的编织角一般达不到。相应的，编织角变化从 $0 \sim 45°$，常用编织角范围在 $20° \sim 30°$。

2. 纱线体积含量 同样，$\gamma = 54.7°$ 时纱线体积含量达到最大值。由式（8-10），$V_y = 0.68$。常用的 V_y 范围在 $0.50 \sim 0.60$，对应的 V_f 范围为

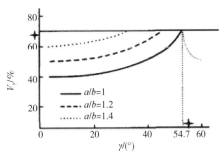

图 8-37 　 V_y 随 γ 角变化曲线

$0.45 \sim 0.55$。V_y 随 γ 变化的曲线如图 8-37 所示。不同线形代表不同截面形状，即不同的 a/b 值。

四、三维编织物设计实例

工程应用中，使用单位多给出结构参数要求和纱线参数。例如，某单位欲利用四步法 1×1 结构编织截面尺寸为 $10\text{mm} \times 4\text{mm}$ 规格的方型预制件。纤维选用 T700/12K 碳纤维，基本参数见表 8-1，纤维体积含量要求 $45\% \pm 2\%$。设计者需要充分了解各参数间的关系，以便合理制订出编织工艺。

表 8-1　T700/12K 碳纤维的基本参数

牌号	单丝根数/（束/K）	拉伸强度/GPa	弹性模量/GPa	断裂伸长率/%	线密度/（g/m）	体密度/（g/cm³）
T700	12	4.9	230	2.1	0.8	1.80

设计题例中预制件参数的步骤为：

①设计表面编织角 $\beta = 22°$。

②由式（8-13）、式（8-15）和式（8-18）得出 $N_y = \dfrac{V_f WT\rho\cos\gamma}{k\lambda} = \dfrac{0.45 \times 10 \times 4 \times 1.8 \times \cos30°}{0.91 \times 0.8} =$

39，*m* 设计值为 3，*n* 为设计值 9。

③由式（8-3）计算花节长度 $h = 2W/n\tan\beta = 2×10/（9×\tan 22°）= 5.5mm$。

三维编织工艺设计比较复杂，涉及参数较多，参数之间相互制约。例如，编织角 β 增大后，若要求 *m*、*n* 不变，则 *W*、*T* 增大；若要求 *W*、*T* 不变，则 *m*、*n* 应减小。又因为 *m*、*n* 必须为整数排列，所以造成纤维体积含量实测值与设计值有偏差，一般允许范围在 5% 以内。在 V_f 给定的情况下，其间可调节参量也较多，这正是编织复合材料可设计性的特点，需要使用单位提出侧重点，供工艺设计时参考。

第六节　三维编织物的制备

以三维四向编织织物为例，选用材料为碳纤维 T700/12K，采用四步法三维编织机器进行制作。拟编织截面尺寸为 10mm × 4mm，编织角为 30° 的三维编织预制件。

一、携纱器行列的排列

针对三维四向编织织物的特点，织物由编织纱和边纱组成，所有纱线均参与编织，没有轴纱的存在。因此，在后续的挂纱操作时，只需要将与纱线连接的张力线与三维编织机器的携纱器连接。为了满足编织截面尺寸的要求，编织纱采用 3（行）×9（列）排列，边纱遵从一隔一排列。图 8-38 为纱线初始排列图。

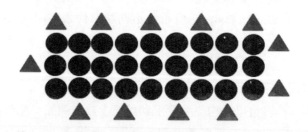

图 8-38　纱线初始排列图

●—编织纱　▲—边纱

二、编织纱根数和长度

在完成纱线排列设计后，进行编织纱线准备和挂纱操作。根据式（8-15）计算出本例中纱线总根数为 39 根碳纤维。编织纱需要挂在编织机上方的挂纱架上（图 8-39），因为 1 根碳纤维的两端可以挂在 2 个携纱器上，所需碳纤维的根数为 39/2 = 19.5 根。

编织所用的单根碳纤维的长度可根据实际编织物的长度进行确定，一般来讲，单根碳纤维的长度约等于所需编织物的 2.5 倍。本例中所需的三维编织物预制件的有效长度为 40cm，因此，所需要截取的单根碳纤维长度为 100cm。

三、张力线根数和长度

张力线的根数等于编织中所需要的携纱器个数，本例中张力线的根数为 39 根。张力线长度根据编织预制件的外形尺寸（长、宽、厚）确定，一般不短于 50cm，本例中截取的张力线长度为 80cm。

四、编织纱的连接

本例进行实际操作时，在四步三维编织机上方设有挂纱杆，将单根碳纤维纱线绕过挂纱杆，保证两侧长度对称。然后两侧悬挂在挂纱杆上的纱线分别与对应的张力线用皮筋捆绑，由张力线连接至携纱器上，重复上述操作，将全部纱线挂完。在进行张力线和携纱器连接的操作时，根据纱线排列设计的顺序依次连接即可。为了保证纱线排列顺序正确，可选择先依次挂编织纱，再挂边纱。

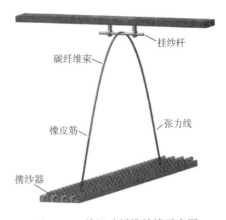

图 8-39　单根碳纤维挂线示意图

五、三维编织预制件的织造

在挂纱操作完成之后，就可以开始编织预制件。四步法 1×1 三维编织是由行和列的四步间歇运动组成，如图 8-40 所示。第一步，相邻的行相互错动一个动程。第二步，相邻的列相互错动一个动程。第三步和第四步分别与第一步和第二步相反。经过四步运动，完成一个机器循环。在运动过程中要保证每一步运动到位，每一个机器循环的运动顺序一致。此外最重要的一点是需要保证经过四步运动后，纱线的排列与初始纱线排列一致。所以在每完成一个机器循环后，应该检查是否与初始纱线排列一致。

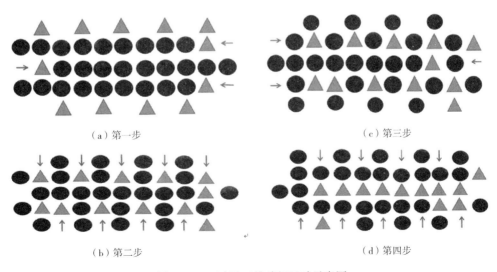

（a）第一步　　　　　　　　　　　（c）第三步

（b）第二步　　　　　　　　　　　（d）第四步

图 8-40　四步法三维编织运动示意图

从图 8-40 中可以看出经过四步运动之后，纱线排列与图 8-38 纱线排列初始位置一致。按照以上步骤运动完成一个循环后，需要将编织纱打紧，打紧过程类似机织过程中打纬操作，但不同的是，三维编织过程，纱线交织复杂，需要从两排或者两列携纱器之间进行分层打紧，在打紧时还应该注意每次打紧的力度均匀，力量适中。为了保证三维编织物的结构参数一致，编织 1~2 个循环（熟练工人可以在多个循环后测量 1 次），测量 1 次编织花节长度 h 是否约等于 3.85mm。重复上述步骤，可以编织出符合规格的三维四向编织预制件（图 8-41）。

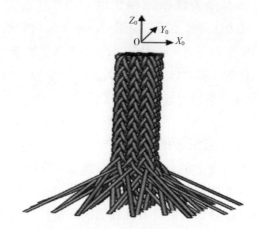

图 8-41　三维四向编织预制件编织过程中的结构示意图

六、三维编织预制件的下机

三维编织预制件织造完成后，将编织纱线和引线处的橡皮筋全部推动到引线上，将编织纱和引线分离，全部完成后，将挂纱杆从编织预制件中抽出，将预制件两边未编织的纱线切掉，保留所设计的预制件的长度，即可得到三维四向编织碳纤维预制件。

参考文献

[1] 陈利. 三维纺织技术在航空航天领域的应用 [J]. 航空制造技术，2008 (4)：48-49.

[2] Li W, Hammad M, El-Shiekh A. Structural analysis of 3-D braided preforms for composites Part Ⅱ：The two-step preforms [J]. Journal of the Textile Institute，1990，81 (4)：515-538.

[3] Guang-Wu Du, Tsu-Wei Chou, Popper P. Analysis of three-dimensional textile preforms for multidirectional reinforcement of composites [J]. Journal of Materials Science，1991，26 (13)：3438-3448.

[4] 荆云娟，韦鑫，张元，等. 三维编织复合材料的发展及应用现状 [J]. 棉纺织技术，2019，48 (11)：89-84.

[5] Mcconnel R F, Popper P. Complex shaped braided structures：US，4719837 [P]. 1988.

[6] Joon-hyung Byun, Thomas J Whitney, Guang-Wu Du, et al. Analytical characterization of two-step braided composites [J]. Journal of Composite Materials，1991，25 (12)：1599-1618.

[7] 李政宁，陈革，Frank Ko. 三维编织工艺及机械的研究现状与趋势 [J]. 玻璃钢/复合材料，2018 (5)：109-115.

[8] Joon-Hyung Byun, Tsu-Wei Chou. Process-microstructure relationships of 2-step and 4-step braided composites [J]. Composites Science and Technology，1996，56 (3)：235-251.

［9］ 汤旭，李征，孙程阳. 先进复合材料在航空航天领域的应用［J］. 中国高新技术企业，2016（13）：39-42.

［10］ Xiaogang Cheng. Advances in 3D textiles［M］. UK：Elsevier Ltd，2015.

［11］ Xiaoyuan Pei，Jialu Li，KuiFu Chen，et al. Vibration modal analysis of three-dimensional and four directional braided composites［J］. Composites Part B，2015，69：212-221.

［12］ Hong-mei Zuo，Dian-sen Li，Lei Jiang. Experimental study on compressive fatigue behavior and failure mechanism of 3D five-directional braided composites［J］. Composites Part a-Applied Science and Manufacturing，2020：139.

［13］ 邹亚军. 酞菁基三维六向编织复合材料渐进损伤分析［D］. 哈尔滨：哈尔滨工业大学，2020.

［14］ 李典森，卢子兴，陈利，等. 三维七向编织结构细观分析［J］. 复合材料学报，2006（1）：135-141.

［15］ 周清，焦亚男，李嘉禄. 三维编织预制件的工艺参数设计［J］. 天津工业大学学报，2004（1）：15-18.

［16］ 益小苏，杜善义，张立同. 复合材料手册［M］. 北京：化学工业出版社，2009.

［17］ 李嘉禄，孙颖，李学明. 二步法方型三维编织复合材料力学性能及影响因素［J］. 复合材料学报，2004（1）：90-94.

［18］ Xuekun Sun，Changjie Sun. Mechanical properties of three-dimensional braided composites［J］. Composite Structures，2004，65（3-4）：485-492.

［19］ Mouritz A P，Bannister M K，Falzon P J，et al. Review of applications for advanced three-dimensional fibre textile composites［J］. Composites Part a-Applied Science and Manufacturing，1999，30（12）：1445-1461.

［20］ 姚穆. 纺织材料学［M］. 北京：中国纺织出版社，2015.

［21］ 李少东. 三维编织复材管件制备工艺及能量吸收机理［D］. 上海：东华大学，2020.

［22］ 卢光宇. 旋转式三维编织机及其编织工艺研究［D］. 哈尔滨：哈尔滨工业大学，2019.

［23］ 程灿灿. 变截面三维编织复合材料的减纱工艺及弯曲性能研究［D］. 上海：东华大学，2012.

［24］ 张典堂. 三维五向编织复合材料全场力学响应特性及细观损伤分析［D］. 天津：天津工业大学，2016.

［25］ 张超. 三维多向编织复合材料宏细观力学性能及高速冲击损伤研究［D］. 南京：南京航空航天大学，2013.

［26］ 王智文，敬敏. 三维编织 CFRP 车身结构的开发［J］. 汽车工艺师，2018，2：38-39.

［27］ Ko F K. Three-dimensional fabrics for composites—An introduction to the mgnaweave structure［C］. Proc. ICCM-4，Tokyo：Japan Society Composite Materials，1982：1609.

［28］ Wang Y Q，Wang A S D. On the topological yarn structure of 3D rectangular and tubular braided preforms［J］. Composites Science and Technology，1994，51（4）：585-586.

［29］ 陈利. 三维编织复合材料的细观结构及其弹性性能分析［D］. 天津：天津纺织工学院，1998.

［30］ 陈利，李嘉禄，李学明. 三维编织中纱线的运动规律分析［J］. 复合材料学报，2002（2）：81-84.

［31］ 刘兆麟，程灿灿，刘丽芳，等. 变截面三维编织复合材料减纱工艺与弯曲性能［J］. 复合材料学报，2011，28（6）：118-124.

[32] 朱建勋. 三维编织锥体织物的减纱技术 [J]. 中国工程科学, 2006 (3): 66-69.

[33] 李嘉禄, 陈利, 焦亚男. 变截面预成型制件的三维编织方法及其制件 [P]. 中国: CN1651628A, 2005-08-10.

第九章　三维机织物

第一节　概述

一、三维机织的定义

三维机织是利用织机的梭子把纱线织成三维立体织物的方法，主要通过多重经纱织造形成。三维机织物作为纺织结构复合材料的预制件，织物中经纬纱线不仅像二维机织物那样沿平面方向分布，而且沿着厚度方向分布，将各层紧密连接，形成空间网状结构。织造中由于采用多重经纱，从而使织物厚度增加，并且沿厚度方向纱线相互交织在一起，即按一般概念的"层"之间相互连接在一起，因此三维机织物具有良好的整体性和可设计性，显著提高了层间性能和损伤容限。

二、三维机织物的特点

与传统二维平面织物相比，三维机织物的特点及优越性见表 9-1。

表 9-1　三维机织物与二维平面织物的比较

特点	二维平面织物	三维机织物
纱线的排列方向	纱线分布在 $X—Y$ 平面上，交织方向数为 2	纱线分布在 $X—Y—Z$ 立体面上，厚度方向有 3 束或 3 束以上的纱线，交织方向数为 3
纱线曲折情况	纱线呈波浪形交织	纱线弯曲程度小，大多为挺直状态排列，故可均匀承载，均匀变形。表面纱线可出现 180°转向
纱线状态	多采用常规短纤维加捻的纱线、加捻或不加捻的长丝	多采用伸长率小、耐高温、高强度的碳纤维、芳纶、玻璃纤维等高性能纤维
织物形状	平面，简单	具有圆筒形、方形、矩形、T 形、工字形等断面，可整体成型复杂件
织物厚度及性能	单层或两层以上，较薄，层间性能受到限制，厚度方向机械性能差	层数可达几十层，显著提高了厚度方向的机械性能。顶破力、抗撕裂性、损伤容限、能量吸收等其他性能大幅增强。由于结构的整体性，在厚度方向的拉力和垂直方向的剪切力作用下，三维织物具有良好的机械强度，其裂缝的可能性降低到了最小，解决了层间剥离问题，具有轻质、高强的优越性

三维机织物具有良好的整体性、层间性、抗冲击性以及高损伤容限，作为增强材料被广泛使用。

三、三维机织物的产生与发展

早在 1898 年的橡胶传动带生产中，就出现了三维机织物。人们生产布层与布层间具有联结纱线的多层传送带，可以有效消除布层间的滑动和脱层。

1964 年，美国专利 3132671 号报道了三维织物成形的织造工艺。20 世纪 60 年代末期，航空工业需要在高温条件下能够承受多轴向拉伸的纤维增强复合材料。为此，法国、美国、日本的航天航空工业中发展了多维碳纤维织物。

1970 年，德国制造了能够织制圆形、椭圆形截面织物的织机，专用于织造柱形、锥形的三维织物。1972 年，法国布罗彻发明了全自动织造设备，用来制造火箭发动机进气喉管、锥形排气管及火箭头等重要机件。1974 年，日本福多等发明了三维方柱体织物的织造设备，生产的织物由三个相互呈垂直状态的纱线组成。

1988 年，美国穆罕默德等发明的三维多层织物制造方法和设备，可织造矩形、T 形、工字形断面织物，织物有经纱、纬纱和垂纱三组纱线正交织成。

2009 年，世界上第一台工业化生产的三维织机在瑞典投入运转，可织造的织物形状相当灵活，除了板状、管状结构织物外，还能织造十字形、π 形、H 形、T 形、L 形、J 形等多种截面形状的织物。

我国自 20 世纪 80 年代开始到现在，对三维机织复合材料进行了大量的研究工作，目前已经可以生产半自动和全自动的三维立体织机，能够加工规则形状的矩形织物或矩形织物的组合织物以及圆形织物，尚无法自动化生产复杂的异形织物。总体来讲，我国三维机织物的生产效率相对低下，人工参与较多。

四、三维机织复合材料的应用

三维机织物是应用于纺织结构复合材料中常见的纺织品，以三维机织物为增强体的纺织复合材料，具有比强度高、比刚度高、可设计性好、耐疲劳性能好、耐化学腐蚀性能好、生产成本低等优势，同时克服了传统二维平面织物层状复合材料存在抗冲击性能差、层间强度低的缺点，因而广泛应用于航空航天、船舶汽车、建筑仓储等诸多领域。

（一）在航空航天领域的应用

三维机织物增强复合材料与钢材相比，其质量可减轻 75%，而强度可提高 4 倍，正因为如此，其首先受到航空航天专家的青睐，其最早、最成熟的应用领域之一也当属航天航空领域。例如，由碳纤维织造的角联锁复合材料在满足同样的强度和刚度的前提下，能够减轻约 70% 的重量。同时，由于其整体结构带来了力学性能上的优点，广泛应用于航天航空领域，如涡轮发动机的止推转向器、转子、叶片、结构的增强；火箭发动机、喷管、接合件，发动机的固定件。机身框架的 T 形部件，十字形叶片、复叶片的加强板。机翼的前缘部件。最近将机织的 H 形连接用于蜂窝夹芯机翼板的连接，这种结构改善了力的传递，减小了剥离应力。

（二）在交通运输方面的应用

三维机织复合材料已在轮船、汽车、铁路车辆、飞机、宇航设备等制造工业有了日益广泛的应用。从自行车到汽车、舰艇、高速火车和军用战车，都可以找出用三维机织复合材料制成的零部件和主体构架的例子，只是不同部件采用不同类型的纺织结构而已。1979 年，美国福特公司的试验车，其车身、框架等 160 个部件采用纺织复合材料，整车减重 33%，汽油利用率提高 44%，同时大幅降低了高速行驶过程中的噪声和振动。

（三）在建筑材料方面的应用

三维机织结构复合材料具有材料轻质、成本低、构件大、防震、耐疲劳等特点，广泛应用于土木工程和建筑领域。主要有刚性复合材料构件，如梁、柱、骨架等多采用三维编织结构，用于桥梁建筑的结构承重、保温隔音、楼板修复等方面。

（四）在体育用品方面的应用

三维机织复合材料在高档体育用品中使用的比例也正在逐渐增加，如高尔夫球杆、赛车、羽毛球拍、滑雪板、赛艇等。最值得指出的是在 2004 年雅典奥运会用赛船及赛艇就是我国生产的先进纺织复合材料制品。

（五）在能源环保方面的应用

随着人类火力和水力发电带来的诸多环保、生态问题，风力发电被认为是绿色的、可再生的、安全的、不破坏地球生态的能源，已成为人们关注的焦点问题。世界风力发电能力平均每年递增 32.6%。风力发电装置核心部件是转子叶片，叶片成本占风力发电机组总成本的 20%。轻质且高效的材料选择非常重要。三维机织复合材料的众多优点，使其成为风力发电机转子叶片（图 9-1）的首选材料。作为一种新型立体织物，三维机织结构复合材料的开发与生产使复合材料科学发生了质的飞跃，提升到一个新的平台。

图 9-1　风机叶片示意图

第二节　三维机织物的组织结构

根据织物中纱线的交织规律，三维机织物可分为三种基本结构，分别是多层接结组织、角联锁组织和正交组织。

一、多层接结组织

多层接结组织是采用多组经纬纱分别进行交织，并以一定的形式进行接结而形成的多层结构。纱线沿着平面方向和厚度方向相互交织在一起，提高了织物层间力学性能。多层接结组织根据接结方法的不同可以分为以下几种结构，如图9-2所示。

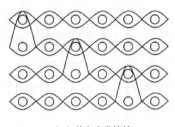 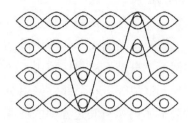 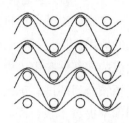

（a）单向自身接结　　　　　　　　（b）双向自身接结　　　　　　　　（c）接结纱接结

图9-2　典型的多层接结组织

（1）自身接结。其结构主要包括单向自身接结和双向自身接结。对于单向自身接结多层结构，其是由上层经纱和下层纬纱形成的上接下的单向结构，或者由上层纬纱与下层经纱交织而形成的下接上的单向结构。双向自身接结是各层的经纱既和上层纬纱，也和下层纬纱交织，形成上下两个方向的连接。

（2）接结纱接结。各层经纬纱分别交织，其中各层间的连接由另外的接结纱线来进行连接，接结纱接结分为两种，包括经纱接结和纬纱接结。

二、角联锁组织

角联锁组织的构成有2~4个纱线系统，主要包括纬纱系统、经纱（接结经纱）系统、衬经系统、衬纬系统，前两个系统是角联锁结构必不可少的纱线系统，而后两个系统可选择性加入，衬经系统和衬纬系统不参与纱线交织，只是平均分布在层与层之间，可以有效增加织物的厚度以及织物经向或纬向强度。角联锁结构的纱线不但沿织物的平面方向的经纬向配置，而且有一部分纱线是沿着与织物的厚度方向呈一定角度的方向配置，将各层纱线相互连接起

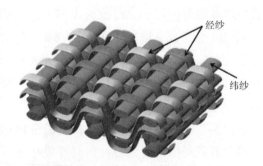

图9-3　2.5D角联锁织物的结构示意图

来，从而增强了层间力学性能。角联锁织物组织的特征是：接结经纱不发生厚度方向的贯穿，只是穿越若干层经纱和纬纱，在层与层之间进行连接。国内学者也常将角联锁组织称为2.5D角联锁组织。图9-3为2.5D角联锁织物的结构示意图。

此外，改变接结经纱的弯曲交织方向可得到斜交（45°方向）角联锁结构和正交（90°方向）角联锁结构；改变正交角联锁结构中接结经纱的疏密，即每层都有接结经纱和隔层出现接结经纱可得到两种不同的正交角联锁结构；改变接结纱的接结层数可以得到多

码9-1　2.5D角联锁机织

种角联锁，接结纱穿过整个厚度方向的角联锁结构称为贯穿角联锁；通过加入衬经或衬纬纱线，又可获得各种不同的角联锁结构。典型的角联锁组织如图9-4所示。

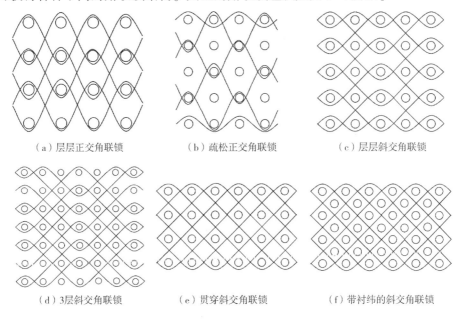

（a）层层正交角联锁　　　　（b）疏松正交角联锁　　　　（c）层层斜交角联锁

（d）3层斜交角联锁　　　　（e）贯穿斜交角联锁　　　　（f）带衬纬的斜交角联锁

图9-4　典型的角联锁组织（经向截面图）

三、正交组织

1. 三向正交组织　三向正交机织物由经纱、纬纱和Z向纱（捆绑纱）相互垂直交织而形成，三个系统纱线呈正交状态配置，Z向纱沿厚度方向垂直分布，将经纬纱线连接在一起，形成一个整体，三向正交结构整体性和尺寸稳定性都较好。由于在平面内的经纱和纬纱不参与交织，因此这种织物在经纬向均没有纱线的屈曲，使材料的强度和刚度都很高。

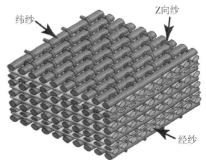

图9-5　三向正交织物的结构示意图

图9-5为三向正交织物的结构示意图，织物中承受外力的纱线为经纱和纬纱，因此经、纬纱多采用高特纱。而捆绑纱的作用是将经纱、纬纱联结成为一体，它在构件中不起承力作用，因此多用低特纱。

2. 面内准各向同性组织　由于三向正交结构在经纬纱之间的斜向上缺乏增强纤维，因此三向正交增强复合材料的抗剪切性能还不尽如人意。为此在三向正交结构加工技术的基础上，开发多向结构加工技术以引入斜向纱，是拓展纺织结构复合材料应用领域的又一关键。

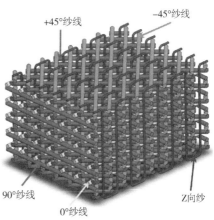

图9-6　面内准各向同性织物的结构示意图

面内准各向同性织物是在三向正交机织物基础上改良形成的新型织物，其织物结构如图9-6所示，面内由0°经纱，90°纬纱，+45°偏轴纱和-45°偏轴纱共四组纱线组成，并通过沿厚度方向的Z向纱线将其捆绑在一起成为一个整体，是一种多轴向机织物。除了传统的经纱、纬纱以外，增加了倾斜角度的纱线，面内的四组纱线呈米字形结构，织物面内各个方向的纱线比例趋于平衡，使作用于织物上的力分散到了四个轴线上，从而使得织物力学性能以及由此织物增强的复合材料力学性能在面内各个方向也趋于平衡。

第三节　三维机织物的织造技术

生产三维机织预制件有许多不同的纺织工艺，然而这些工艺没有特别明显的区别。目前关于三维织机的构想很多，但真正付诸实施的极少，即使能织造出三维织物，也多采用手工与机械相结合的操作方式，尚不能连续化生产。随着三维机织净成形结构预制件和特殊结构的需求快速增长，采用新的预成型工艺，不同技术相结合来满足结构和性能需求正在迅速发展。三维机织物的制备主要是在传统织机、改进型织机和立体织机三种类型的机器上进行的。

一、传统织机织造技术

利用传统织机织造三维机织物，是目前使用较多、设备投资较少的一种方法。传统织机织造时，依据多层织物的特点，使经纱按照开口运动规律形成开口，同时使某些经纱或纬纱穿越织物的厚度方向，这样就产生了沿织物厚度取向的纱线，而且使层与层之间形成接结方式具有多种形式，从而形成结构稳定的三维织物。若三维织物的结构不同，要求经纱开口运动的规律也不同。

利用高性能纤维（如碳纤维）进行织造时，根据纱线特点，同时避免工艺问题，提高织造效率，在利用普通织机时，有时候需要去掉整经工序，在织机后面加张力机（含模拟经轴）和筒子架，直接把碳纤维纱筒放在筒子架上，碳纤维从架子上引出后进入张力机，然后进行张力调整，即可直接织布。采用这样的工艺流程以后，在织造效率、产品质量及降低碳纤维损耗等方面都有很大改善。碳纤维织物织造工艺流程图如图9-7所示。

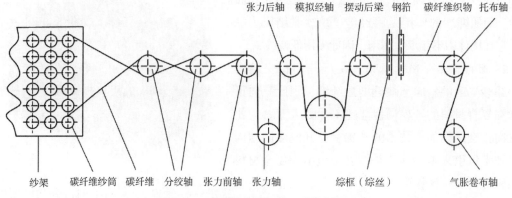

图9-7　碳纤维织物织造工艺流程图

在传统织机上织造三维机织物，需要进行一些工艺改进，以适应三维机织物的特点，通常有如下途径：

（1）采用多轴织造或用筒子架送经。由于经纱织造时各层纱线的用量不一致，导致张力不一致，尤其是玻璃纤维、碳纤维等高强低伸型长丝，使用筒子架送经，便于控制纱线张力均匀一致，同时减少整经工序对纤维的损伤。其缺点是总经根数受筒子架限制，送经筒子架占地面积较大。

（2）在后梁前方加装分层定位装置，使不同层的经纱分别通过分层装置，方便穿综穿筘，减少经纱在送入综眼之前的相互接触，减少了经纱之间粘连纠缠、相互摩擦的问题。

（3）为了使上下层纬纱处在同一垂直面上，改变打纬和卷取方式，可采用平行打纬机构和间歇性卷取装置。采用传统织机生产三维机织物时，利用了现有的织造机械，方便织造，机械化程度高。传统织机可以织造多种结构的三维机织物，三维机织物由于厚度大使得经纱密度往往也很大，而传统织机是单梭口织造，每次引入一根纬纱，综框开口次数多，纱线与纱线、纱线与钢筘、纱线与综丝的摩擦加剧，会造成纱线起毛或断头，严重时将导致织造无法进行，因此通过改进工艺来提高织造效果显得尤为重要。

二、改造型织机织造技术

为了提高织造效率，避免传统织机上的缺陷，改造了织机开口、引纬等机构，如多梭口引纬的方法。因为开口、引纬是形成织物所必需的两个主要机构，但与传统织机相比，织物生产原理并未发生变化，故称其为改造型织机。

Combier 发明的织造方法采用两组经纱，分别由两个纱轴供应，满足了不同送经量的要求。来自纱轴的地经纱不受开口机构的控制，来自另一纱轴的接结经纱，在开口机构控制下上下运动、形成上下两层经纱。形成两个梭口，两个引纬剑杆对所形成的梭口同时引入两纬。这种方法生产的织物由一层经纱、两层纬纱构成，Z 向纱较细，将经纱、纬纱连接形成整体的织物。

码 9-2 三向正交机织

Mohamed 等进一步扩大了梭口的数量，采用多剑杆引纬，可织具有 11 层经纱的立体织物。这种织机上的开口机构能同时形成多个梭口，多个剑杆同时将多根纬纱引入梭口，然后钢筘将纬纱打入织口与经纱交织形成织物。各层经纱的运动由综框控制，以实现不同经纬纱的交织规律，在织造正交组织的立体织物时，由于各层经纱并不参与梭口的变换，可由开口导杆将各层经纱分开，预先形成多个梭口，Z 向纱交换梭口，把各层经纱和纬纱固结起来形成整体织物，如图 9-8 所示。

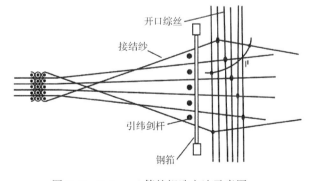

图 9-8　Mohamed 等的织造方法示意图

三、三维织机织造技术

目前，三向正交机织物织造技术研究较典型的是美国（如 3TEX 公司）、澳大利亚和英国等国家。在美国航空航天局的先进复合材料技术（ACT）计划下，三维机织复合材料得到了广泛的研究。美国的许多大学开展了三维纺织技术的研究，以便于进行相关应用。美国大西洋公司、波音公司分别耗资制造了大型三维编织机，3TEX 公司研制了多梭口三维机织设备，进行三维织物的制备，该设备为美国航天航空部门服务。与此同时，俄罗斯、德国、日本等工业发展较快的国家也都积极开展了三维纺织技术的研究。

日本 Fukuta 借鉴编织原理，将经纱 Z 预先排列成要求的矩形截面，然后两组载纱器分别沿水平的 X 方向和 Y 方向移动，如图 9-9 所示。载纱器在沿经纱 Z 的列或行移动过程中，交替地在经纱间穿过，这样载纱器留下的纬线就与经纱呈平纹等组织交织状态，如图 9-9 所示为三向平纹交织结构。

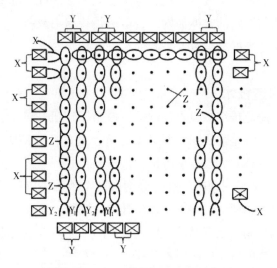

图 9-9　Fukuta 等的织造方法示意图

目前，国内三维织机多处于手动或半机械状态，离自动化生产和连续化生产还有很远的一段距离。有些三维机织技术尚不成熟，产品小批量生产，产品质量较差，制备工艺和设备过程中存在一系列有待解决的问题。国内还没有开发出能够织造高厚度、结构复杂、多种异形截面三维织物的三维织机。

第四节　三维机织物的参数设计

在成型性研究中，织物各项参数对其成型性都会有一定的影响。在织造不同的结构织物时，具体的参数需要具体考量。

一、三维机织物相关参数

在对三维机织物进行设计时，需要确定织物多个相关参数，之后再根据参数织造织物。与三维机织物相关的参数如下：

1. 纱线线密度及体密度 纱线的线密度用特克斯（tex）表示，是指1000m长纱线在公定回潮率下重量的克数。它是定长制单位，克重越大纱线越粗。体密度是物质的特性之一，每种物质都有一定的体密度，纱线体密度的单位一般为g/cm^3。纱线一旦选定，即代表已知纱线的线密度和体密度。

2. 织物各系统纱线密度 三维机织物一般由2~5个系统的纱线组成，例如，三向正交织物由经纱、纬纱和Z向纱三个系统纱线构成。其经纱密度是指沿着织物的纬纱方向每厘米的经纱根数；纬纱密度是指沿着织物经纱方向每厘米的纬纱根数，Z向纱密度一般与经纱密度相同。图9-10为角联锁机织物密度测量示意图。

 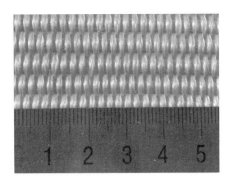

（a）纬密测量　　　　　　　　　　　　　　　（b）经密测量

图9-10　角联锁机织物密度测量示意图

3. 织物尺寸 设计三维织物时，需要确定织物的长度、宽度和厚度，为方便计算，单位一般取cm。

4. 纤维体积含量 纤维体积含量即纤维增强复合材料中纤维的体积占复合材料体积的百分数。纤维体积含量对复合材料性能影响较大。

二、三维机织物参数设计

三维机织物的参数主要有纱线线密度、体密度，各系统纱线密度，织物尺寸，织物层数以及织物对应复合材料的纤维体积含量，它们之间存在一定的相互关系。因此，三维机织物的参数就是通过对纤维体积含量的理论计算公式进行假设，再调整得到的。在三维机织物中，使用最广泛的组织结构通常是角联锁组织、三向正交组织和面内准各向同性组织。因此，接下来将以这三种组织来介绍三维机织物的参数设计。

（一）角联锁织物参数设计

1. 角联锁复合材料纤维体积含量理论计算公式 角联锁织物中包含两组纱线：经纱和纬纱，因此角联锁复合材料总的纤维体积含量是经纱的纤维体积含量和纬纱的纤维体积含量的总和，计算公式见式（9-1）。其中经纱发生了屈曲，而纬纱为伸直状态。因此计算纬纱的纤维体积含量时，首先应计算出织物中所有纬纱的总长度，然后通过纬纱的线密度换算成纬纱的总质量，再通过纬纱的体密度换算成纬纱的总体积，最后与角联锁复合材料的总体积相比，即得到纬纱的纤维体积含量。经纱的纤维体积含量计算方法同纬纱，还需要考虑经纱的织缩率。经纱和纬纱的纤维体积含量计算公式分别见式（9-2）和式（9-3）。

$$V_f = V_{f_j} + V_{f_w} \tag{9-1}$$

式中：V_f，V_{f_j}，V_{f_w} 分别为角联锁复合材料、经纱和纬纱的纤维体积含量。

$$V_{f_j} = \frac{V_j}{V} = \frac{\dfrac{\lambda_j \times 10^{-3}}{\rho_j} \times W \times P_j \times L \times n}{L \times W \times T} \times (1 + C_j) \times 100\%$$

$$= \frac{\lambda_j \times P_j \times n \times C_j \times 10^{-3}}{\rho_j \times T} \times 100\% \tag{9-2}$$

$$V_{f_w} = \frac{V_w}{V} = \frac{\dfrac{\lambda_w \times 10^{-3}}{\rho_w} \times L \times P_w \times W \times (n+1)}{L \times W \times T} \times 100\%$$

$$= \frac{\lambda_w \times P_w \times (n+1) \times 10^{-3}}{\rho_w \times T} \times 100\% \tag{9-3}$$

式中：V_j，V_w，V 分别为经纱、纬纱和角联锁织物的纤维体积；λ_j，λ_w 分别为经纱和纬纱的线密度（tex）；P_j，P_w 分别为经纱和纬纱的密度［根/（cm·层）］；ρ_j，ρ_w 分别为经纱和纬纱的体密度（g/cm³）；L，W，T 分别为织物的长度、宽度和厚度（cm）；n 为织物层数（这里指经纱的层数）；C_j 为经纱的织缩率。

即角联锁复合材料总的纤维体积含量可简化为下式：

$$V_f = \left[\frac{\lambda_j \times P_j \times n \times C_j \times 10^{-3}}{\rho_j \times T} + \frac{\lambda_w \times P_w \times (n+1) \times 10^{-3}}{\rho_w \times T} \right] \times 100\% \tag{9-4}$$

当经纱和纬纱选用同种纤维时，计算公式（9-4）可简化为下式：

$$V_f = \frac{\lambda_j \times 10^{-3} \times [P_j \times n \times C_j + P_w \times (n+1)]}{\rho_j \times T} \times 100\% \tag{9-5}$$

在计算加入衬经纱或衬纬纱的角联锁复合材料的纤维体积含量时，只需在公式（9-4）中加入衬经纱或衬纬纱的纤维体积含量，计算方法同纬纱。

2. 角联锁织物中经纱织缩率的计算　在进行角联锁织物设计时，上述参数大部分已知，只有经纱的织缩率（C_j）是未知量。所以为求出角联锁复合材料的纤维体积含量，需要对经纱的织缩率进行求解，其求解公式如下。

$$C_j = \frac{S - L_1}{S} \times 100\% \tag{9-6}$$

式中：S，L_1 分别为经纱的曲线长度和该长度对应的织物长度。

图 9-11 为经、纬纱在角联锁织物中的几何模型。

由图可得，经纱的弯曲形态为：

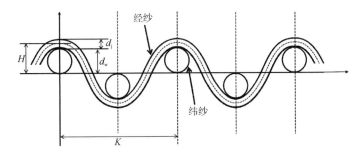

图 9-11 角联锁织物中经、纬纱的几何模型

$$y_0(x) = H\cos\left(\frac{2\pi}{K}x\right) \tag{9-7}$$

则经纱在 $x \in [0, 2\pi]$ 上的弧长为：

$$S = \int_0^{2\pi} \sqrt{1 + \frac{4\pi^2 H^2}{K^2}\sin^2\left(\frac{2\pi}{K}x\right)} \, \mathrm{d}x \tag{9-8}$$

而织物长度 $L_1 = 2\pi$，则经纱的缩率为：

$$C_j = \frac{S - 2\pi}{S} \times 100\% \tag{9-9}$$

求解 S，需要知道 H 和 K 的值。H 和 K 的值由式（9-10）和式（9-11）表示：

$$H = \frac{1}{2}d_j + d_w \tag{9-10}$$

$$K = \frac{1}{P_w} \times 2 \tag{9-11}$$

纱线的线密度为一定长度的纱线具有的克重数。λ 为 1000m 长纱线的克数（单位为 tex）。则纱线的截面面积为：

$$S = \frac{\lambda \times 10^{-5}}{\rho} \tag{9-12}$$

S 表示纱线面积是没有任何空隙的纯纤维面积（单位为 cm^2），即由 1 根单纤维构成的纱线，复合材料中常用的纤维像碳纤维、玻璃纤维这样的无捻复合长丝，纱线内部必有空隙。根据 Hearle 等的理论推导，纱线内部的纤维填充系数为 0.70~0.80，取 $\phi = 0.75$，则修正后的纱线面积为：

$$S = \frac{\lambda \times 10^{-5}}{0.75\rho} \tag{9-13}$$

$$S_j = \frac{\lambda_j \times 10^{-5}}{0.75\rho_j} \tag{9-14}$$

$$S_w = \frac{\lambda_w \times 10^{-5}}{0.75\rho_w} \tag{9-15}$$

则经、纬纱的直径可用式（9-16）和式（9-17）求出。

$$d_j = \sqrt{\frac{4S_j}{\pi}} \tag{9-16}$$

$$d_{\mathrm{w}} = \sqrt{\frac{4S_{\mathrm{w}}}{\pi}} \tag{9-17}$$

则换算可得：

$$H = \frac{1}{2}\sqrt{\frac{4S_{\mathrm{j}}}{\pi}} + \sqrt{\frac{4S_{\mathrm{w}}}{\pi}} \tag{9-18}$$

3. 角联锁织物设计实例 例如，在设计角联锁织物时，经纱选用 3K 碳纤维，经密为 8 根/（cm·层），纬纱选用 6K 碳纤维，纬密为 4 根/（cm·层），经纱层数为 8，纤维体积含量为 50%，织缩率为 1.1，求织物厚度为多少？

由上述例子可知，λ_{j} 为 200 tex，λ_{w} 为 400 tex，P_{j} 为 8，P_{w} 为 4，ρ_{j} 与 ρ_{w} 均为 1.8 g/cm³，n 为 8，C_{j} 为 1.1，V_{f} 为 50%。将已知参数带入式（9-4），如下：

$$50 = \left[\frac{200 \times 10^{-3} \times 8 \times 8 \times 1.1}{1.8 \times T} + \frac{400 \times 10^{-3} \times 4 \times (8+1)}{1.8 \times T}\right] \times 100\%$$

求解可得：织物厚度为 3.16mm。

（二）三向正交织物参数设计

1. 三向正交复合材料纤维体积含量理论计算公式 对于三向正交复合材料来说，经纱、纬纱和 Z 向纱的纤维体积含量计算公式分别为式（9-19）~式（9-21），复合材料总的纤维体积含量是经纱的纤维体积含量、纬纱的纤维体积含量和 Z 向纱纤维体积含量的总和，计算公式见式（9-22）。

$$V_{\mathrm{f}_{\mathrm{j}}} = \frac{V_{\mathrm{j}}}{V} = \frac{\dfrac{\lambda_{\mathrm{j}} \times 10^{-3}}{\rho_{\mathrm{j}}} \times W \times P_{\mathrm{j}} \times L \times n}{L \times W \times T} \times 100\% \tag{9-19}$$

$$= \frac{\lambda_{\mathrm{j}} \times P_{\mathrm{j}} \times n \times 10^{-3}}{\rho_{\mathrm{j}} \times T} \times 100\%$$

$$V_{\mathrm{f}_{\mathrm{w}}} = \frac{V_{\mathrm{w}}}{V} = \frac{\dfrac{\lambda_{\mathrm{w}} \times 10^{-3}}{\rho_{\mathrm{w}}} \times L \times P_{\mathrm{w}} \times W \times (n+1)}{L \times W \times T} \times 100\% \tag{9-20}$$

$$= \frac{\lambda_{\mathrm{w}} \times P_{\mathrm{w}} \times (n+1) \times 10^{-3}}{\rho_{\mathrm{w}} \times T} \times 100\%$$

$$V_{\mathrm{f}_{\mathrm{z}}} = \frac{V_{\mathrm{z}}}{V} = \frac{\dfrac{\lambda_{\mathrm{z}} \times 10^{-3}}{\rho_{\mathrm{z}}} \times W \times P_{\mathrm{z}} \times (L + L \times T \times P_{\mathrm{w}})}{L \times W \times T} \times 100\% \tag{9-21}$$

$$= \frac{\lambda_{\mathrm{z}} \times P_{\mathrm{z}} \times P_{\mathrm{w}} \times \left(\dfrac{1}{P_{\mathrm{w}}} + T\right) \times 10^{-3}}{\rho_{\mathrm{z}} \times T} \times 100\%$$

$$V_{\mathrm{f}} = V_{\mathrm{f}_{\mathrm{j}}} + V_{\mathrm{f}_{\mathrm{w}}} + V_{\mathrm{f}_{\mathrm{z}}}$$

$$= \left[\frac{\lambda_{\mathrm{j}} \times P_{\mathrm{j}} \times n \times 10^{-3}}{\rho_{\mathrm{j}} \times T} + \frac{\lambda_{\mathrm{w}} \times P_{\mathrm{w}} \times (n+1) \times 10^{-3}}{\rho_{\mathrm{w}} \times T} + \frac{\lambda_{\mathrm{z}} \times P_{\mathrm{z}} \times P_{\mathrm{w}} \times \left(\dfrac{1}{P_{\mathrm{w}}} + T\right) \times 10^{-3}}{\rho_{\mathrm{z}} \times T}\right] \times 100\%$$

$$\tag{9-22}$$

式中：V_f，V_{f_j}，V_{f_w}，V_{f_z} 分别为三向正交复合材料、经纱、纬纱和 Z 向纱的纤维体积含量；V_j，V_w，V_z，V 分别为经纱、纬纱、Z 向纱和织物的纤维体积；λ_j，λ_w，λ_z 分别为经纱、纬纱和 Z 向纱的线密度（tex）；P_j，P_w，P_z 分别为经纱、纬纱和 Z 向纱的密度［根/（cm·层）］；ρ_j，ρ_w，ρ_z 分别为经纱、纬纱和 Z 向纱的体密度（g/cm³）；L，W，T 分别为织物的长度、宽度和厚度（cm）；n 为织物层数（这里指经纱的层数）。

2. 三向正交织物设计实例　例：在设计三向正交织物时，经纱、纬纱、Z 向纱均选用 190 tex 石英纤维，其中经纱用 4 组纱线并股，纬纱和 Z 向纱均用 5 组纱线并股，此外，经密和 Z 向纱密度均为 5 根/（cm·层），纬密为 4 根/（cm·层），经纱层数为 17，纤维体积含量为 50%，求织物厚度为多少？

由上述例子可知，λ_j 为 190 tex×4，λ_w 为 190 tex×5，λ_z 为 190 tex×5；P_j 为 5，P_w 为 4，P_z 为 5；ρ_j，ρ_w 和 ρ_z 均为 2.2 g/cm³，n 为 17，V_f 为 50%。将已知参数带入式（9-22）：

$$50\% = \left[\frac{190 \times 4 \times 5 \times 17 \times 10^{-3}}{2.2 \times T} + \frac{190 \times 5 \times 4 \times (17+1) \times 10^{-3}}{2.2 \times T} + \frac{190 \times 5 \times 5 \times 4 \times \left(\frac{1}{4} + T\right) \times 10^{-3}}{2.2 \times T} \right] \times 100\%$$

求解可得：织物厚度为 15.14mm。

（三）面内准各向同性织物参数设计

1. 面内准各向同性复合材料纤维体积含量理论计算公式　由上述角联锁复合材料和三向正交复合材料的纤维体积含量计算公式可以发现，纤维体积含量与织物的长度和宽度没有关系，因此为方便计算，在进行面内准各向同性复合材料纤维体积含量理论计算时，假设其长度和宽度相同，即 $L=W$。此外，面内准各向同性织物的特性为 0° 纱和 90° 纱的密度相等，+45° 斜向纱和-45° 斜向纱的密度相等。

面内准各向同性复合材料的纤维体积含量是 0° 纱的纤维体积含量、90° 纱的纤维体积含量、+45° 斜向纱的纤维体积含量、-45° 斜向纱的纤维体积含量和 Z 向纱的纤维体积含量的总和，计算公式见式（9-23）。0° 纱、90° 纱和 Z 向纱的纤维体积含量计算公式与三向正交织物中各组纱线的求解公式类似，分别见式（9-24）～式（9-26）。

$$V_f = V_{f_0} + V_{f_{90}} + V_{f_+} + V_{f_-} + V_{f_Z} \tag{9-23}$$

式中：V_f，V_{f_0}，$V_{f_{90}}$，V_{f_+}，V_{f_-} 分别为面内准各向同性复合材料、0° 纱、90° 纱、+45° 斜向纱和-45° 斜向纱的纤维体积含量。

$$V_{f_0} = \frac{V_0}{V} = \frac{\dfrac{\lambda_0 \times 10^{-3}}{\rho_0} \times L \times P_0 \times L \times n_0}{L \times L \times T} \times 100\% = \frac{\lambda_0 \times P_0 \times n_0 \times 10^{-3}}{\rho_0 \times T} \times 100\% \tag{9-24}$$

$$V_{f_{90}} = \frac{V_{90}}{V} = \frac{\dfrac{\lambda_{90} \times 10^{-3}}{\rho_{90}} \times L \times P_0 \times L \times n_{90}}{L \times L \times T} \times 100\% \tag{9-25}$$

$$= \frac{\lambda_{90} \times P_0 \times n_{90} \times 10^{-3}}{\rho_{90} \times T} \times 100\%$$

$$V_{f_z} = \frac{V_z}{V} = \frac{\dfrac{\lambda_z \times 10^{-3}}{\rho_z} \times L \times P_z \times (L + L \times T \times P_0)}{L \times L \times T} \times 100\%$$

$$= \frac{\lambda_z \times P_0^{\ 2} \times \left(\dfrac{1}{P_0} + T\right) \times 10^{-3}}{\rho_z \times T} \times 100\%$$

(9-26)

式中：V_0，V_{90}，V_z，V 分别为0°纱、90°纱、Z向纱和织物的纤维体积；λ_0，λ_{90} 和 λ_z 分别为0°纱、90°纱和Z向纱的线密度（tex）；P_0 为0°纱、90°纱和Z向纱的密度［根/（cm·层）］；ρ_0，ρ_{90}，ρ_z 分别为0°纱、90°纱和Z向纱的体密度（g/cm³）；L 为织物的长度和宽度；T 为织物的厚度（cm）；n_0 和 n_{90} 分别指0°纱和90°纱的层数。

图9-12为面内准各向同性织物中+45°斜向纱位置示意图，-45°斜向纱位置与+45°斜向纱类似。由图可知，+45°斜向纱的长度可以通过织物边长进行求解，因此，+45°斜向纱和-45°斜向纱的纤维体积含量计算公式分别见式（9-27）和式（9-28）。

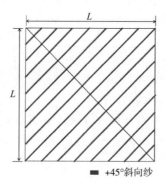

■ +45°斜向纱

图9-12　面内准各向同性织物中+45°斜向纱位置示意图

$$V_{f_+} = \frac{V_+}{V} = \frac{\dfrac{\lambda_+ \times 10^{-3}}{\rho_+} \times \sqrt{2} \times \left[\dfrac{1}{P_0} \times (1 + 2 + 3 + \cdots + L) \times 2 - L \times P_0\right] \times n_+}{L \times L \times T} \times 100\%$$

(9-27)

$$V_{f_-} = \frac{V_-}{V} = \frac{\dfrac{\lambda_- \times 10^{-3}}{\rho_-} \times \sqrt{2} \times \left[\dfrac{1}{P_0} \times (1 + 2 + 3 + \cdots + L) \times 2 - L \times P_0\right] \times n_-}{L \times L \times T} \times 100\%$$

(9-28)

式中：V_+，V_- 分别为+45°斜向纱和-45°斜向纱的纤维体积；λ_+，λ_- 分别为+45°斜向纱和-45°斜向纱的线密度（tex）；ρ_+，ρ_- 分别为+45°斜向纱和-45°斜向纱的体密度（g/cm³）；n_+ 和 n_- 分别为+45°斜向纱和-45°斜向纱的层数。

则式（9-23）可转化为下式：

$$V_f = \left\{ \frac{\lambda_0 \times P_0 \times n_0}{\rho_0 \times T} + \frac{\lambda_{90} \times P_0 \times n_{90}}{\rho_{90} \times T} + \frac{\lambda_z \times P_0^{\ 2} \times \left(\dfrac{1}{P_0} + T\right)}{\rho_z \times T} + \right.$$

$$\frac{\lambda_+ \times \sqrt{2} \times \left[\dfrac{1}{P_0} \times (1 + 2 + 3 + \cdots + L \times P_0) \times 2 - L\right] \times n_+}{\rho_+ \times L \times L \times T} +$$

$$\left. \frac{\lambda_- \times \sqrt{2} \times \left[\frac{1}{P_0} \times (1 + 2 + 3 + \cdots + L \times P_0) \times 2 - L \right] \times n_-}{\rho_- \times L \times L \times T} \right\} \times 100\% \qquad (9-29)$$

2. 面内准各向同性织物设计实例　例：在设计面内准各向同性织物时，0°纱、90°纱、+45°斜向纱、−45°斜向纱和 Z 向纱均选用 800 tex 玻璃纤维，0°纱密度和 90°纱密度均为 5 根/（cm·层），此外，0°纱、90°纱、+45°斜向纱和−45°斜向纱层数均为 2，织物长度、宽度和厚度分别为 5cm×5cm×0.4cm，求纤维体积含量为多少？

由上述例子可知，λ_0、λ_{90}、λ_+、λ_- 和 λ_z 均为 800 tex；P_0 为 5；λ_0、λ_{90}、λ_+、λ_- 和 λ_z 均为 2.4g/cm^3，n_0、n_{90}、n_+、n_- 和 n_Z 均为 2；L 为 5cm；T 为 0.4mm。将已知参数代入式（9−14），如下：

$$V_f = \left\{ \frac{0.8 \times 5 \times 2}{2.4 \times 0.4} + \frac{0.8 \times 5 \times 2}{2.4 \times 0.4} + \frac{0.8 \times \sqrt{2} \times \left[\frac{1}{5} \times (1 + 2 + 3 + \cdots + 5 \times 5) \times 2 - 5 \right] \times 2}{2.4 \times 5 \times 5 \times 0.4} + \right.$$

$$\left. \frac{0.8 \times \sqrt{2} \times \left[\frac{1}{5} \times (1 + 2 + 3 + \cdots + 5 \times 5) \times 2 - 5 \right] \times 2}{2.4 \times 5 \times 5 \times 0.4} + \frac{0.8 \times 5^2 \times \left(\frac{1}{5} + 0.4 \right)}{2.4 \times 0.4} \right\} \times 100\%$$

求解可得：纤维体积含量为 52.74%。

第五节　三维机织物的织造

一、织造前准备

原则上满足二维机织的纤维或者纱线都可以满足三维织造。三维织物用纱线或者纤维束多为高性能纤维，如碳纤维、玻璃纤维、碳化硅纤维、芳纶等。对于高性能纤维来说，纱线在织造过程中由于和织机发生摩擦和磨损，使在织造过程中纱线的一些力学性能降低，影响三维织物最终的机械性能，如拉伸性能、压缩性能和剪切性能等。因此，减少纤维在轴向的卷曲和在织造过程中的摩擦、磨损破坏是提高三维织物机械力学性能的关键。

（一）张力线准备

1. 张力线长度和种类选择

（1）检查张力线的弹性是否良好。出现张力线的皮筋断裂，拉伸后无法恢复原状等现象时应及时更换。

（2）张力线长度的选择。根据纤维长度和织机机位，按实际需要截取张力线长度，使织物在织造过程中经纱张力适中。

（3）张力线种类的选择。根据张力线弹性分为氨纶包覆纱和弹力线两种，氨纶包覆纱弹性较小，与纤维直接连接使用；弹力线弹性较大，与尼龙线连接，尼龙线再与纤维连接使用。一般根据织机的状态和织物的结构选择连接方式，从而确定张力线的种类。

2. 纤维连接方式

纤维与张力线的连接方式分为以下两种：

（1）纤维与张力线直接连接。若纤维与张力线之间用热塑套管连接，热塑套管一定要将连接处的纤维头完全包覆，一般由于石英纤维易起静电，使用热塑套管；若纤维与张力线之间用橡皮筋连接，要保证弯折后的纤维头长度在 20~30mm 之间，并且长度基本相同，一般碳纤维使用橡皮筋，操作方便、效率高。

（2）纤维与尼龙线连接。截取一定长度的张力线，一端打小结。由织机一侧开始将张力线挂在织机后端的挂线板的钩子上，每根钩子挂满所有需要的张力线根数，另一端打结与尼龙线连接。按工艺说明的规定截取一定长度的尼龙线，尼龙线双股（单股回头），一端打结与张力线连接，另一端与纤维相连。

无论哪种连接方式，打结完成后要用力拉下，看看连接强力是否足够，保证纤维与张力线连接牢固。如遇到纤维细度小的情况，可以将纤维对折后再与张力线连接。

（二）纱线准备

1. 经纱准备 选定经纱所用纤维后，经纱下纱长度和根数计算公式分别为式（9-30）和式（9-31）。需要注意的是，经纱一般对折后当两根纱使用，因此计算经纱下纱长度和根数时需考虑这一因素。

$$L_j = (L \times C_j + 损耗) \times 2 \tag{9-30}$$

式中：L_j 为经纱下纱长度；L 为织物长度；C_j 为织缩率。

$$N_j = \frac{W \times P_j \times n}{2} \tag{9-31}$$

式中：N_j 为经纱下纱根度；W 为织物宽度；P_j 为经纱密度［根/（cm·层）］；n 为经纱层数。

2. 纬纱准备 纬纱引入方式有纬纱轴和纬纱筒两种。

（1）纬纱轴。一般纬纱引入织物使用纬纱轴。纬纱缠绕成纬纱轴备用，纬纱轴缠绕时要紧密、均匀。

（2）纬纱筒直接引纬。若纬纱为偶数合股且不加捻，可以将纬纱合股数一半的纬纱筒放在织物一侧，另一侧用不锈钢钩子将纬纱传递到钩子所在侧面，钩子退出，纬纱就得到所需的股数，并完成一层纬纱的引入。这种方法省略了缠轴工序，提高了效率，且对纤维损伤较小。

3. Z 向纱准备 在织造三向正交织物时，还需要准备 Z 向纱，Z 向纱下纱长度和根数计算公式分别为式（9-32）和式（9-33）。

$$L_Z = (L + T \times L \times P_w + 损耗) \times 2 \tag{9-32}$$

式中：L_Z 为 Z 向纱下纱长度；L 为织物长度；T 为织物厚度；P_w 为纬纱密度［根/（cm·层）］。

$$N_Z = \frac{W \times P_Z}{2} \tag{9-33}$$

式中：N_Z 为 Z 向纱下纱根度；W 为织物宽度；P_Z 为经纱密度［根/（cm·层）］。

（三）挂纱

1. 挂纱架种类　一般常用的挂纱架有两种，钉板挂纱架和横杆挂纱架。钉板挂纱架由前后两排钉子构成，钉子密度为 2 根/cm。根据织物厚度选择使用挂线架，若织物厚度较厚（一般大于 10mm），适用于钉板挂纱架，经纱层次清晰，便于起始段打紧纬纱，纤维浪费少；若织物厚度较薄（一般小于 10mm），可以使用横杆挂纱架，构造简单、工人操作方便。

2. 挂纱方法一（两个综框，适用于角联锁结构）　角联锁平板织物需要前、后两页综框交替运动，完成织造要求。织造过程中需要两页综框的织物挂纱方法为横杆挂纱架挂纱方法（每列综片单独进行挂线）。综框分为前、后（立式织机为上、下）两页，挂纱时，需将经纱先在前页综框挂一列，然后在相邻后页综框上挂一列，这样依次前后综框交替进行，直至挂完所有经纱。

3. 挂线方法二（三个综框，适用于三向正交结构）　三向正交织物织造过程中需要三个综框，以满足织造需求。综框为前、中、后三页时，前页和中页综框为一组挂经纱，每对经纱的张力线挂在同一组同一层的左右两个挂纱钩上，从综片最下面一层开始，逐渐向上，达到加工所需要的层数，再进行后页和中页综框为一组进行挂线，直至达到加工所需层数；然后将 Z 向纱挂在后页综框上，且与经纱一隔一相互隔开。

挂线过程中要注意检查经纱穿过筘齿是否有漏穿、重复的现象，及时纠正错误，挂纱完成后再检查一遍，同时检查经纱的层、列是否与设计参数相符。

二、织物织造

（一）角联锁织物织造

角联锁结构由两组纱线组成，其中纬纱为伸直状态，经纱通过屈曲将纬纱捆绑为一个整体。在织造过程中，首先前、后两页综框交替上下，带动经纱运动，使得相邻经纱形成一上一下的位置，然后将纬纱一层一层喂入经纱开口处，并移动钢筘将纬纱打紧，即一个运动循环结束。之后再次交替上下移动综框，喂入纬纱并打紧。重复此过程，直到完成角联锁织物的织造。图 9-13 为角联锁织物实物图。

图 9-13　角联锁织物实物图

（二）三向正交织物织造

三向正交结构由三组纱线组成，在平面 X—Y 方向和空间 Z 方向上的纱线均垂直相交，纱线之间没有明显分层，一层紧挨一层，通过 Z 向纱垂直贯穿于织物表面形成。机织三向正交织物该结构能充分发挥纤维性能，通过对各向纤维配比设计，可达到复合材料各向力学性能合理匹配，综合性能最优的目标。

如图 9-14 所示为三向正交机织物的典型织造方法，在此机构中包括三种纱线，即经纱、纬纱和 Z 向纱。预制件结构主要利用与预制件面内呈正交方向的 Z 向纱，将多层经纱、纬纱连为一个稳定整体。在织造过程中，经纱无须运动，只需要在梭口处喂入纬纱，然后将上、下表面的 Z 向纱交替上下移动。Z 向纱上下交叉，可以将经纱和纬纱捆绑在一起形成一个整体结构。最后，通过相应的打紧工序使纱线相互交织在一起，形成具有一定紧度、一定形状的机织三向预制件。在理想状态下，三组纱线是相互垂直的。

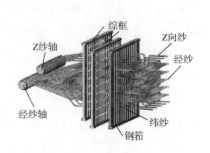

图 9-14　三向正交机织物织造方法

（三）面内准各向同性织物织造

织造面内准各向同性织物时采用了一种新型的织造方法（置换法），这种方法织造出的织物内部纤维保持平行顺直状态，只有在织物的边缘纱线才会出现较大的屈曲，且织物的一层由一整根长纤维组成。图 9-15 为置换法织造多层多轴向三维机织物的过程，分为以下四个部分：织造之前的准备工作、针管排布、织造过程（即缠绕过程）、置换过程和整理过程。

（1）先织造前根据纤维体积含量的要求确定需要的纱线细度和织物层数，其次根据织物内部纤维的走向确定纤维的角度。由于碳纤维、玻璃纤维等高性能纤维不耐磨，在织造过程中容易起毛，在织造过程中很容易造成纤维毛羽堵塞织造通道，毛羽相互缠绕，看不清纱路，甚至造成纤维断头从而影响织造，最终也会影响织物的外观。因此织造前先将纤维按需要的长度缠绕在纱轴上，保证缠绕张力均匀，尽量将摩擦力降到最低。

（2）按织物的0°纱、90°纱和 Z 向纱的密度（一般0°纱、90°纱和 Z 向纱的密度相等）在玻璃板上排布好针管的位置，然后插入一排排针管，如图 9-15（a）所示。

（3）根据纤维体积含量的要求设计的纤维排列顺序，开始进行织造过程，将纤维一端固定在玻璃板上，按照针管排列的轮廓和密度一排排地进行缠绕，如图 9-15（b）所示。

（4）进行置换过程 ［图 9-15（c）］，将纤维与手缝针相连，用手缝针将针管顶出，并将纤维带入织物，并用适当的力拉紧纤维，然后反向重复前述过程，将铺层好的纤维锁定起来，最终织物如图 9-15（d）所示。

（四）异型织物织造

异型织造根据所设计的特殊设备将纱线整齐排列，利用织造原理形成异型预制件。圆管、锥形、T 形等都是常见的异型预制件，图 9-16 为角联锁结构圆管织物和三向正交结构圆管织物，沿圆周方向为纬纱，沿圆柱竖直方向为经纱。其织造过程同角联锁结构及三向正交结构平板织物。

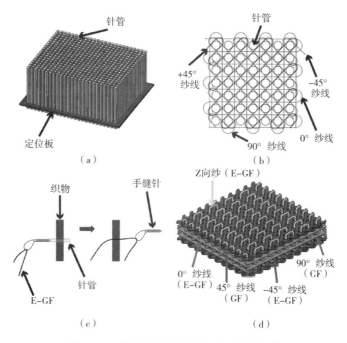

图 9-15 置换法织造多层多向三维机织物

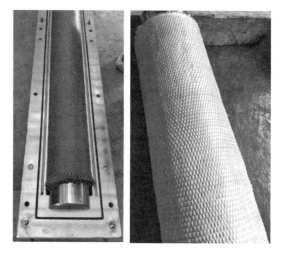

图 9-16 角联锁结构圆管织物和三向正交结构圆管织物

三、下机测量

1. 织物经纬密度的测定 织物的经向密度是指沿着织物的纬纱的方向，每厘米的经纱根数；纬向密度是指沿着织物的经纱的方向，每厘米的纬纱根数。图 9-17 为三向正交织物密度测量示意图。

2. 织物厚度的测定 织物织造过程中每个测量点用精度为 0.02mm 的游标卡尺测量织物

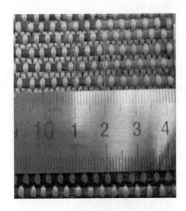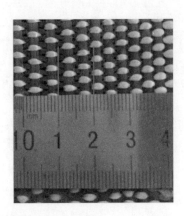

图 9-17　三向正交织物密度测量示意图

的厚度，在织物有效范围内量取三处，测量值保留小数点后一位有效数值。

3. 织物宽度的测定　织物织造过程中每个测量点用精度为 0.5mm 的钢板尺测量织物有效尺寸内的第一根经纱到最后一根经纱间的垂直距离，在织物有效范围内测量三处，保留小数点后一位有效数字。

4. 织物长度的测定　用精度 0.5mm 的钢板尺测量织物有效的第一纬到织造完成纬的距离，在织物有效范围内测量三处，保留小数点后一位有效数字。

参考文献

[1] 李鸣超 . 2.5D 机织物的织造工艺设计与下机分析［D］. 上海：东华大学，2016.

[2] 张素婉 . 2.5D 机织物的半球成型性能研究［D］. 天津：天津工业大学，2011.

[3] 张倩倩 . Z 向纱对三维正交复合材料细观结构和力学性能的影响［D］. 天津：天津工业大学，2013.

[4] 郭慧 . 多层多向三维机织物细观结构研究［D］. 天津：天津工业大学，2014.

[5] 刘兰英 . 面内准各向同性编织复合材料的研制［D］. 天津：天津工业大学，2012.

[6] Hallal A, Younes R, Fardoun F, et al. Improved analytical model to predict the effective elastic properties of 2.5D interlock woven fabrics composite［J］. Composite Structures，2012，94（10）：3009-3028.

[7] 王芳，林富生，李燕武，等 . 三维织物织造方法的探讨［J］. 机电产品开发与创新，2008，21（4）：27-29.

[8] Lili Xue, Wei Fan, Fan Wu, et al. The influence of thermo-oxidative aging on the electromagnetic absorbing properties of 3D quasi-isotropic braided carbon/glass bismaleimide composite［J］. Polymer Degradation and Stability，2019，168：108941.

[9] 郭兴峰 . 三维机织物［M］. 北京：中国纺织出版社，2015.

[10] Juanzi Li, Wei Fan, Yanli Ma, et al. Influence of Reinforcement Structures and Hybrid Types on Inter-

Laminar Shear Performance of Carbon－Glass Hybrid Fibers/Bismaleimide Composites Under Long－term Thermo－oxidative Aging ［J］. Polymers, 2019, 11 (8): 1288.

［11］ Wei Fan, Wensheng Dang, Tao Liu, et al. Fatigue behavior of the 3D orthogonal carbon/glass fibers hybrid composite under three－point bending load ［J］. Materials and Design, 2019, 183: 108112.

第十章 三维针织物

第一节 概述

一、三维针织物的定义

针织是利用织针和其他成圈机件将纱线弯曲成线圈，并将其相互串套连接形成织物的一门工艺技术。三维针织物是指所加工的针织物具有可自支撑成型的空间立体结构。

二、三维针织物的产生与发展

针织由早期的手工编织演变而来，最早可追溯到史前时期原始人类编织的渔网。1982年在中国湖北省江陵马山战国墓出土的带状单面纬编双色提花丝制针织物，是人类发现最早的手工针织品，距今约2200年；13世纪左右，欧洲形成了比较完整的针织编织体系，随着移民的变迁，针织方法开始在世界上广泛流传；1589年，英国 William-Lea 制造了第一台针织机，针织生产开始由手工逐渐向半机械化转化；产业革命后机械化促进了针织机械的发展，19世纪70年代始，电动机的发明使手摇针织机逐渐被电动针织机所取代，逐步实现了机电一体化，针织迎来了黄金时期；20世纪初至今，随着新型针织原料不断涌现，针织结构材料逐渐朝着多元化方向发展。

三、三维针织物的应用

（一）轴向三维针织物的应用

取向结构由于其优良的机械性能已开始在产业用布领域得到广泛应用，在我国已大量用于灯箱织物、土工格栅等材料。关于三维针织取向结构及其复合材料的最终用途主要有：

（1）运输用篷盖布、遮篷、帆篷、屏蔽帘、轻型传送带。

（2）建筑用单层屋顶材料（PVC涂层或沥青处理）、土工膜（矿用）/土工管道、土工格栅。

（3）储存用筒仓、储存容器、游泳池和蓄水衬里。

（4）防护用防护服、军用头盔、医用脚托。

（5）充气结构（帆船、皮艇、救生衣、浮箱、空气垫、飞艇）。

（6）覆盖和防护材料。

（二）经编间隔织物的应用

经编间隔织物用途十分广泛，涵盖服装、装饰和产业等多个领域，并且由于经编间隔织物优越的性能，新的应用领域也在继续开发。

（1）服用材料。主要在一些特殊的气候环境和特种服装上使用，如滑雪服、潜水服、保暖田径服等高性能运动服，消防服、警察防护服等，起防护作用。

（2）衬垫材料。椅垫、床垫、罩杯、垫肩等，运动鞋垫，可替代聚氨酯软泡沫。

（3）工程材料。复合材料中的增强骨架材料、三维地基增强材料，建筑部件或工程构件等。

（4）医用材料。医疗绷带等。

（5）其他。过滤、包装材料等。

第二节　三维针织物的组织结构

一、双轴向纬编针织物

双轴向纬编针织物指在地组织中衬入经纱和纬纱形成的织物结构，如图10-1所示。典型的双轴向纬编针织物有两种，一种是简单的衬经、衬纬，利用针织地组织的线圈将经纱和纬纱捆绑起来，形成双向增强结构；另一种是形成多层衬经衬纬结构，在织物的厚度方向也得到增强，如以1×1罗纹为地组织的多层衬经衬纬针织增强结构织物。

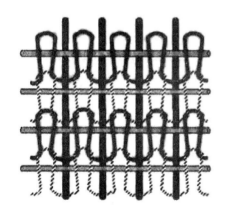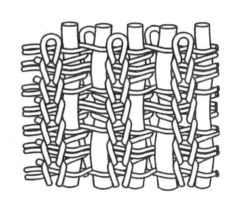

图10-1　双轴向纬编织物

双轴向纬编织物除具有无屈曲结构所共有的一些特点（纱线强度利用率高、层间剪切强度较好等）之外，还具有一项独特的性能特点，那就是成型性能优异。机织物在变形过程中由于纱线相互交织、彼此制约，纱线运动的空间有限，因而很容易产生起拱、起皱等成型不良现象。双轴向纬编织物中的衬纱没有交织，只是相互交叉排列，衬纱运动主要受绑缚线圈的制约，而纬编线圈具有延伸性大、弹性好的特点，这使衬纱在织物变形过程中有很大的活动空间，可以通过衬纱位置的变化及重新取向达到良好的成型外观。多轴向经编织物中的衬纱虽然和双轴向纬编织物一样只是相互交叉排列，没有交织，但经编线圈的延伸性不及纬编线圈，因而对衬纱的束缚限制也相应增大，导致其成型性能不如双轴向纬编织物。

二、多轴向经编针织物

多轴向经编针织物的一个主要的特点是，在织物的纵向和横向以及斜向都可以衬入纱线，并且这些纱线能够按照使用要求平行伸直地衬在需要的方向上。因此这类织物称为多轴向经编针织物。纵向的衬入纱线称为衬经纱，横向的衬入纱线称为衬纬纱，与衬经纱成一定角度的衬入纱线称为斜向衬纱。这些衬纱的使用，改善了经编针织物的性能，扩大了经编织物原料的使用范围。通过选择适当的机号和设计一定的组织和穿纱规律，可以形成致密结构、网眼结构、半网眼结构和格栅结构。这种取向结构还可以同时与非织造布、泡沫、胶片和纤维网等织在一起，形成复合经编织物。

多轴向经编织物结构如图 10-2 所示，由纬纱、经纱、两个斜向衬纬的纱线和编织纱组成，分别是 $90°/0°/+45°/-45°$。注意它们之间的层次关系，纬纱处于最低层，其次经纱，然后为两个斜向衬纬的纱线。长纤维增强复合材料越来越多地被应用，纱层的整齐排列使多轴向衬入的织物特别适用于塑料增强织物。

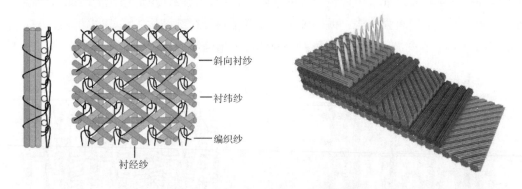

斜向衬纱
衬纬纱
编织纱
衬经纱

图 10-2　多轴向经编织物结构示意图

多轴向经编组织除了在经纬方向有衬纱外，还可以根据所受外部载荷，在多达五个任意方向（在 $-20° \sim +20°$，共 $320°$ 范围内）上衬入不成圈的平行伸直纱线。

多轴向经编组织广泛用于纺织增强材料，与传统的材料相比，多轴向增强材料有以下重要优点：

（1）重量较轻。

（2）承载能力强。

（3）硬度可调。

（4）服务寿命更长。

（5）抗腐蚀和化学作用强。

（6）材料和劳动力成本低。

三、经编间隔织物

经编间隔织物是由上下面层织物和间隔层（间隔丝）组成的织物，间隔层（间隔丝）连接上下面层织物形成一个整体，如图10-3（a）所示。经编间隔织物的原料以化纤为主，来源广泛；经编间隔织物上下面层［图10-3（c）、（d）］的原料通常选用耐磨性较好的化纤复丝，如高强涤纶、锦纶、丙纶及其混纺丝；间隔层起到支撑作用，所以间隔层［图10-3（b）］的纱线通常选用抗弯刚度较大的化纤单丝，如涤纶和锦纶单丝。可通过改变面纱的穿经方式，得到多样化的表面层结构以及通过改变生产机器前、后针床间的隔距，得到厚度范

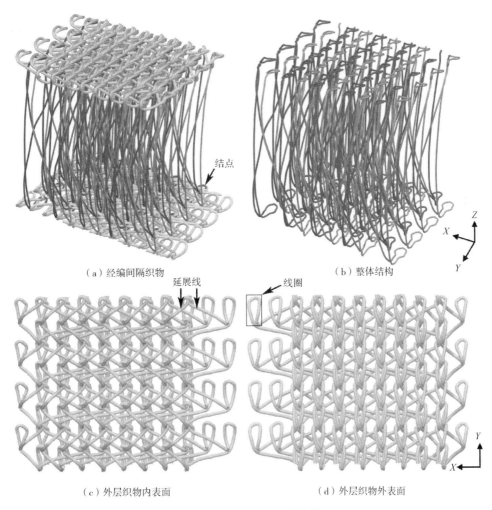

（a）经编间隔织物　　　　　　　　　　　　　　（b）整体结构

（c）外层织物内表面　　　　　　　　　　　　　　（d）外层织物外表面

图10-3　经编间隔织物结构

围可在 0.3~650mm 之间的织物。经编间隔织物具有优异的抗压缩、抗冲击、能量吸收、减震、保温隔热和隔音等性能。经编间隔织物优异的力学、热学及声学性能与其间隔丝的结构参数密切相关。经编间隔织物在汽车内饰、复合材料增强体、衬垫材料、服饰鞋材和箱包面料等方面的应用极其广泛，是目前研究和开发的一种热门纺织材料。

第三节 三维针织物的织造原理与设备

一、双轴向纬编织物织造的原理与设备

纬编双轴向织物可在双面圆纬机上进行编织，如图 10-4 所示。以 1+1 罗纹组织作为绑缚系统，将 1 层经纱和 1 层纬纱联结到一起形成稳定结构。绑缚系统的作用是固定衬纱，使用的原料为纱支较高、质地柔软、利于针织成圈的纤维材料，如涤纶、锦纶、芳纶等。衬纱通常采用纱支较低并有一定刚度的玻璃纤维、碳纤维、芳纶、高强聚乙烯等高性能纤维。衬纱在织物中的含量一般在90%以上，因此织物的力学性能主要靠衬纱体现。

在编织时，编织纱通过编织纱嘴从针盘方向喂入编织区域，针盘三角座带动针盘三角与针筒三角同步回转，分别控制针盘织针和针筒织针上升垫入纱线，随后成圈编织罗纹结构；衬经纱喂入两根舌针之间，进入在针盘和针筒之间的孔隙，和织物一同往下成布；衬纬纱通过衬纬纱嘴喂入成圈区域，在衬经纱的外围挡住，直到编织纱新线圈完成成圈过程，罗纹组织的新线圈将其推入织物被牵拉下去。双面圆纬编织机如图 10-4 所示。设备由主机架、线圈编织、经纱衬入、纬纱衬入、织物牵拉卷取、电动控制六部分组成。织物的形成是按照编织原理的要求，由设备的六个部分通过相互协调与配合来完成。

图 10-4 双面圆纬编织机

二、多轴向经编织物织造的原理与设备

多轴向经编组织是在多轴向经编机上编织而成，如图10-5所示，该机型的多轴向经编机以其独特的成圈机件配置、全电脑控制的铺纬系统、高效灵活的生产方式以及优良的织物质量等。在生产过程中，铺纬机构的纱线从一边与机器保持平行的筒子架引出，铺纬装置在伺服电动机的驱动下，在幅宽范围内往复运动，将引出的增强纱线按照要求铺放在两侧的传送链上，传送链在伺服电动机带动的一套传动系统的作用下向前传动，将纱线平行伸直地输送

到编织区，然后利用成圈系统将平行伸直的增强纱通过经编组织（编链、经平、编链+经平）捆绑编织在一起形成所需的多轴向经编织物。

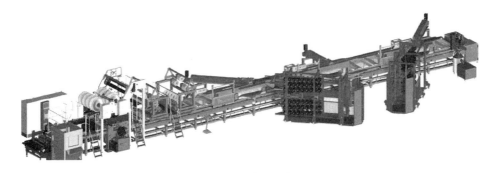

图 10-5　多轴向经编机

多轴向经编机成圈机构配置如图 10-6 所示。

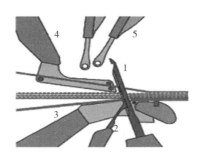

图 10-6　多轴向经编机成圈机构配置图

1—复合针床　2—针芯　3—沉降片　4—编链板　5—导纱梳栉

从图 10-6 中可以看出，采用 ST 导纱针。除此之外，机器还采用了其独特的移动复合针系统，移动复合针系统使复合针除了在垂直上下运动外，还在水平方向（即织物喂入方向）运动，这样可以减少织针对纬纱的阻力，降低织针对纬纱进入编织区域的干扰，同时也延长了织针的使用寿命。所受负荷和张力最小化可以减小编织过程中织针的负荷；减少穿刺造成孔洞的可能性可以提高织物的质量；减少摩擦还可以提高生产速度。

此外，这种新型移动织针由特殊的齿轮传动，对于轻型或是重型线圈绑缚结构来说，它都在一定程度上使编织过程加以改进。

这种经编机配有 3~7 个衬纬系统，纬纱由筒子架引出，随后被铺放于传送链上。早前的机器所采用的铺纬方式主要是铺纬滑轨固定不动，通过传送链运动和铺纬小车运动的合成来形成所需的角度（-45°~+45°）。然而，随着技术的不断完善，利巴机器的铺纬方式得到了很大程度的改进，它通过铺纬滑轨运动、传送链运动、铺纬小车运动三者的协调运动来形成铺纬角度，该种新型铺纬方式使织物在实际生产中完全由伺服电动机控制，每一纱层的角度均可通过程序设计在-20°~20°之间变化。

目前，用于多轴向经编织物编织的机器有 RS2DS-V 型多轴向经编机、马利莫 Multiaxial 型多轴向经编机、马里簇尼克（Malitronic）多轴向经编机、Copcentra MAX3 CNC 型多轴向经编机、Copcentra MAX5 CNC Carbon 型多轴向经编机。

三、经编间隔织物织造的原理与设备

双针床拉舍尔经编机（图 10-7）前后针床对称，在两个针床的上方，配置一套梳栉。而对于前后针床，各相应配置一块栅状脱圈板和一个沉降片。双针床拉舍尔经编的常用机号有 E16、E22、E28，工作门幅一般约为 350cm（138 英寸），多数机器采用六梳栉。梳栉 GB1、GB2、GB5、GB6 用于编织地组织，GB3、GB4 编织间隔纱，GB3、GB4 常采用一穿一空配置，也可只用一把间隔梳栉满穿。在编织过程中，前后针床不是轮流一次交替工作，而是在很长一段时间内交叠工作。即前针床正在高处工作，尚未下降时，后针床已退圈上升。反之亦然。因此在一个编织循环期间，有两段时间前后针床都处于最高位置。由于前后针床交叠工作较长一段时间，使针床有充裕的时间进行上升、下降以及静止的垫纱运动。在这种成圈过程中，梳栉的摆动是按下述次序进行的。前摆、后摆到中间位置停顿，继续后摆、前摆到中间位置停顿。因此在一个编制循环中，梳栉仅前后摆动各两次。只是在每次摆动中间，做一段时间的近似停顿。而 GB3、GB4 对两个针床的针背横移就是利用这两段停顿时间进行的。

目前常用的双针床拉舍尔经编机有 RD4N 型经编机、RD6N 型经编机、RDPJ7/1 型经编机、RACOP D4-D6 型经编机、RD6DPLM/12-3 型经编机、RD7DPLM/12-3EL 型经编机、RD8DPLM/8-3EL 型经编机、HRD6DPLM/60 型经编机、RD6DPLM/30-N 型经编机。

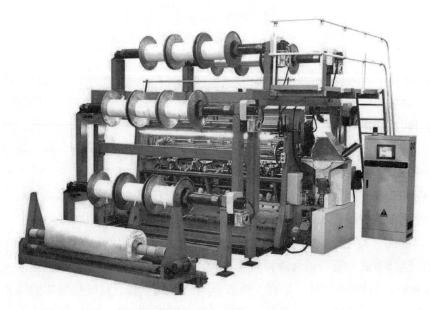

图 10-7　双针床拉舍尔经编机

第四节　三维针织物的工艺参数设计

一、三维针织物的工艺参数和结构参数

（一）三维纬编织物的工艺参数和结构参数

1. 线圈长度　线圈长度即形成一个单元线圈所需要的纱线长度，一般以毫米（mm）为单位，线圈长度可根据线圈在平面上的投影近似地进行计算；或用拆散的方法测得组成一只线圈的实际纱线长度；也可以在编织时用仪器直接测量喂入每只针上的纱线长度。

2. 花高和花宽　在三维纬编织物的工艺正面，借助显微镜或者放大镜沿着线圈纵行方向，数出一个单位花纹中的线圈横列数，此为一个组织循环的高度，通常称为花高；沿着线圈横列方向，数出一个单位花纹中的线圈纵行数，此为一个穿经循环的针数，通常称为花宽。

3. 横密和纵密　横密和纵密用来表示在纱线细度一定的条件下，针织物的稀密程度。三维纬编针织物的横密是沿线圈横列方向，以 5cm 内的线圈纵行数来表示。纵密为沿线圈纵行方向，以 5cm 内的线圈横列数来表示。总密度是横密与纵密的乘积，等于 $25cm^2$ 内的线圈圈数。

4. 未充满系数和紧度系数　未充满系数为线圈长度与纱线直径的比值，即

$$\delta = \frac{l}{d}$$

式中：δ 为未充满系数；l 为线圈长度（mm）；d 为纱线直径（mm）。

未充满系数表示针织物在相同的密度条件下，纱线细度对其稀密程度的影响。线圈长度越长，纱线越稀，未充满系数越大，表明织物中未被纱线充满的空间越大，织物越稀松。

另一种表示和比较针织物的实际稀密程度的参数为紧度系数。紧度系数定义为：

$$TF = \frac{\sqrt{Tt}}{l}$$

式中：TF 为紧度系数；Tt 为纱线线密度（tex）；l 为线圈长度（mm）。

纱线线密度越大，线圈长度越短，紧度系数越大，织物越紧密。

5. 单位面积质量　针织物单位面积质量既是反映针织物织造成本的一个重要指标，也是影响织物性能和品质的重要指标。它与线圈长度、纱线线密度和织物的密度有关，在公定回潮率下，织物的单位面积质量可以表示为：

$$Q = 4 \times 10^{-4} l P_A P_B Tt$$

$$Q' = \frac{Q}{l + W}$$

式中：Q 为单位面积公定质量（g/m²）；P_A 为横密（线圈纵行数/5cm）；P_B 为纵密（线圈横列数/5cm）；l 为线圈长度（mm）；Q' 为单位面积干燥质量（g/m²）；W 为公定回潮率。

6. 坯布幅宽　针织机加工坯布的门幅宽度关系到织物的排料与裁剪。对于某一规格的针

织物来说，选择合适幅宽的坯布，可以使裁剪损耗最小，从而降低成本。针织坯布的幅宽与针筒直径、机号和横密等因素有关。

（二）三维经编织物的工艺参数和结构参数

1. 花高和花宽　织物的组织循环高度及穿经循环根数是分析织物结构的基础，也反映了织物花纹尺寸大小及复杂程度。在织物的工艺正面，借助显微镜或者放大镜沿着线圈纵行方向，数出一个单位花纹中的线圈横列数，此为一个组织循环的高度，通常称为花高；沿着线圈横列方向，数出一个单位花纹中的线圈纵行数，此为一个穿经循环的针数，通常称为花宽。

2. 横密和纵密　三维经编针织物的线圈密度是影响织物风格、性能、生产工艺和成本的关键因素。织物密度一般分为纵密和横密，纵密是确定上机牵拉密度的关键参数，而横密是分析机器机号的依据。对于三维经编织物，采用放大镜和尺子或者照布镜，在工艺正面沿着线圈纵行数出 1cm 或 1 英寸内的线圈数即为纵密，沿着线圈横列方向数出 1cm 或 1 英寸内的线圈纵行数即为横密。若三维经编织物表面为网眼结构，由于线圈的变形造成表面结构的不均匀，可用尺子在纵向和横向量出若干个循环的长度，再通过单位转换成纵、横密。

3. 面密度　织物面密度，即 $1m^2$ 织物的质量克数，是织物的一个重要技术指标。将分析样品取样，取样大小随织物种类、组织结构而异，在织物样品较大时，用圆盘剪刀直接裁取一个面积为 $100cm^2$ 的圆形样，使用电子天平称取其质量；而当样品面积较小时，一般剪取一个规则的矩形，量出长和宽，计算织物面积，然后称取样品的质量，通过单位换算成织物平方米克重。

4. 垫纱数码　从织物的工艺反面延展线之间的层次关系判断梳栉顺序。通常选择在工艺反面分析梳栉的垫纱组织。分析时，先确定前梳的垫纱组织，沿着该把梳栉上的某一根延展线找到串套的线圈，随后找到此根纱线串套成圈之后的延展线，依次可找出该根纱线在一个组织循环中的走向。在此过程中，根据每根延展线的起始线圈纵行与终了线圈纵行之间的距离，可确定延展线的长度；根据串套时进出的两根延展线之间是否存在交叉关系判断形成的是开口还是闭口线圈，从而进一步确定针前横移方向，得出该把梳栉的垫纱组织。对于其他梳栉的垫纱组织，按照延展线的层次关系，同样可以分析出该把梳栉上的纱线走向，进而确定针前及针背垫纱情况。根据分析结果写出垫纱数码。

5. 穿经及对纱　在经编针织物中，一把梳栉上的导纱针可以是满穿纱线，穿入的纱线相同或是不同；也可以按一定规律在某些导纱针上不穿纱线，称为空穿。对于穿有不同纱线或是带空穿的梳栉，必须标注穿经方式，同时计算穿经率，穿经率为一个穿经循环中的穿纱数除以穿经循环的总纵行数。如两把梳栉均存在穿不同的纱线或带有空穿的情况，则需注意两把梳纱线之间的配合关系，即两把梳之间要对纱，否则会影响花纹的正常形成。在织物工艺反面，沿着一个横列在一个花宽范围内从右至左，观察并记录每个线圈纵行中同一把梳栉上的延展线进出情况，如果在某个纵行中没有该把梳栉的延展线进出，则该梳栉在此处的导纱针为空穿。此外，记录所有梳栉在同一线圈横列的穿纱情况，即为所有梳栉在此线圈横列时的对纱关系。

6. 原料　原料一般包括纤维类别、纱线线密度、单纤线密度、光泽度、纱线加工方式等。

7. 机器基本参数 经编机种类繁多，每种经编机所生产的产品都有其相应的特点及微观特征。在对织物组织结构、密度分析及成品幅宽需求的基础上，确定机器基本参数，包括机型、机器幅宽、机号、梳栉数等。

8. 送经量 对织物坯布或成品纵密分析之后，根据织物纵向缩率的情况，初定牵拉密度，又称上机密度。在此基础上，采用一定的方法估算出每把梳栉的送经量。送经量是指编织 480 横列的织物所用的纱线的长度，单位为 mm/rack（腊克）。先计算出每个横列的平均线圈长度，再算出 480 横列的送经长度。每个横列的线圈由不同组成部分，如圈弧、圈柱、延展线及沉降弧等（图 10-8），对于每个组成部分，采用以下估算式进行计算。

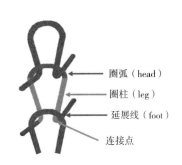

图 10-8　经编线圈的各个组成部分

（1）圈弧长度 A（mm）。

$$A = \pi d / 2.2 = 3.14 / 2.2 \times d = 1.43d$$

式中：d 为织针的直径。

（2）圈柱长度 B（mm）。

$$B = S = 10 / \mathrm{cpc}$$

式中：S 为圈高。

（3）延展线长度 C（mm）。

$$C = bT$$

式中：b 为横跨的针距数；T 为针距（两针之间的距离，由机号决定）。

对于延展线进沿线圈纵行上下的编链组织而言

$$C = S$$

（4）沉降弧长度 D（mm）。

$$D = T$$

有关不同机号的针的直径及针距见表 10-1。

表 10-1　不同机号下的织针直径与针距列表

机号	E14	E20	E24	E28	E32	E36	E40	E44
针直径/mm	0.7	0.7	0.55	0.5	0.41	0.41	0.41	0.41
针距/mm	1.81	1.27	1.06	0.91	0.79	0.71	0.64	0.58

一个横列取一个组织循环中各个横列的线圈长度相加之和，除以横列数，得到每个横列的平均线圈长度，然后再算出一腊克的送经量。计算式如下：

$$R = 480 \times \frac{\sum_{i=1}^{m} rpc_i}{m}$$

式中：m 为一个组织循环的横列数。

（5）转向弧长度 E（mm）。对于局部衬纬组织，在织物中被前梳的延展线和后面的线圈圈柱所夹持，在转向处形成弯曲，称为转向弧，由于受到多种因素的影响，转向弧长度 E（mm）变化范围较大，一般为 $0.3 \sim 0.5T$，实际计算时应根据情况予以选择。

（6）线圈长度 l（mm）。每个横列的线圈可由以上几个部分组成，将各个部分相加，即可得出一个横列的线圈长度 l（mm）。常见组织的线圈长度组成见表 10-2。

表 10-2　几种常见组织的线圈长度组成

组织类型	线圈参数					
	圈弧	圈柱	延展线	沉降弧	转向弧	线圈长度
1-0/1-2//	1A	2B	1C	0	0	1A+2B+1C
1-0/3-4//	1A	2B	3C	0	0	1A+2B+3C
1-0/0-1//	1A	2B	1B	0	0	1A+3B
0-0/2-2//	0	0	1C	0	0.4T	1C+0.4T
0-2/3-1//	2A	4B	1C	1D	0	2A+4B+1C+1D

9. 整经工艺　整经工艺包括整经根数、分段经轴数和整经长度。根据成品幅宽要求和成品横密，可以确定一幅织物所需的工作针数；根据分段经轴数，得出每个分段经轴上的整经根数，即整经时所需的纱线筒子数；根据落布米长，可算出每坯布的整经长度。

10. 织物产量　织物产量有长度和质量之分，一般以一小时机器生产的米长（m/h）或一天生产的千克数（kg/d）进行计算；由于织物的缩率导致机器牵拉米长、坯布米长和成品米长之间的差异必须考虑在内。

二、纤维体积含量的计算

（一）双轴向纬编织物

以理想化的纱线形状和单元细胞几何体为基础，可以建立织物的几何结构模型。下面我们将分别给出双轴向纬编织物单胞尺寸、衬纱尺寸、绑缚纱尺寸、纤维体积含量的表达式。

1. 单胞尺寸

单胞长度：

$$T = \frac{2}{P_j} \times 10$$

单胞厚度：

$$H = t_j + 2t_w + 2d$$

单胞宽度：

$$W = \frac{1}{P_w} \times 10$$

单胞体积：

$$V_c = TWH$$

2. 衬纱的尺寸 衬纱截面为跑道形，由几何关系可知其面积为

$$A = \pi \left(\frac{t}{2}\right)^2 + (h - t)\, t = \left(\frac{\pi}{4} + n - 1\right) t^2$$

则：

经向衬纱的横截面积：

$$A_j = \left(\frac{\pi}{4} + n_j - 1\right) t_w^2$$

纬向衬纱的横截面积：

$$A_w = \left(\frac{\pi}{4} + n_w - 1\right) t_w^2$$

经向衬纱的长度：

$$L_j = T = \frac{2}{P_j} \times 10$$

纬向衬纱的长度：

$$L_w = W = \frac{1}{P_w} \times 10$$

经向衬纱的体积：

$$V_j = A_j L_j$$

3. 绑缚纱的尺寸 由于绑缚纱所用原料种类比较多，有常规化低弹丝、网格丝、牵伸丝，还有高性能纤维，这些原料本身性能差异较大，例如低弹丝较蓬松、弹性伸长率大，长丝平行顺直、弹性伸长率较小，而高性能纤维基本无伸长，这导致由线圈模型计算出的线圈长度与实际长度不尽相符，尤其是当绑缚纱使用细旦低弹丝的时候。根据这一情况，我们把通过单胞几何体计算而得的线圈长度 L_b 定义为绑缚纱的几何长度，此时线圈处于完全伸直状态，弹性收缩率为 0；而绑缚纱的实际长度 L_b' 则由织物织造时的喂纱量计算而得或由实际测量而得。图 10-9 为用于绑缚纱几何长度计算的双轴向纬编织物剖面图。

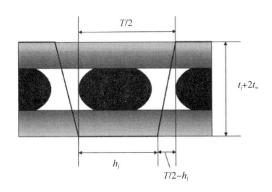

图 10-9 双轴向纬编织物剖面图

由几何关系可知绑缚纱几何长度为：

$$L_b = 2h_j + 2W + \sqrt{\left(\frac{T}{2} - h_j\right)^2 + (t_j + 2t_w)^2}$$

绑缚纱取纱线为圆柱体时，其直径的理论计算公式为：$d = \sqrt{\dfrac{4G}{\pi\delta L}}$，纱线的体积质量 δ（g/cm^3）与纤维密度 ρ（g/cm^3）之间有如下关系：

$$\delta = k\rho$$

其中，k 为纱线的紧密系数，我们得到：

绑缚纱的直径：

$$d = \sqrt{\frac{4\lambda_b}{\pi k_b \rho_b}}$$

绑缚纱的横截面积：

$$A_b = \frac{\pi}{4}d^2$$

绑缚纱的体积：

$$V_b = A_b L_b$$

4. 纤维的体积含量

衬纱的体积含量：

$$v_i = \frac{2(V_j + V_w)}{V_c}$$

绑缚纱的体积含量：

$$v_b = \frac{V_b}{V_c}$$

总纤维的体积含量

$$v_f = \frac{2(V_j + V_w) + V_b}{V_c} = v_i + v_b$$

衬纱占总纤维体积的百分比：

$$v_i{}' = \frac{2(V_j + V_w)}{2V_j + 2V_w + V_b} = \frac{v_i}{v_f}$$

绑缚纱占总纤维体积的百分比：

$$v_b{}' = \frac{V_b}{2V_j + 2V_w + V_b} = \frac{v_b}{v_f}$$

式中：A 为纱线的横截面积（mm^2）；G 为纱线重量（mg）；H 为单胞厚度（mm）；L 为纱线长度（mm）；P 为衬纱密度（根/cm）；T 为单胞长度（mm）；V 为体积（mm^3）；W 为单胞宽度（mm）；d 为绑缚纱直径（mm）；h 为衬纱横截面宽度（mm）；k 为纱线紧密系数；n 为衬纱截面宽厚比；t 为衬纱横截面厚度（mm）；v 为纱线体积含量；v' 为纱线占总纤维体积百分比；λ 为纱线的线密度（mg/mm）；ρ 为纤维密度（g/cm^3）；δ 为纱线体积质量（g/cm^3）。

其中下标说明：b 为绑缚纱；c 为单胞；f 为总纱线；i 为衬纱；j 为衬经纱；w 为衬纬纱。

（二）多轴向经编织物

根据基本假设和地组织模型，可以建立完整的多轴向经编增强结构几何模型，如图 10-10（经平地组织）和图 10-11（重经地组织）所示。

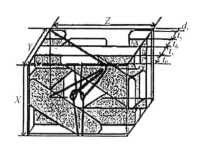

图 10-10 经平地组织多轴向经编织物
几何模型示意图

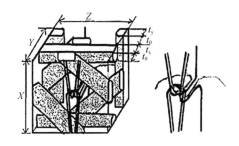

图 10-11 重经地组织多轴向经编织物
几何模型示意图

模型中：

d_s 为束缚纱线的直径；f 为增强纱线宽度和厚度比；S 为纱线的横截面积；V 为材料单元的体积；V_f 为材料中的纤维体积分数；w，t 为分别代表增强纱线的宽度和厚度；X，Y，Z 为分别代表几何模型单元的长度，厚度和宽度；θ 为斜向增强纱线的角度（相对于 0° 增强纱线）；k 为纤维压紧系数（纤维截面积之和与纱线截面积的比）；λ 为纱线的线密度，kg/m；ϑ 为增强纱线（或束缚纱线）占总纤维体积的百分比；ρ 为纤维的密度，kg/m³；Φ 为纱线数目（单元内的增强纱线数，m⁻¹）。

下标 c，I，s 分别代表模型单元，增强纱线和束缚纱线；下标 x，y，z，$\pm\theta$ 分别代表模型单元中各方向上的纱线取向。

因此，各方向增强纱线的宽度分别为：

$$w_{0°} = w_z = f_z t_z$$
$$w_{90°} = w_x = f_x t_x$$
$$w_{\pm\theta} = f_{\pm\theta} t_{\pm\theta}$$

各方向增强纱线的厚度分别为：

$$t_z = \sqrt{\dfrac{\lambda_z}{k_i(\dfrac{\pi}{4}+f_z)\rho_z}}$$

$$t_x = \sqrt{\dfrac{\lambda_x}{k_i(\dfrac{\pi}{4}+f_x)\rho_x}}$$

$$t_{\pm\theta} = \sqrt{\dfrac{\lambda_{\pm\theta}}{k_i(\dfrac{\pi}{4}+f_{\pm\theta})\rho_{\pm\theta}}}$$

束缚纱线的直径为：

$$d_s = \sqrt{\dfrac{\lambda_s}{\dfrac{\pi}{4}k_s\rho_s}}$$

各方向增强纱线的横截面积分别为：

$$S_z = (\frac{\pi}{4} + f_z - 1)t_z^2$$

$$S_x = (\frac{\pi}{4} + f_x - 1)t_x^2$$

$$S_{\pm\theta} = (\frac{\pi}{4} + f_{\pm\theta} - 1)t_{\pm\theta}^2$$

几何模型单元的体积为：

$$V_c = XYZ$$

其中：$X = \varphi_x w_z = $ 横列间距(圈高) C

$$Y = t_z + t_x + 2(t_{\pm\theta} + d_s)$$

$$Z = \varphi_z w_x = \text{纵行间距(圈宽)} W$$

斜向增强纱线角度为：

$$\theta = \tan^{-1}(X/Z)$$

几何模型单元中的增强纱线体积为：

$$V_i = V_{ix} + V_{iz} + V_{i\pm}$$

其中：

$$V_{iz} = S_z \times Z$$

$$V_{ix} = S_x \times X$$

$$V_{i\pm\theta} = 2S_{\pm\theta} \times \sqrt{X^2 + Z^2}$$

由地组织结构几何模型，可以得出几何模型单元中的束缚纱线体积为：

$$V_s = S_s \times 1$$

所以，可以求出多轴向经编增强结构中总纤维体积含量 V_f；

$$V_f = V_{fi} + V_{fs}$$

其中：

$$V_{fi} = \frac{k_i V_i}{V_c}$$

$$V_{fs} = \frac{k_s V_s}{V_c}$$

增强纱线和束缚纱线分别占总纱线体积的百分比：

$$\vartheta_i = \frac{V_{fi}}{V_f} \times 100\%$$

$$\vartheta_s = \frac{V_{fs}}{V_f} \times 100\%$$

三、三维编织物设计实例

（一）轴向纬编织物设计

设计一款双轴向纬编织物，工艺单见表10-3。

表 10-3 双轴向纬编织物工艺单

产品号	JNDX21001-CK	产品名称	双轴向纬编织物	配置	罗纹配置
机型	Z201	机号	E16	针数	100
筒径	7.62cm（3 英寸）	路数	1	产量	
花高	12 横列	花宽	10 纵行	克重	
横密	10 纵行/cm	纵密	10 横列/cm	分数	
匹重		门幅			

原料：A：300D 涤纶长丝

　　　B：250D 涤纶（加捻），满衬经纱

　　　C：400D 高强丝（单丝）

穿经：1（AC）B

送纱：1 *（13cm/25 针）

备注：

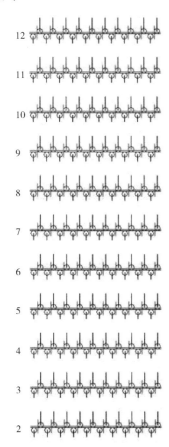

织针排列图

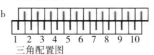

三角配置图

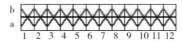

（二）轴向经编织物设计

设计一款网格复合土工布，工艺单见表 10-4。

表 10-4 网格复合土工布工艺单

产品号	JNDX21001-WK	产品名称	双轴向经编织物
花高	6 横列	花宽	3 纵行
机型	RS3MSU-V-N	机号	E12
机宽	431.8cm（170 英寸）	梳 栉 数	3
机速	400r/min	幅数	1
效率	85.0%	产量	
克重	318.1g/m^2	幅宽	384.0cm
机上纵密	5.0cpc	成品纵密	5.2cpc
机上横密	4.7wpc	成品横密	5wpc
纵向缩率	96.2%	横向缩率	94.4%

原料：

A：280dtex 48f 涤纶；

B：280dtex 48f 涤纶；

C：1100dtex 200f×4 涤纶 710；

MUS：1100dtex 200f×3 涤纶 710；

纤维网：200g/m^2 涤纶

整经：

GB1：8×80A

GB2：8×80B

GB3：8×80C

MS1：8×240D

垫纱组织：

GB1：3-4/3-4/4-3/1-0/1-0/0-1//

GB2：1-0/1-0/0-1/3-4/3-4/4-3//

GB3：1-1/0-0//

穿经：

GB1：1A，2 ＊

GB2：2 ＊，1B

GB3：2 ＊，1C

MUS：1D，2 ＊

送经量：

GB1：6×3771mm/rack，

GB2：6×3771mm/rack，

GB3：6×1007mm/rack。

（三）经编间隔织物设计

设计一款一面带网孔一面不带网孔的经编间隔织物。坯布幅宽 150cm，成品纵密 12cpc，成品横密 10wpc。机器的转速 1700r/min，工作效率 95%，面纱采用 100D36F 涤纶 FDY，间隔丝采用直径为 40D 涤纶单丝，工艺单见表 10-5。

表 10-5 经编间隔织物工艺单

产 品 号	JNDX21002-WK	产品名称	经编间隔织物
花高	12 横列	花宽	2 纵行
机型	RD6DPLM	机号	E22
机宽	350.52（138 英寸）	梳栉数	5
机速	1700r/min	幅数	2
效率	95.0%	产量	
克重	200.0g/m²	幅宽	150.0cm
机上纵密	10.0cpc	成品纵密	12.0cpc
机上横密	8.7wpc	成品横密	10.0wpc
纵向缩率	83.3%	横向缩率	86.6%

原料：

A：100D36f 半光涤纶 FDY

B：40D 单丝涤纶

整经：

GB1：6×250A

GB2：6×250A

GB3：6×500B

GB5：6×500A

GB6：6×500A

垫纱组织：

GB1：2- 3- 3- 3/ 2- 1- 1- 1/ 2- 3- 3- 3/ 2- 1- 1- 1/ 2- 3- 3- 3/ 2- 1- 1- 1/
　　1- 0- 0- 0/ 1- 2- 2- 2/ 1- 0- 0- 0/ 1- 2- 2- 2/ 1- 0- 0- 0/ 1- 2- 2- 2//

GB2：1- 0- 0- 0/ 1- 2- 2- 2/ 1- 0- 0- 0/ 1- 2- 2- 2/ 1- 0- 0- 0/ 1- 2- 2- 2/
　　2- 3- 3- 3/ 2- 1- 1- 1/ 2- 3- 3- 3/ 2- 1- 1- 1/ 2- 3- 3- 3/ 2- 1- 1- 1//

GB3：1- 0- 1- 2/ 2- 3- 2- 1//

GB5：1- 1- 1- 0/ 1- 1- 1- 2//

GB6：1- 1- 1- 2/ 1- 1- 1- 0//

穿经：

GB1：1A，1*

GB2：1A，1*

GB3：2B

GB5：2A

GB6：2A

送经量：

GB1：12×1895mm/rack，

GB2：12×1895mm/rack，

GB3：12×3791mm/rack，

GB5：12×1895mm/rack，

GB6：12×1895mm/rack。

第五节　三维针织物的织造

一、圆形三维针织物的织造

用两个针床、两把满穿的梳栉和一把装有两根导纱指形针的花梳栉，就能编织一个简单筒形织物。然而，事实上筒形织物是用 4、6、8 或甚至更多的梳栉生产的。以这种方式使边上的联结与筒身结构一样，可形成无缝的筒形织物。

（一）四把梳栉生产筒形织物

为了生产一个像经平垫纱运动那样的最简单结构的筒形织物，需要 4 把梳栉。一把满穿梳栉编织前针床上的前片织物，另一把满穿梳栉编织后针床上的后片织物。而在这两把梳的中间，两把地梳各编织每边的联结。4 把梳栉的垫纱运动表示在图 10-12 中。为了了解垫纱运动，必须注意下列各点。

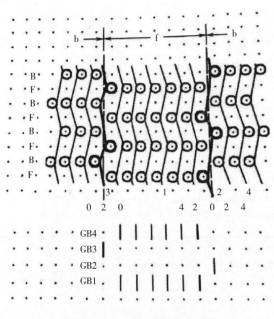

图 10-12　四把梳栉垫纱运动

（1）一横条黑点代表一个编织相，两横条黑点代表一个编织循环。在奇数的黑点线上，表示前针床的垫纱运动。而在偶数的黑点线上，代表后针床的垫纱运动。

（2）好似沿后片织物的中心线裁开，将裁开后的左、右两片分别平铺，以表示筒形织物。

（3）虚线代表前片织物和后片织物的连接部分。两虚线之间的区域表示前片织物，左边虚线的左侧和右边虚线的右侧表示后片织物。

（4）对于前片织物来说，右侧虚线可视为"0"针隙，因为花纹横移机构位于机器的右侧。前片织物结构的针隙位置从右到左编号。对于后片织物来说，织物结构的针隙位置从左到右编号。然而应该明确：因为织物结构表现在纸上，需将筒形结构平铺以说明，实际上，对于后片织物结构，针隙位置实际编号也是从右到左。

（5）在左手侧的边界虚线可视为针隙位置"2"。注意此连接纱线是在这根线的两边运动。对于这个垫纱运动，"2"号是最高链块。左手侧边界线的两侧针隙位置的每一个均如另一个一样，以相同方向予以标记编号。

（6）生产前片的 GB1 仅在前针床上针前垫纱。这把梳栉摆越后针床，再在相同针隙中摆出，因而后针床无链接。因此链块的排列应为：2-4-2-2/2-0-2-2//。

（7）GB4 编织后片，因此它仅在后针床上形成前垫片，从图 10-12 所得的这把梳栉的链块排列为 2-2-2-0/2-2-2-4//。

（8）GB2 在右手侧做联结，交替地在前、后针床上编织。当从一个针床摆越到另一个针床时，这把梳栉应与和它联结的 GB1（或 GB4）以正确的相位做针前垫纱。在前针床形成针前垫纱后，这把梳栉在同一编织循环内不能到后针床上针前垫纱，因为没有空针让它垫绕纱线。在后针床上的针前垫纱仅可以在下一个编织循环的第二相位期间进行。需要形成此垫纱运动的花纹链条排列为：0-2-0-0/0-0-0-2//。

（9）最后一把梳栉（GB3），构成左手侧的连接。在第一循环的第二相位开始它的针前垫纱运动。它垫绕后针床上的空针，并在第二编织循环的第一相位中立刻去垫绕前针床。对此梳栉的链条排列为：2-2-2-0/2-0-2-2//。

（10）四把梳栉的穿经图的表示如图 10-12 所示。它与各梳栉正摆入第一编织循环的第一相位相符合。

（二）六把梳栉生产筒形织物

为了构成 2+1 基本结构的筒织物，需要六把梳栉。前后片织物的编织仍仅需要各一把满穿梳栉，但为了构成无缝筒，每边的连接需要两把梳栉（每个筒织物要 4 把梳栉）。

图 10-13 表示垫纱运动和穿经图，其编织工艺如下。

（1）图画程序与前面设计相同。两横条黑点线代表一个编织循环。此袋沿后片切开，并被展开。针隙位置的编号与右边的花纹滚筒装置的位置相符。虚线代表前后针床之间的边界线。

（2）GB1 是满穿的，并被用来构成前片织物。它仅在每一编织循环的第一相位期间在前针床垫纱。链条排列为 4-6-4-4/2-0-2-2//。

（3）GB6 也是满穿的，并被用来构成前片织物。该梳栉仅在后针床上针前横移垫纱（在每编织循环的第二相位期间），并不连接地摆越前针床，需控制此梳栉的链条排列，从图 10-13 得出链条排列为：4-4-2-0/2-2-4-6//。

（4）每一筒织物仅装有一根指形导纱针，用来编织在右手侧的连接线中的一根。因为 GB2 从一个针床到另一个针床上交替编织，它在编织循环的不同相位上横移做针的垫纱。在第一编织循环第一相位期间垫绕前针床之后，此梳栉必须停顿并缺垫，直至第二编织循环的

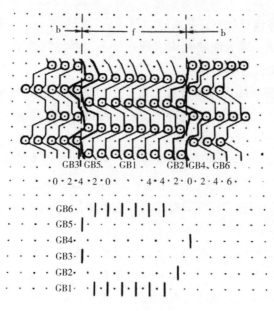

图 10-13　六把梳栉垫纱运动

第二相位。在此期间内，它有一后针床的空针可垫绕。此梳栉的链条排列为：2-4-2-2/0-0-0-2//。

（5）带有单根指形导纱针的梳栉4（每筒），用来构成右手侧的第二根连接线。控制梳栉所需的链条排列为：0-2-0-0/2-2-2-4//。

可以看出，生产右手侧连线的两把梳栉是由不同链条排列传动的，虽然他们是在同一编织相位中针前横移。为此，不可能使刚装两根指形针的一把梳栉，而必须使用两把分开的梳栉。

（6）GB3用来构成筒的左手侧连接中的一根。从一个针床到另一针床的交替编织，梳栉在第一编织循环的第二相位中横移，构成对后针床的针前垫纱，和在第二编织循环的第一相位构成对前针床的针前垫纱。产生此运动的花纹链条排列为：4-4-2-0/4-2-4-4//。

（7）GB5编织左手侧的第二根连线。链条的排列为：4-4-4-2/2-0-2-2//。正像第2和第4把梳栉，GB3和GB5编织左手侧连线，有不同的垫纱运动和花纹链条。

必须特别注意：在第一编织循环第一编织相位开始之前，各梳栉的穿经图和位置。

（三）八把梳栉生产筒形织物

对筒形织物设计者来说，要设计一个双梳织物，工作要复杂得多。现将一个两梳的特里科织物用来表示设计各步骤。为了构成一无缝的筒织物，需要8把梳栉。它们以图10-14所示的垫纱运动工作。两把满穿的梳栉形成前片织物，另两把形成后片织物。各带有一根指形针的两把轻型花梳栉构成每边的布边联结（每筒形织物4把）。

对于前后片织物，上述原理仍可应用。但从图中可以看到，连线的构成是不同的。其编织工艺如下。

（1）GB1 和 GB2 编织前片织物，并在前针床针前垫纱。这些梳栉的链条排列为：

GB1：2-4-2-2/2-0-2-2//

GB2：2-0-2-2/2-4-2-2//

（2）利用在每一编织循环的第一相位期间对后针床针前垫纱，GB7 和 GB8 编织后片织物。从图 10-14 得到的链条排列为：

GB7：2-2-2-0/2-2-2-4//

GB8：2-2-2-4/2-2-2-0//

（3）GB3 和 GB5 形成筒子织物右手侧的正确连线。每把梳栉中使用一根指形导纱针。如按先前的情况得出的垫纱运动应该为：

GB3：0-2-0-0/2-2-0-0//

GB5：0-0-0-2/0-2-2-2//

由这类编织运动所构成的连线表示在图形左上角的圆圈中。虽然这个结构在纸面上看起来是正确的，

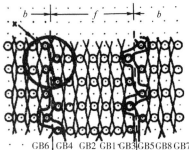

图 10-14　八把梳栉垫纱运动

但由于各梳栉横移所产生的针背垫纱的缠结，织物中会出现一条缝边。正确的垫纱表示在右边和左下角。由正确垫纱得到的花纹链条排列为：

GB4：0-0-2-0/2-0-2-2//

GB6：2-0-0-0/2-2-2-0//

注意：表示在图 10-14 中的穿经图，及其每把梳栉的排列和所处位置。

图 10-15 为一种弹力绷带织物组织垫纱图，它是圆筒形织物之一。

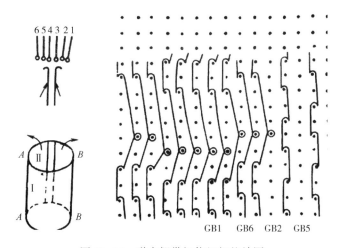

图 10-15　弹力绷带织物组织垫纱图

其垫纱运动为：

GB1：2-4-4-4/4-2-2-2/2-0-2-2/2-2-2-2//

GB2：0-2-2-2/2-0-0-0/0-2-2-2/2-0-0-0//

其中，GB1、GB2 和 GB5、GB6 分别在前后针床上编织底组织，GB5 编织编链组织并采用棉纱，根据垫纱效应，GB2、GB5 的纱线将分别包络 GB1、GB6 的纱线，这样棉纱将裸露在外以保证绷带需要具有一定吸湿性的要求；GB1、GB6 则采用编链和变化经平复合组织，原料为氨纶包芯纱，以满足绷带横向所需弹力的要求。GB3、GB4 将前后针床互不相连的两块织物边缘连接起来形成筒状织物。因此，GB1、GB2 则必须在前后针床（F）上编织，GB5、GB6 则仅在后针床（B）上编织，为了联结布边，GB3、GB4 则必须在前后针床上轮流成圈。如图 10-15 所示的垫纱组织能保证整个圆筒结构一致，Ⅰ区域为前针床编织的地组织，Ⅱ区域为后针床编织的地组织（编链画在旁边），并以织物边缘 A–A 线和 B–B 线为轴线展开到前针床所处的同一平面内，展开后的后针床垫纱组织必须与前针床垫纱组织一致。在描述锁边 GB3、GB4 的垫纱运动时，需注意不应使其与 GB1、GB6 的垫纱运动相交叉，而应顺着 GB1、GB6 的走针描绘。这样即可得到 GB3、GB4 的垫纱走针图。在读取链块号码时，仍遵循链块编号原则，由于普通双针床拉舍尔经编机为卧式右手车，则前针床 Ⅰ区域从右到左依次编号 0、2、4、……，在展开的平面上，后针床 Ⅱ区域从左到右依次编号 0、2、4、……

在整台机器上可同时编织多条弹力绷带，图 10-16 为在机幅 1372mm（54 英寸），机号 E12 上编织各种规格弹力绷带的穿经图。这种穿经工艺可最大限度地利用工作门幅，并且穿经方便，不易出错。

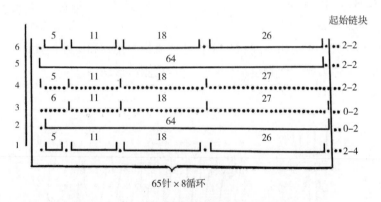

图 10-16　各种规格弹力绷带组织的穿经图

双针床经编机将某些地梳改成花梳同样可提一些小型花纹，如图 10-17 所示的梳栉配置即为采用四把梳栉加上四把花梳栉来编织弹力无跟女袜的情况。其中 GB1、GB2 及 GB7、GB8 为两把花梳栉集聚一条横移工作线，GB3～GB6 为地梳，各梳单用一条横移工作线，在编织弹力提花女袜筒时，GB3～GB6 四把梳栉编织圆筒形袜身，GB1、GB2 两把梳栉对袜身前片进行提花，GB7、GB8 对袜身后片进行提花。图 10-18 为圆筒形袜身织物组织垫纱图。

其垫纱运动为：

GB1、GB2：（略）

GB3：（2-4-2-2/2-0-2-2）×2

GB4：（0-2-0-0/0-0-0-2）×2

GB5：（2-2-2-0/2-0-2-2）×2

GB6：（2-2-2-0/2-2-2-4）×2

GB1、GB2：（略）

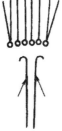

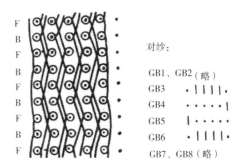

对纱：

GB1、GB2（略）

GB3　·｜｜｜｜

GB4　·····｜

GB5　｜·····

GB6　·｜｜｜｜

GB7、GB8（略）

图 10-17　编织弹力女袜梳栉配置图　　　图 10-18　圆筒形袜身织物组织垫纱图

二、异形三维针织物的织造

诸如人造血管等的分枝筒形结构织物的生产比生产简单的筒形织物需要更多的梳栉数，用来生产血管的拉舍尔机装有 16 把梳栉。而双针床中的每一针床上，25.4mm（1 英寸）内有 30 枚舌针。图 10-19 表示 16 把梳栉的排列。其中有满穿梳栉和为了横移线数的减少而构成的集聚配置的花梳栉。

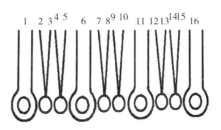

图 10-19　梳栉排列

图 10-20 中的产品图形表示出 16 把梳栉中每把的位置和左右。GB1 和 GB6 生产前片织物；GB11 和 GB16 生产后片织物；GB3、GB10、GB14 生产左边筒的左手侧连线；GB2、GB9、GB15 生产左边筒右手侧的连线。

交替运行的两个花纹滚筒用来生产产品的不同部分。当一个滚筒运行时，另一个停止。由放置"0"和"22"号链块组成的链条的第三个计数滚筒产生开关作用整个垫纱运动，如图 10-21 所示。因为图很复杂，所以分两阶段讨论。

1. 第一阶段　这部分表示两个分开筒形的生产。为了循着编织程序研究，必须明确下列各点。

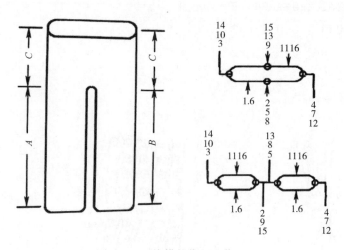

图 10-20 梳栉的位置和作用

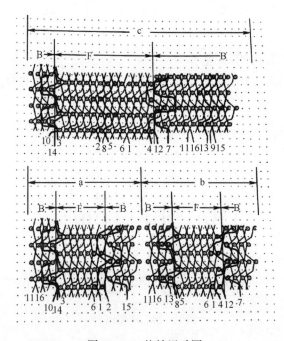

图 10-21 垫纱运动图

（1）分别画两个圆筒，好像它们从背后的中央切开，并展平面对读者。

（2）左筒以 a 为标记，右筒以 b 为标记。

（3）在每个筒形中，虚线代表前后织物的边界线。F 代表前片织物，B 代表后片织物。

（4）以 2+1 垫纱的 GB1 为两个筒形生产前片的地组织。可从图 10-22 的穿经图中看到，在 GB1 的穿经中缺了两根纱，因而在前针床上就生产出两块分开并排的织物（为每个筒形的前片），由各梳栉垫纱运动分别画出的图 10-22 可得到此梳栉的链条排列为 4-6-2-2/2-0-4-4//。

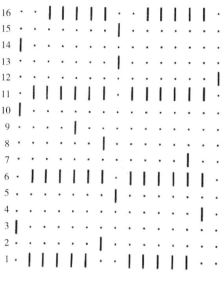

图 10-22 穿经图

（5）做 1+1 垫纱运动的 GB6 编织双针床前片织物的另一组分，它也在中间缺穿经线（图 10-21），因而保持两块不连接的织物在前针床上生产。此梳栉的链条排列为：2-0-2-2/2-4-2-2//。

（6）GB11 和 GB16，在它们之间生产后针床上的后片织物。GB16 做 2+1 垫纱运动，而 GB11 做 1+1 垫纱运动。由图 10-22 可得到链条排列为：

GB11：2-2-2-4/2-2-2-0//

GB12：2-2-2-0/4-4-4-6//。

（7）GB2 作左筒右手侧上的 2+1 连线。链条排列为 4-6-4-4/2-2-2-4//。

（8）GB15 编织在左筒右手侧上的 2+1 连线。如上所述，需两把梳栉才能编织出一个无缝的 2+1 垫纱的连线。GB15 的链条排列为 2-1-2-2/2-2-4-6//。

（9）GB9 编织 1+1 垫纱的左筒右手侧连线。这种不同寻常的纱线绕圈的导纱（图 10-23）是为了防止 GB2、GB15、GB9 相互针背垫纱缠结而设计的。链条的排列为：6-6-2-4/2-4-6-6//。

（10）GB3 编织左筒左手侧上的 1+1 垫纱的连线。其链条排列为：

GB3：4-4-4-2/2-0-4-2//

GB4：4-4-2-0/4-2-4-4//。

GB10 完成左筒左手侧连线。采用 1+1 垫纱运动，以便使其不与 GB3 和 GB14 的针背垫纱想缠结。链条的排列为：4-2-0-0/0-0-0-2//。

如同左筒那样，右筒的连线由 6 把梳栉编织。GB5、GB8、GB13 编织左手侧连线，而 GB4、GB7 和 GB12 编织右手侧连线，这些梳栉的链条排列为：

GB5：4-4-4-2/2-0-4-4//

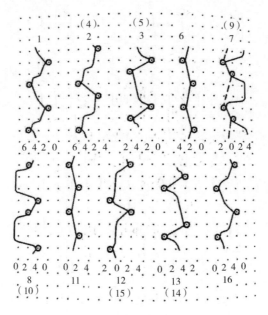

图10-23　各梳栉垫纱运动

GB4：2-4-2-2/0-0-0-2//

GB13：4-4-2-0/4-2-4-4//

GB12：0-2-0-0/0-0-2-4//

GB8：4-2-0-0/0-0-4-2//

GB7：4-4-0-2/0-2-4-4//

2. 第二阶段　当两个筒并为一个时，产品的另一部分（图10-21）对某些梳栉来说，需要不同的垫纱运动。下花纹滚筒被驱动，而同时上花纹滚筒停止。从而下花纹滚筒的链条产生需要的梳栉横移运动。在编织这部分产品期间，16把梳栉的垫纱运动表示在图10-21的上部。现在编织的较宽大的筒形，将后面切开，展平在读者前面。因为宽筒的后面中心部分具有特殊的重要性，所以靠织物的左边切开。如前所述，F代表前片织物，B代表后片织物。在图10-21的垫纱运动图中，应注意以下各点。

（1）如前所述，GB1和GB6用相同的链条排列编织前片织物。

（2）GB2改变它的运动，以它仅有的一根纱线和GB1一起编织。GB5也以其单根纱与GB1一起编织。合在一起，GB2和GB5封闭了GB1上所缺的2根纱。于是织出满幅连续的织物。所以这两把梳栉现在的链条排列均为：4-6-2-2/2-0-4-4//。

（3）带一根纱的GB8编织1+1垫纱运动，由于封闭了GB6穿经中的空隙，与GB6一起编织连接织物。其链条排列为：4-2-4-4/4-6-4-4//。

（4）GB11和GB16以相同的链条排列编织后片织物。

（5）带单根纱的GB13和GB15封闭了GB16穿经中的空缺，以一相同的2+1垫纱运动与GB16一起编织一个连续的织物。链条排列均为：4-4-2-0/4-4-4-6//。

（6）带单根纱的 GB9 封闭了 GB16 穿经中的空缺，与其一起做 1+1 垫纱运动，其链条排列为：2-2-2-4/2-2-2-0//。

（7）GB14、GB3 和 GB10 用相同链块产生的相同垫纱运动连续编织左手侧的连线。

（8）GB4、GB7 和 GB12 继续以相同的方式编织右手侧连线。

因为花纹滚筒交替运行，每个花纹滚筒必须停止在从动滚子处于"0"块位置，以便允许另一个滚筒不受干扰地产生横移运动。因此，每一个链块的起始链块均应有"0"的排列。但从上述可以看出，在上、下滚筒上的许多链条是以其他链条诸如"2"或"4"开始的。为了解决此问题，在链条循环的开始和结束处，用专门的"S"链块来替代那些链块。"0-2"S 链块代替"2"号链块，"0-4"链块代替"4"号链块。

参考文献

［1］齐业雄. 纬编双轴向多层衬纱连接织物增强复合材料细观结构及力学性能研究［D］. 天津：天津工业大学，2016.

［2］张卓. 纬编双轴向多层衬纱织物增强复合材料面内力学性能研究［D］. 天津：天津工业大学，2003.

［3］周荣星. 多轴向经编针织结构增强材料低速冲击能量吸收特性研究［D］. 上海：东华大学，2002.

［4］Zhang Y, Hu H, Kyosev Y, et al. Finite element modeling of 3D spacer fabric：effect of the geometric variation and amount of spacer yarns［J］. Composite Structures，2019. 111846.

［5］蒋高明. 针织学［M］. 北京：中国纺织出版社，2012.

［6］蒋高明. 经编针织物生产技术［M］. 北京：中国纺织出版社，2010.

［7］蒋高明. 互联网针织 CAD 原理与应用［M］. 北京：中国纺织出版社，2019.

第十一章　三维缝合织物

第一节　概述

一、三维缝合的定义

三维缝合是指用缝合线贯穿材料厚度使二维织物连接成三维立体结构，或使分离的多块织物连接成整体结构的一种技术，也可称为缝纫技术（sewing）和穿刺技术（stitching）。其原理如图11-1所示。

二、三维缝合的历史与发展

20世纪70年代末，国外研究人员发现通过对织物预成形件进行缝合不仅能够增强复合材料厚度方向的性能，并且能用于改善复合材料结构件的损伤容限。这时的三维缝合技术是采用手缝或工业缝合机在预制件上进行，大多数工业级缝合机器也只能制备小于1m宽和

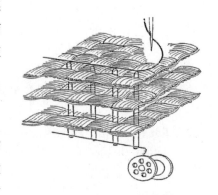

图11-1　三维缝合原理

5mm厚的预制件。其成品尺寸极大地受缝合机器宽度和缝合距离的限制，因此难以用于较大且厚的结构，严重限制了缝合复合材料的应用。

20世纪80年代末，美国航空航天局（NASA）提出了先进复合材料技术研究计划，美国空军莱特试验室及美国海军航空兵总司令部联合提出了先进轻型飞机机身结构计划（ALAFS计划）。ACT计划和ALAFS计划以发展21世纪高速运输机机身和机翼为牵引，选择10多种包括纤维、基体等材料研究了4种不同的纺织结构形式，三维缝合结构就是其中之一。并且结合了树脂传递模塑（RTM）和树脂膜渗透（RFI）工艺，从基础研究到技术验证开展了系统的研究，目的就是为了使这些技术得到实际的应用。这种将三维缝合技术与液体成型技术结合的方法使缝合技术得到了广泛的关注。

20世纪90年代，研究人员成功地完成了缝合/RFI半翼展机翼壁板的研制，进行了一个200座飞机半翼展盒段地面试验，标志着ACT计划取得了突破性的进展。1998年10月，NASA发表报道称波音公司的第三代缝合设备研制成功，意味着可以缝合半翼展机翼盒段、

机身曲板等几何尺寸更大、形状更为复杂的织物预成形体。极大地促进了三维缝合技术在航空、航天等先进领域的应用，并使其制备的复合材料成为代替金属基面板和机翼最具潜力的材料之一。

在国内，北京航空制造工程研究所从 20 世纪 90 年代中后期开始率先在国内开展了缝合/RTM（RFI）复合材料的研究，这些研究的核心之一就是通过工艺/材料/设计的综合，实现复合材料结构的高减重和低成本。体现了三维缝合技术在提高复合材料结构件层间强度、冲击阻抗以及整体性方面的优势。

如今，随着缝合设备研究技术的快速发展，三维缝合技术与机械自动化的结合无疑是提高缝合速度、降低制造成本和改善缝合质量的有效途径。除此之外，随着细观力学的理论研究越加丰富与成熟，研究人员通过对三维缝合复合材料纱线间距、几何结构参数、纱线弯曲程度等信息采集与计算得到复合材料细观几何结构，从而建立复合材料有限元模型，并采用分析软件对复合材料的力学性能进行仿真分析，有效地预测了复合材料的各项力学性能。因此，由缝合技术制备的复合材料在汽车、船舶、风能等各大领域做出了巨人贡献，为各类结构件和功能件的低成本、高质量以及轻量化提供了可行方法。

三、三维缝合织物的技术特点及应用

（一）缝合技术的特点

缝合是一种层间强度增强技术，与传统的编织及铺叠等工艺方法相比，缝合技术主要具有如下特点。

1. 工艺可设计性强　缝合工艺具备多样性，如缝合方式、材料铺层方向和织物结构均可以调整优化；工艺路线可以选择由预浸料缝合—固化成型，也可以选择由预成型织物缝合—浸润—固化成型；

2. 对原有纤维分布影响小　缝合对原有纤维分布没有太大的影响，而通过合理设定，如缝合密度、缝合花样和跨距等缝合参数可获得一定程度的整体结构，达到合理的均匀应力状态。

3. 可作为增强和连接技术　缝合除了是一种增强技术之外，还是一种连接技术，与复合材料常用的其他连接技术相比（如粘结和铆接等），缝合技术制备的材料整体性更强且不易产生局部应力集中，因此缝合也成为制作大型复合材料制品的高效手段之一。

4. 局部增强　除去整体增强功能以外，缝合技术还可用于材料的局部增强，尤其对材料自由边的缝合可以极大地降低层间垂直应力，减少自由边的脱层。

5. 显著提高材料层间强度　缝合材料中缝线能够承受大部分载荷，进而减少周围树脂的应力集中，能显著提高材料的层间强度。研究表明，通过合理的参数设计，体积分数仅为1%的缝线就可以提高材料 I 型断裂韧性高达 10 倍。

6. 自动化程度高　随着科技的发展，目前已研发出缝合质量优良和缝合效率高的高度自动化大型缝合设备。

（二）缝合技术的应用

缝合技术不仅能够缝制普通的规则层合板，还能够对各种异形件（图11-2）进行缝合或作为连接技术使用。图11-3~图11-5为典型缝合复合材料结构件。

图11-2　3D缝合织物

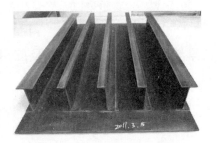

图11-3　缝合/RTM整体成形三腔盒段结构　　图11-4　缝合/RFI整体成形J形高
　　　　　　　　　　　　　　　　　　　　　　　加筋变厚度多墙整体壁板

图11-5　缝合/VARI整体成形的T形加筋壁板结构件

第二节　三维缝合织物的组织结构

三维缝合织物的组织结构取决于不同的缝合工艺。目前，被广泛使用的缝合工艺有锁式缝合、改进锁式缝合、链式缝合、双针缝合、Tufting 缝合和暗缝，每种缝合方式都有各自的优缺点和适用范围。缝合工艺按照缝合的手段还可分为双边缝合和单边缝合两种，其中锁式缝合、改进锁式缝合和链式缝合属于双边缝合；Tufting 缝合、暗缝和双针缝合则属于单边缝合。

一、双边缝合

双边缝合，顾名思义就是从被缝合件的两面进行缝合，其原理类似于家用缝纫机，其缝合线被缝针从一边带至另一边，底下有一摆线轮接应。这种缝合方式的缝合线轨迹主要有锁式缝合、改进锁式缝合和链式缝合三种基本形式，如图 11-6 所示。

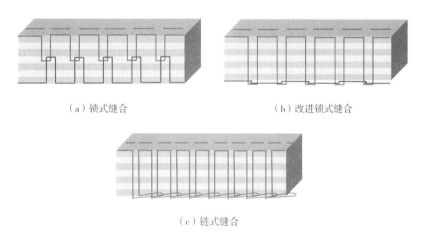

（a）锁式缝合　　　　　（b）改进锁式缝合

（c）链式缝合

图 11-6　双边缝合的三种缝合轨迹示意图

锁式缝合 ［图 11-6（a）］ 在缝合预制件内部形成一个锁结，在此处易形成树脂富集区和应力集中点，从而造成严重的面内损伤。因此主要用于服装工业，一般较少应用到缝合复合材料中。

针对锁式缝合的缺点，随后发展出改进锁式缝合工艺，如图 11-6（b）所示，该方法多用于三维缝合复合材料的制备。其工艺的特点在于底线与面线不在预制件内部交织，而是在底面相交，且面线基本处于伸直状态。因此该缝合方式缝合线弯曲较少，有助于减少缝合过程中缝线与预制件之间的磨损，有利于顺利进行缝合和提高材料的层间强度。此外，使用这种缝合方式，面内纤维的损伤少，由缝合引起的应力集中也较小，使复合材料具有相对更高的损伤容限。然而，这种方法需要在底部增设储线装置，而且底部纱线的张力容易偏高。

双边缝合还有一种结构是链式缝合，如图 11-6（c）所示。这种缝合线轨迹类似于针织线圈结构，在预制件的内部没有打结，双边缝合的链式结构导致预制件表面有大量纤维结，且缝合过程复杂，通常用于缝合曲率较大且较薄的预制件，缝合厚度一般不超过 10mm。但是缝合线在表面缠绕多次会导致表面局部的应力集中和树脂富集，因此目前在复合材料制备过程中的使用也较少。

综上，双边缝合技术的主要特点为：

（1）需要从织物的两面引入缝线，这是一个困难而低效的过程。

（2）缝线须满足严格的张力要求，以避免应力在针点积累，从而导致平面内纤维断裂。

（3）缝线对预制件的捆绑能力强。

（4）双面缝合设备价格便宜。因此，在资金或设备相对有限的情况下，可以考虑这种缝合技术。此外，设计师还可以通过进一步改进缝合技术来减少缝合过程造成的损伤。例如，考虑在改进锁式缝合的表面增加一条缝线，以进一步减小材料表面的集中应力。

二、单边缝合

传统的双边缝合技术要从被缝合件的两边进行缝合，缝合过程繁琐，易产生缝线弯曲过大，对面内纤维损伤较大等局限性，所以双边缝合不太适用于复合材料增强结构的缝合制备。此外，双边缝合还存在缝合头规模较大，且缝合制件尺寸受限，导致这些缝合技术不能得到广泛的应用。为了克服双边缝合的技术缺陷，更好地将缝合技术应用于高性能复合材料的制备上，目前许多研究者都把重心放在单边缝合上。与双边缝合技术相比，单边缝合技术更加灵活、方便。特别是德国，在单边缝合技术上的研究上取得了较大的成果，也成功研制出多种适用于不同缝合条件的单边缝合头。单边缝合方式有很多，主要包括双针缝合、暗缝和 Tufting 缝合（又称簇绒法）。

1. 双针缝合 双针单线链式缝合技术（又称 OSS 单边缝合）是由德国 Altin Nähtechnik 公司发明的，双针双线链式缝合技术（又称 ITA 单边缝合）则是由亚琛工业大学纺织研究所开发。此类缝合方式可以根据预制件厚度的不同来调节引线针的有效长度，所以缝合的厚度范围比较大。如图 11-7 和图 11-8 所示，两个缝合针头都在被缝织物的上表面，被缝织物下方无须任何缝合单元，但需要留出一定的空间用于针的穿刺。其中双针双线链式缝合则为两针两线，即采用两根 45°倾斜的引线机构，分别引入一根缝线穿过织物，在织物底面形成一个互锁线圈。

图 11-7　双针双线链式缝合
（ITA 单边缝合）及其缝合线轨迹图

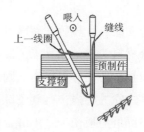

图 11-8　双针单线链式缝合
（OSS 单边缝合）及其缝合线轨迹图

双针单线链式缝合顾名思义为两针一线，由一根传统的引线针和一根钩线针组成，即采用一根垂直的导纱针引导缝线穿透织物，两针都沿针轴向运动，穿过缝料，利用一根倾斜的钩线针接过引线针上的缝线然后穿回缝料，再穿过表面形成的线圈，即在织物表面形成一个个互锁线圈。此类缝合方式特别适合于缝合 T 形和 L 形等结构件。

2. Tufting 单边缝合　　Tufting 单边缝合技术是由德国 EADS-ST（EADS Space Transportation）与 EADS-CRC（EADS Common Research Centre）共同研发的，又称 Aerotiss 03S 单边缝合。该技术仅需一个特殊缝合针带着缝合线穿入被缝织物一定深度后退出，在退针的时候，利用与被缝织物的内部纤维或底部支撑材料（泡沫或橡胶）的摩擦力使缝线留在被缝合件内不随针退出。针带着缝合线穿入织物时具备选择性，既可以将缝合线穿过织物也可以将缝合线埋在织物内部。通过分层缝合，这种方法可缝制很厚的预制件：先把 1~10 层缝合，然后把 5~15 层缝合，再把 10~15 层缝合，依此类推，所缝合预制件通常厚度可达 30mm。

Tufting 单边缝合技术的特点在于针带缝线穿入织物时，缝线的张力较小，这种缝合方式的缝合线没有相互锁结，不会产生应力集中点，但是缝合时每缝一针都需要拉紧缝线，避免缝线内部屈曲。与传统的双边缝合相比，只需要引线针在单边进行缝合，缝合的灵活性和适应性较大，可缝合平板、曲面、回转体等异形预制件。然而，单纯的 Tufting 缝合仅靠缝线与预制体内部纤维的摩擦力来留住缝线是不够的，为了提高缝合质量，一般需要辅以其他的定位方式（底部增添泡沫板或橡胶层）来保证缝线留在预制体内部。其工作原理如图 11-9 所示。

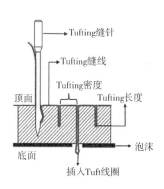

图 11-9　Tufting 单边缝合原理

3. 暗缝　　暗缝是利用月牙形弯针不断地在预制件内穿透，从而带动缝合线运动，缝合线被埋在预制件内，从预制件的底侧是看不到缝合线的，因此称作暗缝，这种缝合方式适合于制备比较厚的预制件。暗缝对于弯针和锁线装置的配合要求较为严格，将钩线装置和弯针放在预制件的同一侧，灵活性较高。暗缝的工艺示意图和缝合轨迹图分别如图 11-10 和图 11-11 所示。与其他的单面缝合技术相比，暗缝的优点是既能穿透缝料的厚度，又能实现无穿透缝合。

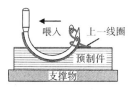

图 11-10　暗缝工艺图

图 11-11　暗缝线迹示意图

第三节 三维缝合设备

将三维缝合技术应用于复合材料三维增强领域，增强复合材料抗层间剪切能力已经得到广泛的关注和发展。随着世界科技的迅猛发展，三维缝合设备也朝着高效、自动化和智能化的方向发展。三维缝合设备根据缝合方式的不同可分为双边缝合设备和单边缝合设备两大类。

一、双边缝合设备

早期的自动化缝合均采用双边缝合结构，即所谓的二维缝合方式，但由于传统双边锁式或链式缝合设备无法缝合加筋和法兰等复杂结构，且大型传统缝合设备制造成本高、缝合件尺寸受限，但飞机机身、机翼结构往往较为庞大，严重限制了传统双边缝合技术在大型飞机整体缝合结构件上的应用。随着缝合设备与自动化机械的结合发展，目前已开发出满足双边缝合的设备。如图 11-12（b）所示，由自动化机器人引导的双边缝合设备的导针机构和钩线机构位于待缝合物体的上下两侧。导针机构喂入缝合线，并与钩线机构形成联锁线圈，钩线机构将线钩起，形成一个联锁线圈。图 11-12（a）、（c）分别为改进锁式缝合预制件正面和反面的实物图。

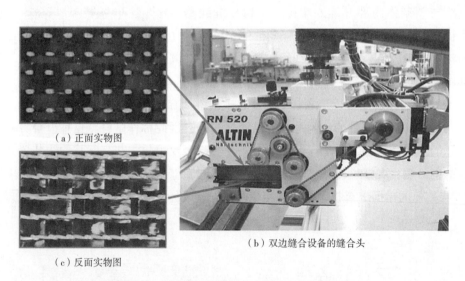

（a）正面实物图

（c）反面实物图

（b）双边缝合设备的缝合头

图 11-12　双边缝合设备及改进锁式缝合实物图

二、单边缝合设备

目前，针对双边缝合技术无法缝合复杂结构件的问题已开发出可以克服材料结构尺寸限制的单面缝合技术，其相应的单面缝合设备也应运而生，并迅速成为现在主流使用的三维缝合设备。德国的 KSL 公司率先提出将单边缝合技术与机器人相结合，该技术最初应用于汽车和家用产品，如汽车坐垫、安全气囊、床垫等；后来逐步发展应用到航空航天领域，用来制造飞机上的一些如机翼、窗框、后压力舱壁等复杂的复合材料构件。

1. 双针双线缝合设备　德国亚琛工业大学纺织技术研究所最早提出了"单边缝合"的概念，该机构提出了双针双线的单边缝合原理，并在该原理的基础上研制出两种 ITA 单边缝合系统：一种是基于机器人的单边缝合系统，另一种是基于五自由度的全并联机械手的单边缝合系统，如图 11-13 所示。两种缝合系统均可以实现 1000 针/min 的高速缝合，相比其他单边缝合系统，能够大幅提高复合材料构件的生产效率。

 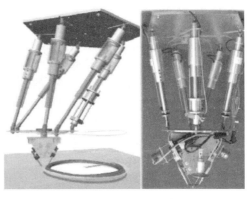

（a）机器人　　　　　　　　　　　　　　（b）全并联机械手

图 11-13　基于机器人和全并联机械手的 ITA 单边缝合系统

2. 双针单线缝合设备　图 11-14 为 ALTIN NÄHTECHNIK 公司研制的应用于复合材料加工领域的机器人双针单线单边缝合系统，也称为 OSS 缝合系统，该系统能够实现纤维预制体结构的整体化成型，复合材料厚度方向上的性能增强以及子部件织物之间的相互连接，适用于各种复合材料，无须额外的送料系统即可实现整体预成型效果，克服了传统缝合工艺的繁琐流程。

（a）双针单线缝合设备　　　　　　　　　　（b）缝合预制件实物

图 11-14　双针单线缝合设备及其缝合预制件实物图

3. Tufting 缝合设备　Tufting 机器人单边缝合系统是由 KSL 公司研制成功的，几乎适用于加工所有复合材料（碳纤维、玻璃纤维、芳纶等），缝合过程精确、快速、高效，最大缝合速度高达 500 针/min，最大缝合厚度可达 40mm。由于缝合角度具有多样性，因此适用于缝合各种尺寸、各种形状的纤维预制体。图 11-15 为 Tufting 机器人设备。

图 11-15　Tufting 机器人设备（KSL KL150 Tufting 机械头和织物支撑架）
1—缝线　2—缝针深度调节器　3—张力装置　4—弹簧元件　5—压脚　6—缝针　7—支撑框架　8—尼龙薄膜和泡沫

该设备不仅可用于 Tufting 缝合，还可用于锁式和改进锁式缝合。适用于具有复杂形状、大曲率制件的缝合拼接，广泛应用于航空航天、汽车、风能等领域，也可用于解决对机器人缝合轨迹的规划，缝合线迹的质量检测等问题。

4. 暗缝缝合设备　该缝合系统结合了工业机器人和自动化缝合系统，极大地提高了缝合速度和质量，可用于大曲率、复杂形状的缝合。目前，暗缝已在工业规模上使用，并用于制造空客 A380 的窗框（图 11-16）。

图 11-16　暗缝单边缝合系统缝合技术用于空客 A380 窗框的产品

总而言之，先进复合材料缝合设备通过控制智能机器的操作扩展了工作空间，缝合头设计的多样化也为制作满足不同要求的复合材料寻求最佳缝合方式提供了解决方案。

第四节　三维缝合织物的工艺参数设计

一、三维缝合织物的工艺参数

采用三维缝合技术制备复合材料既可以缝合干纤维预制件也可以预浸料。预浸料缝合后可以直接固化成复合材料，但由于树脂的存在，缝合线穿过材料时树脂的黏度易对纤维造成损伤，从而影响纤维的力学特性；相比之下，缝合干纤维预制件后续需要通过特定的树脂传递模塑成型技术固化成型，但是缝制时缝合线不受树脂黏性的影响，对纤维损伤较小，比缝合预浸料性能更好，并且这也是当前较多采用的一种方法。除去原材料本身因素之外，缝合复合材料性能还受缝合工艺参数的影响，主要包括以下几个：缝合线类型、缝合线直径、缝合密度（行距与针距）以及缝合方向。图11-17为缝合结构示意图。

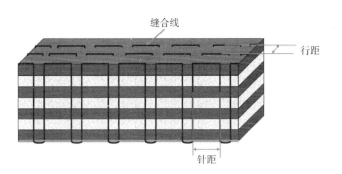

码11-1　三维缝合

图11-17　缝合结构示意图

1. 缝合线类型　在缝合织物中，缝合线贯穿整个材料，是提高材料厚度方向性能的主要参与者。因此，要求缝合线具有较高的强度、一定的可延伸性以及良好的耐磨损性，而且其性能还不能受后期材料固化工艺的影响，即缝合线要和树脂具有一定的相容性。目前，缝合技术选用的缝合线主要有芳纶、碳纤维和玻璃纤维等。其中芳纶由于具有特殊的耐磨性、良好的冲击韧性和较低的密度，在缝合复合材料中得到了广泛应用，尤其是在航空航天领域。

如NASA使用的基本上就是规格为44 tex和180 tex的两种Kevlar-29缝合线，这是因为Kevlar纤维具有优异的韧性，易于编织或缠绕。但是其表面具有化学惰性，会导致纤维/基体界面黏结性能下降，从而对相关复合材料的强度产生负面影响。相比之下，碳纤维具有质轻高强的优异性能，但碳纤维一般较脆，缝合过程中很容易产生断线和起毛现象，给缝合过程带来许多不便的同时也在一定程度上影响其本身力学性能；玻璃纤维虽然强度高，但由于其刚度较低、密度较大且易断丝，因此使用较少。但是，玻璃纤维比芳纶和碳纤维价格低。因此，在某些情况下，玻璃纤维可以用来代替芳纶和碳纤维进行缝合。

此外，近几年来出现了许多新的高性能纤维，例如具有"21世纪超级纤维"之称的聚对亚苯基苯并二噁唑（PBO）纤维。其强度高于碳纤维且具有优异的韧性和拉伸性能，使其更适合作为缝合线。但是，PBO表面光滑致密，与树脂及其他材料的界面附着力较差，导致其用于复合材料中可能不能完全发挥其优异的特性。因此，在进行缝合前应对PBO纤维表面进行适当改性以弥补其界面黏结性差的缺点。

2. 缝合线直径 对于缝合线直径而言，一些研究表明缝线直径过大会对材料造成严重的面内损伤（包括拉伸、压缩强度等），其中，缝线直径对拉伸强度的影响最大；但也有研究表明，缝线直径对复合材料面内力学性能无影响或只会轻微地降低复合材料面内性能。实际上，当缝合密度一定时，缝合线的直径越大，其在厚度方向的纤维体积含量越大，越能够提升材料的层间断裂韧性和抗冲击损伤能力，但同时也会产生更严重的面内损伤。如图11-18（a）所示在相同加载方向下，不同直径的缝线缝合的复合材料拉伸强度随缝线直径的增加先增大后减小，直径过大会降低面内拉伸强度。相反，随着缝线直径的增加，材料的冲击断裂韧性是不断改善的。而导致这些损伤和拉伸性能下降的主要原因是缝线与织物摩擦、缝合过程中导致的纤维断裂、波状纤维及缝线附近的树脂富集区［图11-18（b）］。当缝线引入时，势必会造成面内的损伤和变形，并在缝线周围产生典型的富树脂区域。此外，由于缝线的插入，周围纤维扩散形成的纤维波纹和树脂富集区会降低纤维与树脂之间的界面黏结性能。这些区域的增长都将导致材料中微裂纹数量增加，从而影响复合材料的面外和面内力学性能。

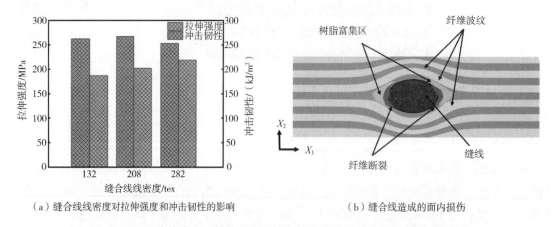

（a）缝合线线密度对拉伸强度和冲击韧性的影响　　　　　　　　（b）缝合线造成的面内损伤

图11-18　缝合线直径对拉伸强度和冲击韧性的影响和缝线造成的面内损伤

因此，选择合适的缝合线直径，对复合材料的安全性和耐久性具有重要意义。从最大限度阻止分层扩展的角度来看，应选用同类型中较粗的缝线。最大限度地减少面内纤维损伤的角度出发，缝线直径越小越好。更细的增强材料，如碳纳米管或单纤维，虽然可提供最小化损伤的可能性，但实际操作性差。总体来说，选择合适的缝线直径能够在面外与面内性能增强效果之间找到很好的折中。在设计时应根据材料的具体应用要求而选择。

3. 缝合密度 缝合密度即单位面积内缝合的针数，包括缝线的针距和行距两个参数，如图11-19（a）所示，其中 L 代表针距，S 代表行距。常用的缝合密度范围为 $3 \sim 10$ 针/cm²。与树脂基体相比，由于缝合是在厚度方向引入捆绑纱线，更具有刚性，这为分层裂纹尖端提供了另一种加载路径，从而可以提高复合材料层合板的层间损伤容限，但缝合时缝针对材料平面方向上的纤维会造成一定程度的损伤。大多数研究表明缝合密度越大，意味着缝针穿过预成型件的次数越多，相应的材料平面内纤维受损伤的程度就越严重。如图 11-19（b）所示，当缝合密度高达 11.1 针/cm² 时，复合材料的抗拉强度降低了 16.5%。而中密度缝合试样（$SD=2.8$ 针/cm²）比未缝合和高密度缝合试样（$SD=11.1$ 针/cm²）的抗拉强度分别高出 10.1% 和 11.6%。但缝合后的拉伸模量始终低于未缝合时的拉伸模量，这主要与纤维的面内波纹和纤维错位有关。

因此，缝合密度的确存在一个最优值，处于这个值时既可以提高损伤容限，又可以使产生面内损伤在可接受范围内，缝合时选择合适的缝合密度显得非常必要。

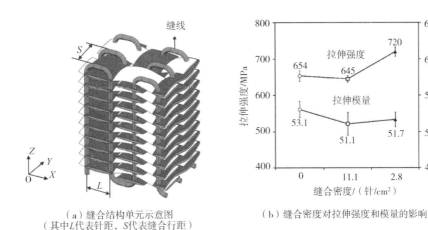

（a）缝合结构单元示意图
（其中 L 代表针距，S 代表缝合行距）

（b）缝合密度对拉伸强度和模量的影响

图 11-19　缝合结构单元示意图及缝合密度对拉伸强度和模量的影响

4. 缝合方向　目前，常采用的缝合角度有 H 型、Box 型和 V 型缝合，也可以采用上述三种方式的变形缝合方式：交错缝合、交叉缝合、T60 型、T30 型、T30/30 型、T45/90 型、T60/60 型。图 11-16 为不同缝合样式的示意图。大多数情况下，不同的缝合样式对复合材料的力学性能有不同的影响。无论是哪一种缝合方式，都能阻止分层裂纹的扩展，其阻碍分层的程度主要取决于加载形式和平行于施加载荷方向的纤维体积含量。以拉伸强度为例，交错缝合、交叉缝合和 H 型缝合对强度的影响程度相似。这是因为这三种样式中缝线插入预制件的方向上的纤维体积含量基本相同。而 T30 型、T60 型和 H 型缝合方向与载荷方向不同，这时缝线不能承担全部载荷，限制了材料的空间变形，因此对材料的拉伸强度提升不明显。Box 型和 V 型缝合的缝线与施加载荷的方向平行，极大地提高了材料的抗拉强度。此外，缝线产生的额外强度将使预制结构强度加强。因此，复合型缝合样式［图 11-20（h）~（j）］的增强效果要比单方向缝合的增强效果显著得多。斜向缝合在低曲率下可以获得更多的空间变形，这是 T60/60 型增强效果最明显的主要原因。

因此，复合型缝合可以使材料的变形分布均匀，提高复合材料的稳定性。此外，与加载方向一致的缝合样式能够使材料具有良好的稳定性和变形抗力。

213

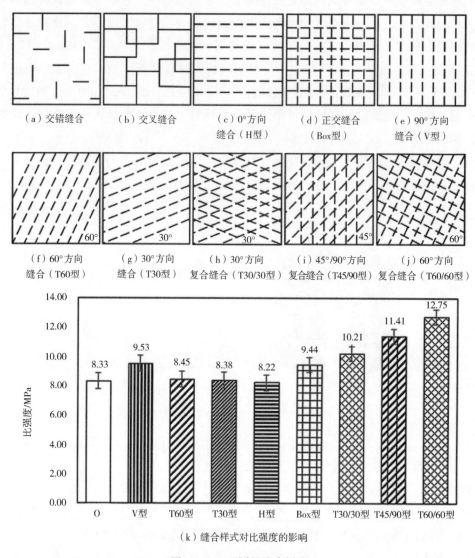

| （a）交错缝合 | （b）交叉缝合 | （c）0°方向缝合（H型） | （d）正交缝合（Box型） | （e）90°方向缝合（V型） |

| （f）60°方向缝合（T60型） | （g）30°方向缝合（T30型） | （h）30°方向复合缝合（T30/30型） | （i）45°/90°方向复合缝合（T45/90型） | （j）60°方向复合缝合（T60/60型） |

（k）缝合样式对比强度的影响

图11-20 不同的缝合样式

5. 缝合针 缝合过程中缝合针的选择也会对材料性能产生影响，包括所用缝合针的粗细、针头的锋利程度。如果针尖过于锋利，纤维很容易被缝针切断，使性能降低；如果针尖太钝，缝合过程中针尖进入纤维的阻力就会增大，不利于缝合效率的提高。因此，只有选择适当的缝合针，才能在最大限度地提高缝合效率的同时又尽量保护纤维，减小对纤维的损伤。缝合针的选择取决于预制件的厚度、缝线及缝合方式。传统双面缝合和单面缝合一般选择普通机缝缝合针或钩针即可［图11-21（a）］。图11-21（b）和（c）分别为两种Tufting缝合针的前视图（顶部）、侧视图（底部）和纵截面（右下角）。两个针的截面轮廓都是C形，当缝合针穿透织物时，缝线被拉出并以最小摩擦穿过通道，促进了线圈的形成。图11-21（c）经过特殊设计，在针尖（"针眼"）处有一个倾斜的孔，使缝线能够插入干燥的预制件，用于Tufting缝合。

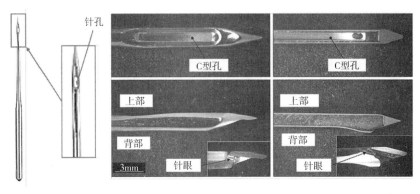

（a）普通机缝缝合针　　　（b）Tufting缝合针　　　（c）特殊设计的Tufting缝合针

图11-21　缝合针实物图

二、纤维体积含量的计算

用缝合方法制备的复合材料的纤维体积含量由两部分构成，即缝合线的体积含量和铺层织物的体积含量。缝合复合材料的纤维体积含量可通过理论法和称重法两种方式得到。

1. 理论法　在缝合复合材料中，纤维体积含量与针距、行距、材料厚度等参数有关。理论法计算的铺层织物体积、缝合线体积以及最终复合材料的总纤维体积含量分别如下所示：

（1）铺层织物体积 $V_{铺层}$（cm^3）。

$$m_{铺层}=\rho_{面}×（织物长度×织物宽度）×铺层数 \tag{11-1}$$

$$V_{铺层}=m_{铺层}/\rho_{纤} \tag{11-2}$$

式中：$m_{铺层}$（g），$\rho_{纤}$（g/cm^3）分别为铺层织物的重量和铺层织物所用纤维的体密度；$\rho_{面}$为铺层织物的面密度（g/cm^2）；织物宽度和织物长度的单位为cm。

（2）缝合线体积 V_z（cm^3）。

$$总根数=织物长度/S \tag{11-3}$$

$$总扎针次数=织物宽度/L \tag{11-4}$$

$$A=（织物宽度+织物厚度×总扎针次数）×总根数 \tag{11-5}$$

$$m_z=Ay/10^5 \tag{11-6}$$

$$V_z=m_z/\rho_z \tag{11-7}$$

式中：A为缝合线的总长度（cm）；y为所用缝线线密度（tex）；m_z为缝线的质量（g）；ρ_z为缝线的体密度（g/cm^3）；S为缝合行距（cm）；L为针距（cm）；织物厚度的单位为cm。

（3）复合材料总纤维体积含量 V_f。

$$V_f=\frac{V_{铺层}+V_z}{V_{模}}×100\% \tag{11-8}$$

式中：$V_{模}$为模具的总体积（cm^3）。

由以上公式可知，实际上缝合线的体积含量只占一小部分，复合材料的纤维体积含量主要由铺层织物决定。但值得注意的是，缝合线是连接织物成为三维整体结构并提高复合材料抗损伤容限的关键材料，其纤维体积含量所占比例虽小，但不能忽视。

2. 称重法　除去上述理论计算得到缝线的纤维体积，再最终确定材料的总纤维体积含量之外，在预制件缝合完毕之后，还可以采用称重法来检测材料的总纤维体积含量。

（1）缝合线体积 V_1（cm^3）。

$$V_1 = \frac{M[\,m_z/(m_{铺层} + m_z)\,]}{\rho_z} \tag{11-9}$$

（2）织物体积 V_2（cm^3）。

$$V_2 = \frac{M[\,m_{铺层}/(m_{铺层} + m_z)\,]}{\rho_{纤}} \tag{11-10}$$

（3）复合材料总纤维体积含量（V_f）。

$$V_f = \frac{V_1 + V_2}{V_{模}} \times 100\% \tag{11-11}$$

式中：M 为预制件的干重（g）；ρ 为预制件的体密度。

这种方法是直接针对整个织物而言，未单独涉及缝合线在材料中所占的纤维体积含量，一般用作检验设计的实测值。

参考文献

［1］严柳芳，陈南梁，罗永康. 缝合技术在复合材料上的应用及发展［J］. 产业用纺织品，2007（2）：1-5.

［2］Pinho S, Darvizeh R, Robinson P, et al. Material and structural response of polymer-matrix fibre-reinforced composites［J］. J Compos Mater, 2012, 46（19-20）：2313-2341.

［3］Pagano N, Pipes R B. Some observations on the interlaminar strength of composite laminates［J］. Int J Mech Sci., 1973, 15（8）：679-688.

［4］Dell' Anno G, Treiber J W G, Partridge I K. Manufacturing of composite parts reinforced through-thickness by tufting［J］. Robotics and Computer-Integrated Manufacturing, 2016, 37：262-272.

［5］于倩倩，陈刚，郑志才. 缝合技术在复合材料上的应用及研究进展［J］. 工程塑料应用，2009, 37（5）：85-88.

［6］Wittig J, Recent development in robotic stitching technology for textile structural composites［J］. JTATM, 2001, 2（1）：1-8.

［7］BERTRAND J, DESMARS B. Aerotiss03S stitching for heavy loaded structures［J］. JEC-Composites, 2005, 18：34-36.

［8］陈静，王海雷. 复合材料缝合技术的研究及应用进展［J］. 新材料产业，2018（6）：38-41.

［9］封桥桥. 复合材料单边弯针缝合头设计及层合板力学性能研究［D］. 南京：南京航空航天大学，2019.

［10］Shen H, Wang P, Legrand X, et al. Influence of the tufting pattern on the formability of tufted multi-layered preforms［J］. Compos. Struct. , 2019, 228: 12.

［11］ 程小全, 郦正能, 赵龙. 缝合复合材料制备工艺和力学性能研究［J］. 力学进展, 2009, 39（1）: 89-102.

［12］ Zhao N P, Rodel H, Herzberg C, et al. Krzywinski, Stitched glass/PP composite. Part I: Tensile and impact properties［J］. Compos. Pt. A-Appl. Sci. Manuf. , 2009, 40: 635-643.

［13］ 郭勇, 贾明皓, 蒋云, 等. 三维缝合复合材料研究进展［J］. 化工新型材料, 2020, 48（3）: 32-36.

［14］ Mouritz A P, Leong K H, Herszberg I. Review of applications for advanced three-dimensional fibre textile composites［J］. Composites Part A, 1999, 30（12）: 1445-1446.

［15］ Pinho S T, Darvizeh R, Robinson P, et al. Material and structural response of polymer-matrix fibre-reinforced composites［J］. Journal of Composite Materials, 2012, 46（19-20）: 2313-2341.

［16］ Pagano N, Pipes R B. Some observations on the interlaminar strength of composite laminates［J］. International Journal of Mechanical Sciences, 1973, 15（8）: 679-688.

［17］ Bergan A, Bakuckas J, Awerbuch J, et al. Assessment of damage containment features of a full-scale PRSEUS fuselage panel［J］. Composite Structures, 2014, 113: 174-185.

［18］ Velicki A, Thrash P. Advanced structural concept development using stitched composites. in 49th AIAA/ASME/ASCE/AHS/ASC Structures, Structural Dynamics, and Materials Conference, 16th AIAA/ASME/AHS Adaptive Structures Conference, 10th AIAA Non-Deterministic Approaches Conference, 9th AIAA Gossamer Spacecraft Forum, 4th AIAA Multidisciplinary Design Optimization Specialists Conference, 2008.

［19］ Dow M B, Smith D L. Damage-tolerant composite materials produced by stitching carbon fibers, 1989, 16（11）.

［20］ Liu, Dahsin. Delamination resistance in stitched and unstitched composite planes subjected to composite loading［J］. Reinforced Plastics and Composites, 1990, 9（1）: 56-69.

［21］ Yoshimura A, Nakao T, Yashiro S, et al. Improvement on out-of-plane impact resistance of CFRP laminates due to through-the-thickness stitching［J］. Composites Part A: Applied Science and Manufacturing, 2008, 39（9）: 1370-1379.

第十二章　三维针刺织物

第一节　概述

一、三维针刺的定义

三维针刺技术源于纺织工业的短切纤维制毡工艺，是通过刺针对基布（长纤维织物）、网胎或复合叠层材料进行接力针刺，从而得到准三维网状结构织物的一种复合材料预制体成型技术。针刺固网工艺是利用三角截面（或其他截面）、棱边带钩齿的刺针对纤维网进行反复针刺。钩齿穿过纤维网时，将纤维网面内纤维强迫刺入纤维网内部。经过多次针刺，大量的面内纤维被引入厚度方向，产生垂直纤维簇，使纤维网中的纤维互相缠结，形成面内和层间均有一定强度的三维网状预制体。

二、三维针刺的产生与发展

针刺技术最早由法国欧洲动力装置公司（Société Européenne De Propulsion，SEP）研发，之后该公司并入斯奈克马固体推进公司（Snecma Propulsion Solide，SPS），因此国外有关针刺技术的报道大多出自 SEP 和 SPS。国内早期针刺技术研究单位主要包括上海大学、中南大学、兰州碳素厂、航空 621 所、烟台冶金新材料所、华兴航空机轮公司等。在 20 世纪 70 年代中后期，上海大学研制出针刺短切预氧化纤维成型的整体毡预制体，应用为中小型固体火箭发动机制备 C/C 复合材料喉衬。1980 年前后，SEP 以预氧化碳纤维布和预氧化纤维网胎为原料，通过针刺工艺制备出 Novoltex® 针刺碳纤维预制体，并在此基础上生产出 Sepcarb® C/C 复合材料。Novoltex® 预制体中碳纤维体积含量可达 23% ~ 28%，保证了复合材料良好的层间性能。

针刺整体毡与 Novoltex 几乎是同一时期发明的，它们的制备工艺和结构都比较类似，最大的区别是针刺整体毡只有网胎层，没有预氧化纤维布层。针刺整体毡是将网胎逐层堆叠针刺到所需高度，因此，孔隙结构比 Novoltex 更为均匀，广泛应用于各种形状的制品中，也可用于隔热材料。但因为没有预氧化纤维布层的连续纤维增强，因此强度较低。此种预制体全采用短切预氧化纤维，需要严格控制后续的碳化工艺，防止预制体由于收缩而产生分层。

20 世纪 90 年代，西安复合材料研究所建立了整体毡生产线，并于 2003 年开始进行高强度薄壁针刺预制体成型研究。此外，还有碳纤维无纬布/碳纤维网胎预制体。它是将无纬布和网胎交替铺叠，无纬布层呈 0° 和 90° 交替铺放，然后采用针刺的方法，将网胎短纤维带到 Z 向，使预制体成为整体。无纬布/网胎针刺预制体与 Naxeco 比较类似，所不同的是将缎纹布替换成了无纬布。

自 20 世纪以来，国内在异型预制体制备工艺方面也取得了一定的成果。人们相继提出了各种针刺方法和设备，并申请了专利，生产出各种复杂形状的针刺纤维预制体，包括平板型、圆盘形、锥形等。例如，西安航天四十三所研制的锥形针刺预制体最大外径可达 1200mm。除此之外，四十三所还成功制备出碳纤维布、无纬布与网胎交替叠加铺层针刺预制体，其层间剪切强度可达 12MPa，密度可达 0.65g/cm³。除了上述整体毡和碳布/碳纤维网胎结构外，还有碳布/预氧丝网胎针刺预制体，碳布可以是平纹、斜纹、缎纹、无纬布等。

针刺纤维预制体具有良好的均匀性，利用针刺复合材料可以制备各种形状复杂和需要精确机械加工的零部件，包括具有很高剪切强度和精密尺寸的螺纹连接结构等。

三、三维针刺织物的应用

相对其他技术而言，三维针刺技术具有成本低、易自动化成型、加工简单、层间性能好且各向同性等优点，但是，也有产品一致性差、生产效率低、不能满足批量化生产需求等缺点。三维针刺复合材料已应用于航空航天领域、传输领域、过滤材料和建筑领域等。此外，三维针刺复合材料的冲击能量吸收能力的提高，使其适合作为汽车和卡车的碰撞构件。

（一）航空航天领域

用于航空领域的针刺复合材料现在多是以基体碳和碳纤维增强体组成的 C/C 复合材料，由于其可设计性好，且具有密度低、比强度高、比热容高、密度低、耐烧蚀、摩擦性能优良等特点，广泛应用于航空、航天等高端领域（图 12-1）。在航空制造业，国外早已开展 C/C 复合材料的应用研究，例如，欧洲空客公司 A300-500/600 的大梁和后压力隔框及 A380 的中央翼盒主要都是由碳纤维增强型复合材料制造，波音 787 客机复合材料占比甚至接近一半，由其制得的制动装置质量较轻。

图 12-1　C/C 复合材料的应用

针刺技术以其较低的成本和简化的工艺，实现了产品极高的性价比。针刺预制体成型技术成熟、设备自动化程度高，很适合进行大规模批量生产，是固体火箭发动机燃烧室、喷嘴喉衬、延伸锥和其他复杂尺寸防隔热结构预制体的理想成型工艺。国内 C/C 复合材料在航天方面已有成熟的应用，如已在多个型号固体火箭上成功应用于发动机喷嘴（图 12-2）和喉衬等主承力部件，同时在国内最新研制的 C919 大型客运飞机上碳/碳复合材料也有较高的占比。

（a）缩回

（c）完全扩展

（b）正在缩回

图 12-2　带面板型伸展部分的喷嘴

针刺复合材料的研究和应用受到各国研究人员的重视，NASA 长期计划研发的第三代可重复使用运载火箭发动机、"民兵 3" 导弹、法国雅典娜运载火箭、欧洲航天局 VINCI 发动机系统等项目中都有针刺复合材料的应用。在一些关键部件，如导弹端头、固体火箭发动机喉衬、喷嘴（图 12-3）扩张段和航天飞行器不规则防热部件等，针刺复合材料都已得到大面积使用。

（a）P80 Naxeco® 预制体针刺过程

（b）Naxeco® 预制体制备的 Sepcarb® 喷嘴

图 12-3　P80 Naxeco® 预制体针刺过程和 Naxeco® 预制体制备的 Sepcarb® 喷嘴

(二) 交通运输领域

高速列车因高速、高能载成为摩擦制动材料发展的主要推动力，迄今为止，列车刹车片材料从铸铁、合成材料、粉末冶金材料发展到了 C/C 和 C/SiC 针刺复合材料（图 12-4）。

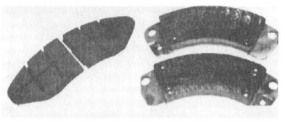

（a）直升机翼用刹车片　　　　（b）坦克用刹车片

（c）高速列车用刹车片　　　　（d）高级轿车用刹车片

图 12-4　各种 C/SiC 刹车片

当前，国外 C/SiC 针刺复合材料刹车片（图 12-5）已经应用的领域有：高级轿车的刹车片，如奥迪 A8、保时捷、法拉利、宾利、兰博基尼等；高速列车的刹车片（德国克诺尔集团）；高档电梯刹车片（迅达公司）；起重机刹车片（德国 Mayr 公司）等。

（a）保时捷911 GT2型轿车刹车片　　　　（b）Knorr高速列车刹车片

（c）法拉利赛车刹车片　　　　（d）Schindler电梯刹车片　　　（e）Mayr起重机刹车片

图 12-5　目前国外已应用的 C/SiC 刹车片

（三）过滤领域

针刺过滤毡所具有的三维网状结构，使其捕尘效率高、阻力低、三孔隙均匀分布、过滤性能好、成本低，装配针刺过滤毡的袋式除尘器用于一般烟气过滤场合，排放烟尘浓度能控制低于 $50mg/m^3$，有的甚至低于 $30mg/m^3$，其捕集效率比机织滤料提高了一个数量级（图12-6）。其原料有玄武岩纤维、玻璃纤维等。玄武岩纤维针刺毡用于炭黑、钢铁、有色金属、化工、焚烧等行业的高温烟尘过滤。玻璃纤维针刺毡孔隙率高，气体过滤阻力小，过滤风速大，除尘效率高，同时具有耐弯折、耐磨、尺寸稳定等优势。

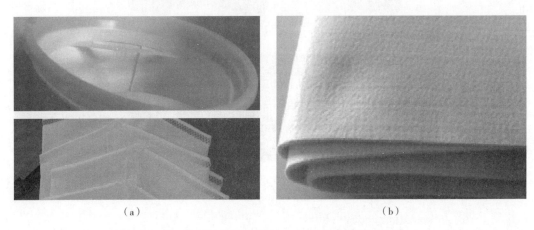

（a）　　　　　　　　　　　　　（b）

图 12-6　微米级液体滤袋和 PTFE 微孔薄膜复合滤料

（四）建筑领域

针刺复合材料以其独特的空间孔径分布结构，使其具有很好的隔音作用；并且抗拉强度比较好，不会被轻易撕破和顶破针刺。三维针刺制备的土工布厚度偏厚，且结构比较松，因此其排水性能很不错，这使针刺复合材料在建筑领域也具有广泛的应用。常用的具有隔音效果的纤维材料主要有天然纤维（棉纤维、麻纤维）、无机纤维（玻璃棉、矿棉）、化学纤维（涤纶、丙纶）等。此外，土工布是由合成纤维经针刺而成的透水性土工合成材料。

（a）麻纤维针刺复合材料　　　　　　　　（b）针刺土工布

图 12-7　针刺复合材料在建筑领域中的应用

第二节　三维针刺织物的结构

纤维网通过垂直刺、斜刺等方式予以加固。刺针种类分为普通刺针、单刺针、侧向叉形针和叉形针。不同的针刺方法和刺针种类会造成纤维内部结构的差异，如纤维缠结结构、毛圈结构、绒面结构等，从而形成形状和功能各异的产品。针刺织物所具有的结构特征决定其产品的独特性能，如对角拉伸抗形变能力强、伸长率高、覆盖率广和屏蔽性好、结构蓬松、手感柔软等。

一、纤维缠结结构

根据刺针刺入纤网的角度不同可以分为垂直针刺和倾斜针刺。

如图 12-8（a）所示，在刺针垂直于纤网运动方向刺入时，刺针上的倒钩将纤网表面和局部里层纤维强迫刺入纤网内部。由于纤维之间的摩擦作用，原来蓬松的纤网被压缩。刺针退出纤网时，刺入的纤维束脱离倒钩而留在纤网中，这样，许多纤维束纠缠住纤网使其不能再恢复原来的蓬松状态。经过多次的针刺，相当多的纤维束被刺入纤网，使纤网中纤维互相缠结，从而形成厚度方向具有 z 向纤维簇的针刺毡［图 12-8（b）］。

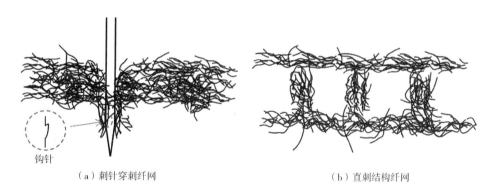

钩针

（a）刺针穿刺纤网　　　　　　　　　　（b）直刺结构纤网

图 12-8　刺针穿刺纤网和直刺结构纤网示意图

斜向针刺是让刺针以一定角度刺入（图 12-9）。根据刺入角度不同，所得到的纤网缠结结构也不同。斜向针刺可以提高针刺深度，所得产品具有较大的强力，较低的断裂伸长，较大的密度和较小的透气性，还可改善尺寸稳定性。常用的倾斜角有 45°、60°、75°。

码 12-1　三维针刺

二、绒面结构与毛圈结构

绒面结构是指针刺时，叉形针的开叉方向与纤网输送方向平行，纤网背面可以形成绒面结构［图 12-10（a）］。毛圈结构是采用叉形刺针（或单刺成圈针）和栅格托网板可使纤网

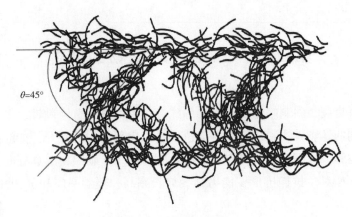

图12-9　斜刺结构示意图

获得毛圈状的表面效果［图12-10（b）］。使用圆形截面的叉形针头端开叉，穿刺经过预针刺的纤网时，叉取一束纤维穿出纤网，形成毛圈结构。

总体来说，要实现绒面、毛圈等结构，一般所刺的纤网必须经过针刺密度在70~150针/cm²的预针刺。在针板上根据想要达到的效果进行布针，并选用合理的刺针型号。使刺针有规律地刺入或不刺入。纤网的进给速度要规律变化，在刺入时，纤网须缓慢进给，在不刺入时，纤网以正常速度快速进给。

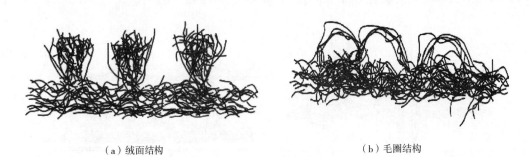

（a）绒面结构　　　　　　　　　　　（b）毛圈结构

图12-10　绒面和毛圈结构示意图

三、其他结构

除此之外，根据针刺机的种类不同，所得到的针刺毡结构也不同。如造纸毛毯针刺机、管状针刺机、衬状针刺机、弧形板针刺机和坩埚针刺机，从而得到不同结构的管状、衬垫、毡状和喉状织物。

第三节　三维针刺织物的织造原理与设备

针刺的制备原理主要是利用三角截面（或其他截面）棱边带倒钩的刺针对纤网进行反复穿刺。倒钩穿过纤网时，将纤网表面和局部里层纤维强迫刺入纤网内部。由于纤维之间的摩擦作用，原来蓬松的纤网被压缩。刺针退出纤网时，刺入的纤维束脱离倒钩而留在纤网中。这样，许多纤维束纠缠住纤网使其不能再恢复原来的蓬松状态。经过许多次的针刺，相当多的纤维束被刺入纤网，使纤网中纤维互相缠结，从而形成具有一定强力和厚度的针刺非织造布。

三维针刺织物的生产工艺如下：

成网前准备—开松混合—梳理成网—铺网—预针刺—主针刺—成卷

一、成网前准备

纤网生产的准备工序指的是纤维的前处理加工，良好的准备工序是保证纤网质量的必要条件。纤网成网加工中的准备工序，主要包括纤维切断、配料成分的计算以及施加必要的油剂。

1. 纤维切断　不同的梳理机要求纤维长度不一致，因此需要将长纤维切断成短纤维以满足梳理要求。罗拉式梳理机的纤维长度范围是 38~203mm，盖板式梳理机的纤维长度范围是 30~50mm。

2. 配料成分的计算　纤维混合时，配料成分可按下式计算：

$$某种纤维质量（kg）=混合纤维总质量×某种纤维配料成分（\%）$$

3. 油剂的施加　准备工序中添加油剂的目的是减少纤维间的摩擦和增加含湿量，防止纤维产生静电，以达到加柔、平滑又有良好抱合性的要求。合成纤维一般在纺丝过程中已施加了油剂，但考虑到纤维储存、运输过程中油剂会有所挥发，同时由于非织造生产设备运转速度比较高，开松处理时以及分梳元件与纤维、纤维与纤维之间摩擦强烈，容易产生静电。因此通常在开松前，把稀释后的油剂以雾点状均匀地喷洒到纤维堆上，再堆放 24~48 h。能够使纤维均匀上油，变得润滑、柔和。

二、开松与混合

开松与混合工艺是将各种成分的纤维原料进行松解，使大的纤维块、纤维团离解，同时使原料中的各种纤维成分获得均匀的混合。这一处理的总体要求是开松充分、混合均匀并尽量避免损伤纤维。

可供开松、混合的设备种类很多，必须结合纤维线密度、纤维长度、含湿量、纤维表面形状等因素来选择开松与混合设备，设备选定后，还要根据纤维特性及对开松、混合的要求考虑与开松道数、工作元件的调整参数（如元件的隔距、相对速度等）。开松、混合良好的纤维原料是后道高速、优质生产的重要前提。

（一）开松混合生产线

早期的开松混合设备大多利用棉纺、毛纺的开松混合机台配置成前处理生产线，主要有成卷式、称量式的开松混合工艺路线。此外，还有与成分无关的整批混合工艺路线，该方法相较于传统方式，纤维各组分间混合更加充分、均匀。

1. 成卷式的开松混合工艺路线　这一配置属间断式生产工艺流程，生产线由圆盘式抓棉机、开松机、棉箱以及成卷机组成。最终将开松混合的原料制成卷子，由人工将卷子放入梳理机的棉卷架，供下道加工。这种配置比较灵活，适用于同种原料、多品种非织造材料产品的生产要求。

2. 称量式开松混合联合工艺路线 这一配置属连续生产的工艺流程，生产线由抓棉机、回料输送机、称量装置、开松机、棉箱以及气流配送系统组成。开松、混合后的纤维由气流输送和分配到后道成网设备的喂入棉箱中。由于采用了称量装置，使混料中各种成分比较准确。

非织造材料的生产与传统棉纺、毛纺的生产有所不同，非织造材料从原料到产品的生产往往在一条完整的生产线上完成，比传统棉纺、毛纺生产更注重高生产速度和简短的生产流程。近年来，非织造设备制造厂家已经开发了多种专用的短流程与精开松混合的生产工艺，以满足非织造业快速发展的要求。

3. 与成分无关的整批混合工艺 该流程由德国 Temafa 公司开发，其基本原理是整批混合，将该批原料中的每一根纤维组分按要求比例称取，然后将整批原料的所有纤维组分，以纤维包为单位放到开包机的倾斜喂入台上，小于整批量 10% 的小组分纤维均匀地分布在其余组分中。原料经开包机开松后送到第一混合仓，水平铺放的纤维层被取料装置垂直地抓取，这种方法被称为横铺直取，可保证原料均匀混合，经开松机开松后再送入第二混合仓，再次混合，然后经精开松机精细开松后，送入后道进行加工。

该工艺路线的优点是：混合均匀，不受纤维种数和类型的限制；产量稳定，不受纤维组分的影响；应用灵活，改变整批原料组分时，不需附加设备；自动化程度高，人为影响小。

（二）开松与混合设备

1. 精开松机 精开松机用于对纤维的进一步开松，其工作原理如图 12-11 所示。通过气流接收已经预开松的纤维原料，经弹簧加压的沟槽罗拉与给棉板形成的握持状态下接受开松，预开松时纤维处于非握持状态，作用比较柔和，而在精开松机中，纤维处于握持状态下被开松，同时梳针打手上梳针的配置密度也高，显然开松作用更强烈，可以进一步将已预开松的纤维开松成小块或束纤维状态，为下一步在梳理机上分梳成单纤维创造条件。

2. 多仓混合机 典型的多仓混合机采用横铺直取的方法。其原理是：气流将纤维送入多个直立储存槽中，在气流压缩下，经 90° 的转向形成多个水平纤维层，水平前进的纤维层被斜帘上的角钉垂直抓取进入储存箱，

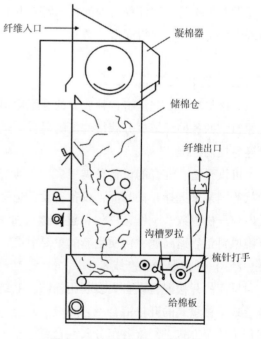

图 12-11 精开松机工作原理

这种方式称作"直放横铺，横铺直取"，使纤维能够均匀混合，如图 12-12 所示。

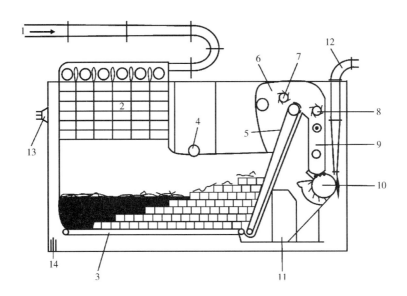

图 12-12 典型混合机工作原理图

1—纤维输送管 2—直立储存罐 3—输送帘 4—输送罗拉 5—角钉斜帘 6—混合室 7—均匀罗拉 8—剥取罗拉
9—储存罐 10—有尘格的开松锡林 11—集尘箱 12—出料口 13—接排风管的排气口 14—接集尘器的排气口

斜帘上方的均匀罗拉和前方的剥取罗拉上都装有角钉，由于它们和斜帘间相对，可对斜帘角钉抓取的纤维进行开松，角钉的间距大，因此角钉的开松作用比较柔和。而储存箱中的开松锡林，表面包缠有金属针布，其形状如锯条，锯条的间距以及锯条上齿尖的间距比起角钉的间距要小，可以对被角钉松解的纤维进一步开松。由于间距小，开松元件上工作件（即齿数）增多，因此开松锡林的开松作用比起角钉要强。开松元件的这种配置方式，称作前疏后密，针对纤维从纤维包中取出时比较紧密，用配置较疏的角钉先对纤维松解，随后再用配置较密的金属针布对已松解的纤维进一步开松，既避免了损伤纤维，又能逐步地获得良好的开松效果。

3. 喂料机 对于纤维成网来说，均衡、稳定地供给纤维对纤网的品质至关重要。所以纤维原料经开松、混合后，要通过喂料系统来为后道梳理加工供应原料，喂入方式分成定容喂入和定重喂入两种类型。

定容式喂入的流程是纤维在气流作用下进入棉箱储料槽，气流可从槽壁上的网孔逸出到过滤器。储料槽底部装有锯齿喂入罗拉及给棉板，原料在喂入罗拉及给棉板的握持下，由开松罗拉开松成细小均匀的纤维簇进入喂槽；与此同时，由压缩风机吹出的压缩空气也进入喂槽，使纤维原料形成密实而均匀的筵棉，由一对带沟槽的输出罗拉经导网板输出。

定重式喂入适用于长度和线密度等均匀性较差的天然纤维，开松混合后的纤维进入储棉箱，由微处理机控制输出罗拉的回转速度，使秤盘上的筵棉质量位于设定的平衡锤的误差范围内，并连续地经喂入罗拉供给梳理机。如秤盘内筵棉质量与设定值不符合，误差信息经平衡锤、调节螺钉到达微处理器。微处理器一方面通过储棉箱前板调节器调节储棉箱容积以及输出罗拉的回转速度，另一方面通过道夫传动齿轮，调节梳理机的道夫回转速度，前者使秤盘上的筵棉质量恢复到设定值，后者在喂入筵棉已出现误差情况下调节道夫速度，补偿误差，使道夫输出的纤网质量仍符合要求值。微处理器每隔 0.2s 就对各数据进行一次运算和调整，借此可保证喂料的均匀性和稳定性。

三、梳理成网

梳理是干法非织造材料成网生产中的一道关键工序。它将开松混合的纤维梳理成由单纤维组成的薄纤维网，供铺叠成网，或直接进行纤网加固，以制备呈杂乱排列的三维纤网。

(一) 梳理作用

纤维原料的分梳是通过梳理机来实现的，梳理加工要实现如下目的：

(1) 彻底分梳混合的纤维原料，使之成为单纤维状态；

(2) 使纤维原料中各种纤维成分均匀混合；

(3) 进一步清除原料中的杂质；

(4) 使纤维平行伸直。

梳理机上的工作元件，如刺辊、锡林、工作辊、剥取辊、盖板以及道夫等其表面都包覆有针布，针布的类型有钢丝针布（又称弹性针布）和锯齿针布（又称金属针布）。针布的齿向套、相对速度、隔距及针齿裂度不同，可以对纤维产生不同的作用。

在梳理过程中，由于出现锡林与工作辊的速度差异，出现了分梳、剥取、提升作用（图 12-13）。

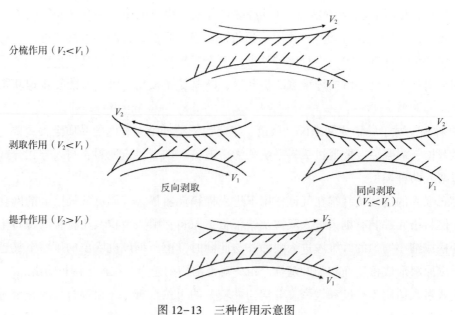

图 12-13　三种作用示意图

1. 分梳作用　分梳作用产生于梳理元件的两个针面之间，其中一个针面握持纤维，另一个针面对纤维进行分梳，属于一种机械作用。并且还要符合下列条件：

（1）两个针面的针齿倾角相对，也称平行配置。

（2）两个针面具有相对速度，且一个针面对另一个针面的相对运动方向需对着针尖方向；如图 12-13 所示 V_1（锡林）$>V_2$（工作辊）。

（3）具有较小的隔距和一定的针齿密度。

分梳时，工作辊和锡林上的针齿受纤维的作用力 R，R 的分力 P 使两个针都具有抓取纤维的能力，故起到分梳作用（图 12-14）。通过分梳可以使纤维伸直，平行并分解成单纤维。

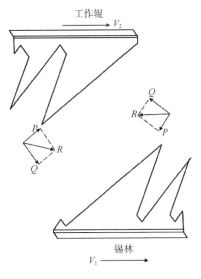

梳理机的梳理作用发生在预梳部分和主梳部分。预梳部分以喂给罗拉和刺辊作为分梳元件，对喂入的纤维进行预分梳。预分梳的程度可用下式来表示：

$$N = \frac{V_{给} \times G \times n}{n_{刺} \times T \times 100000} \qquad (12-1)$$

式中：N 为预分梳度（根/齿）；$V_{给}$ 为喂给罗拉的表面速度（m/min）；G 为喂给纤维层面密度（g/m^2）；n 为纤维根数（根/mg）；$n_{刺}$ 为刺辊转速（r/min）；T 为刺辊表面总齿数（齿/转）。

图 12-14　分梳作用受力示意图

预分梳度 N 表示，工作时预分梳元件（刺辊）上每个齿的纤维负荷量（以纤维根数表示）。每个齿的纤维负荷量越低，则预分梳效果越好。从式（12-1）可以看出，要降低纤维负荷量，可以提高刺辊的转速（$n_{刺}$），或降低喂给罗拉的表面速度（$V_{给}$），或降低喂给筵棉的面密度（G）。

主梳理部分以工作辊和主锡林作为分梳元件，对经过预分梳的纤维进一步梳理。梳理的程度用下式来表示：

$$C = K_c \frac{N_c \times n_c \times L \times r}{P \times N_B} \qquad (12-2)$$

式中：C 为梳理度（齿/根）；K_c 为比例系数；N_c 为锡林针布的齿密（齿尖数/25.4mm^2）；n_c 为锡林转速（r/min）；L 为纤维长度（mm）；r 为纤维转移率（%）；P 为梳理机产量［kg/（台·h）］；N_B 为纤维线密度（dtex）。

梳理度 C 表示，工作时一根纤维上平均作用的齿数。梳理度太小，则纤维难以得到足够的分梳，纤维易形成纤维结；如追求过高的梳理度，则可能降低梳理机的产量，一般来说，梳理度值为 3 时比较合适。

2. 剥取作用　当两针面的针齿倾角呈交叉配置时，纤维原在锡林针面上，当 V_1（锡林）$>V_2$（剥取罗拉）时或 V_1 与 V_2 反向时，则产生剥取作用，即锡林针面上的纤维被剥取罗拉剥取转移到剥取罗拉针面上。

剥取时，作用力 R 的分力 P 使锡林上的针齿具有抓取纤维的能力（图 12-15），而剥取罗拉上的针齿不具有抓取能力，故锡林上的针齿剥取剥取罗拉上的纤维。

在针齿的剥取作用下，纤维可从一个工作元件转到另一个工作元件，使纤维进一步得到梳理，如纤维从工作辊转移到剥取罗拉，再转移到锡林，在下一级工作辊和锡林间再进行梳理；或者使纤维以纤维网方式输出，如从锡林转移到道夫。

3. 提升作用 当两针面的齿针呈平行配置时行配置时，V_1 和 V_2 同向，当 V_2（风轮）$> V_1$（锡林）时，锡林针面对风轮针面的相对运动方向对着针背方向，则原在锡林针面上的纤维被提升〔图 12-16（a）〕。如图中风轮和锡林间为提升作用，提升罗拉和锡林间也是提升作用，提升罗拉将锡林上的纤维提升，在自身高速回转产生的离心力和辅助气流作用下，使提升的纤维抛离提升罗拉齿面后经风道沉积在多孔传送帘上形成纤维网。

提升时，作用力 R 的分力 P 使风轮和锡林上的针都不具有抓取纤维的能力，故对纤维起到了起出（即提升）作用〔图 12-16（b）〕。

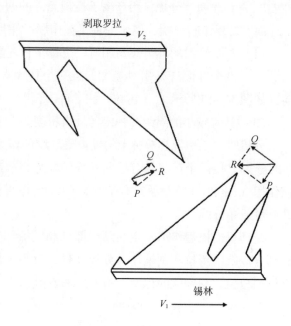

图 12-15　剥取作用受力示意图

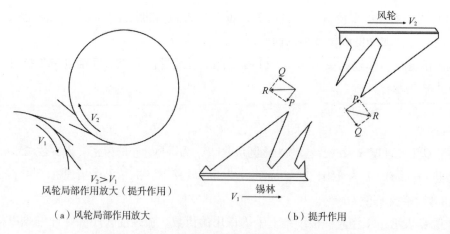

（a）风轮局部作用放大　　　　　　　　（b）提升作用

图 12-16　风轮局部作用放大和提升作用受力示意图

（二）梳理机

1. 梳理机的分类 非织造生产中用的梳理机种类很多，有单锡林、双锡林、罗拉—锡林式、盖板—锡林式、单道夫、双道夫、带或不带凝聚辊、杂乱辊等。就其主梳理而言，可分为两大类：盖板—锡林式和罗拉—锡林式。

图 12-17（a）为传统的盖板—锡林式梳理机，活动盖板沿着梳理机墙板上的曲轨缓缓移动，其向着锡林一面装有针布，与锡林上的针布配合起分梳作用。纤维在锡林盖板区受到梳理的同时，还在两针面间交替转移，时而沉入针面（盖板或锡林），时而抛出针面，纤维可进一步获得反复混合。

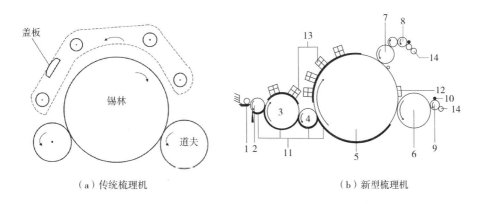

（a）传统梳理机　　　　　　　　（b）新型梳理机

图 12-17　盖板—锡林式梳理机

1—喂棉机　2—刺辊　3—胸锡林　4—转移辊　5—锡林　6—下道夫　7—上道夫　8—凝聚罗拉

9—剥棉罗拉　10—毛刷辊　11—格栅　12—挡板　13—固定盖板　14—沟槽剥棉罗拉

传统的盖板—锡林梳理机构的特点是：

（1）梳理线（面）多，其数量等于工作区域内的盖板数（25~40 根）。

（2）盖板梳理属于连续式梳理，对长纤维有损伤。

（3）盖板梳理有清除杂质和短纤维的作用，但会损失一部分可用短纤维。

（4）盖板梳理主要利用纤维在锡林和盖板针隙间脉动，产生细致的分梳、混合作用，但产量较低。

新型盖板—锡林式梳理机与传统盖板—锡林式梳理机的区别是采用了新型固定盖板[图 12-17（b）]。该梳理机采用固定盖板代替活动盖板，省去了相应的传动机构，结构紧凑，维护保养也较为方便。固定盖板上插入的是金属针布条，而传统的盖板—锡林式梳理机的活动盖板采用的是弹性针布。新型固定盖板—锡林式梳理机适合于梳理合成纤维，而传统盖板—锡林式梳理机适合于梳理棉纤维。

罗拉—锡林式梳理机是非织造生产中使用最多的梳理机，如图 12-18 所示，按配置的锡林数、道夫数、梳理罗拉、针布的不同以及带或不带凝聚辊或杂乱辊等可分成很多种类。通过变换梳理罗拉和针布的配置，可使其加工长度为 38~203mm、线密度为 1.1~55 dtex 的短纤维。

在罗拉—锡林式梳理机中，梳理主要是产生于工作罗拉和锡林的针面间。剥取罗拉的作用是将梳理过程中凝聚在工作罗拉上的纤维剥取下来，再转移回锡林，以供下一个梳理单元梳理，由剥取罗拉、工作罗拉和锡林组成的单元称为梳理单元或梳理环，通常在一个大锡林

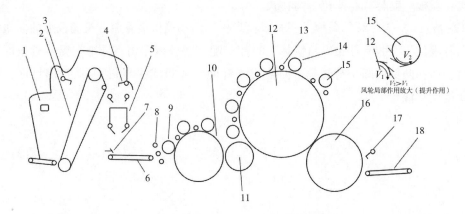

图 12-18　罗拉—锡林式梳理机

1—棉箱　2—抓棉帘　3—匀棉罗拉　4—剥棉罗拉　5—料斗　6—水平喂给帘　7—推手板　8—喂给罗拉　9—开松辊
10—刺辊　11—转移辊　12—主锡林　13—剥取罗拉　14—工作罗拉　15—风轮　16—道夫　17—斩刀　18—输网帘

上最多可配置 5~6 对工作罗拉和剥取罗拉，形成 5~6 个梳理单元，可以对纤维进行反复梳理。

2. 梳理机的特点　罗拉—锡林式梳理机的特点如下：

（1）梳理线少，仅 2~6 条。

（2）属间歇式梳理，对长纤维损伤小。

（3）基本上没有短纤维排出，有利于降低成本。

（4）罗拉梳理主要是利用工作罗拉对纤维的分梳，如凝聚辊与剥取罗拉的剥取、返回，对纤维产生分梳和混合作用，产量很高。

罗拉—锡林梳理机由喂入罗拉、刺辊、锡林工作罗拉、剥取罗拉、道夫和斩刀或剥棉罗拉组成。其各工作元件上的针布配置类似于开松混合装置上的开松元件，从前到后针布的密度配置也是"前疏后密"，针布的粗细配置为"前粗后细"，以满足梳理过程中彻底分梳又尽量减轻纤维损伤的要求。通常罗拉—锡林式梳理锡林齿密为每 25.4mm×25.4mm 面积上 250~400 齿，道夫为 200~300 齿。

四、铺网

梳理机生产出的纤维网很薄，通常其面密度不超过 20g/m²，即使采用双道夫，两层气流薄网叠合也只有 40g/m² 左右。生产中用的厚纤网一般需通过进一步铺网来获得，铺网就是将一层层薄纤网进行铺叠以增加其面密度和厚度。铺网方式有平行式铺网和交叉式铺网，都属于机械铺网或机械铺叠成网。网铺叠后如经杂乱牵伸装置牵伸，可使厚纤网形成机械杂乱纤网。

（一）平行式铺网

1. 串联式铺网　串联式铺网是把梳理机一台台直向串联排列，将各机输出的薄纤网叠合形成一定厚度的纤网，图 12-19 为由四台梳理机串联而成的铺网工艺。

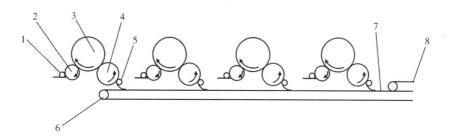

图 12-19 串联式铺网工艺

1—喂给罗拉 2—刺辊 3—锡林 4—道夫 5—剥棉罗拉 6—梳网帘 7—纤网 8—压棉网

2. 并联式铺网 如图 12-20 所示，并联式铺网方式是将多台梳理机平行放置，梳理机输出的薄纤网经 90°折角后，再一层层铺叠成厚网。

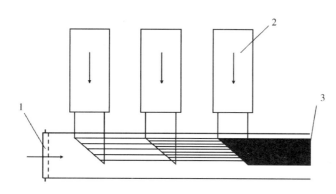

图 12-20 并联式铺网工艺

1—输网帘 2—梳理机 3—纤网

以上两种方法制取的纤维网，结构上都是纵向定向纤网，其优点是外观好，均匀度高，但铺设的网厚度受限制。由于配置的梳理机数量多，占地面积大，特别是当后道加固设备的生产速度低于梳理机纤网输出速度时，梳理机的利用效率低。此外，产品的宽度受梳理机工作宽度的限制。

（二）交叉式铺网

这种铺网方式是在梳理机后专门配置一台铺网机，梳理机输出的纤网垂直于铺网机做往复运动，并以交叉方式铺叠，将平行式铺网中纤网的直线运动变成复合运动，复合运动中各速度分量是个矢量，不仅有大小，还有方向，当梳理机以确定速度输出薄纤网时，铺叠成的厚纤网可按后道加固设备要求以不同的速度输送，不需要降低梳理机的输出速度（图 12-21），梳理机的使用效率大幅度提高，而且产品的宽度也不再受梳理机宽度限制，适应性能明显提高。

这种铺网方式在干法机械梳理成网加工中广泛采用，按其铺叠方式，它又可以分成以下四种形式：立式铺网机、四帘式铺网机、双帘夹持式铺网机和新型铺网机。

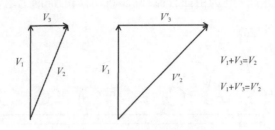

图 12-21　交叉式铺网的复合运动

1. 立式铺网机　立式铺网机如图 12-22 所示，又称驼背式铺网机。梳理机由道夫输出的薄纤网经斜帘到顶端的横帘，再向下进入直立式夹持帘。夹持帘被滑车带着来回摆动，使薄纤网在成网帘上做横向往复运动，铺叠成一定厚度的纤网。立式铺网机由于夹持帘的运动方式限制了铺叠速度的提高，现在绝大多数已被四帘式铺网机取代。

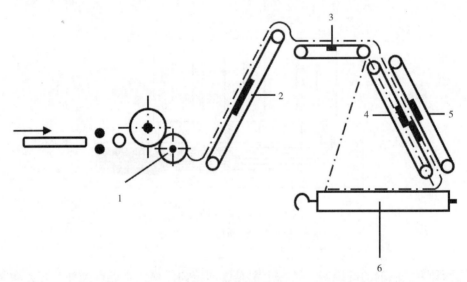

图 12-22　立式铺网机
1—梳理机道夫　2—斜帘　3—横帘　4，5—立式夹持帘　6—成网帘

2. 四帘式铺网机　梳理机送出的薄纤网，经定向回转的输网帘和补偿帘到达铺网帘。其中补偿帘和铺网帘不仅做回转运动，还同时沿水平方向做往复运动，往复运动距离要按需要的最终纤网宽度来设置，薄纤网被往复铺叠到成网帘上，形成一定厚度纤网，其面密度范围为 $100 \sim 1000 \mathrm{g/m^2}$ 或面密度更高，可由成网帘速度、梳理机输出薄纤网面密度以及配置多台梳理机等方式来调节。

成网帘上铺叠的纤网，其形状如图 12-23 所示。设道夫输出的薄纤网宽度为 W（m），且纤网运行到铺网帘的宽度不变（事实上由于张力牵伸略变窄），如铺网帘的往复速度为 V_2（m/min），成网帘的移动速度为 V_3（m/min），在成网帘上铺叠成的纤网宽度为 L（m），则铺叠后纤网层数 M 可近似地用下式表示：

$$M \approx \frac{W \times V_2}{L \times V_3} \qquad (12-3)$$

上式表明，铺网层数 M 与铺网帘往复速度 V_2 和薄纤网四帘式铺网宽度 W 成正比，与成网帘移动速度 V_3 和铺网宽度 L 成反比。层数 M 越多越均匀，一般实际生产中要求至少达到 $6\sim8$ 层，才能保证纤网的均匀性。

θ 俗称铺网角，铺网角过大，铺叠成的纤网均匀度差。显然 θ 的大小与铺网层数有关，铺网层数越少，θ 越大。因此，从式中以及实际生产要求的铺网层数，可导出相应的 θ 表达式：

$$\theta = 2\arctan\frac{V_3}{V_2} \qquad (12-4)$$

或

$$\theta = 2\arctan\frac{W}{ML} \qquad (12-5)$$

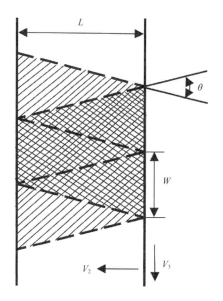

图 12-23　纤网的形状

3. 双帘夹持式铺网机　四帘式铺网机中帘子对薄纤网仅起托持和输送作用，铺网速度高时，由于周围气流相对速度增加，会造成薄纤网飘移，影响铺网质量。为了适应高速铺网要求，法国 Asselin 公司制造了用双层平面塑料网夹持薄纤网的铺网机（图 12-24）。薄纤网经前帘和后帘进入两层塑料网之间，在夹持状态下做往复运动，避免了意外牵伸和气流干扰，可实现高速铺网，同时又改善了纤网均匀度，辊子传动采用伺服电动机和变频控制。为了减少塑料网帘运行过程中静电积聚，通常对网帘作抗静电涂层处理；网帘接头处采用斜面黏合搭接，保证网帘平稳运转；机上还装有网帘整位装置，防止网帘运行中歪斜跑偏，这些措施使纤网的喂入速度最高达 120 m/min。

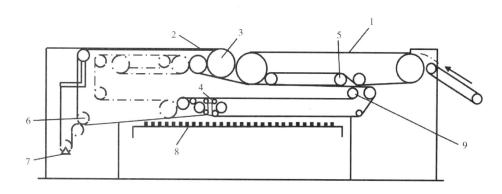

图 12-24　Asselin 公司的 350 型铺网机

1—前帘　2—后帘　3—上导网装置　4—下导网装置　5、6、7—张力调节系统

8—成网帘　9—传动罗拉

4. 新型交叉铺网机　传统交叉铺网机以往复运动铺网，在铺网宽度两端换向时，铺网小车经历了速度减至零、换向和重新加速的变化过程，由于梳理机输出纤网是恒速的，因而铺网小车在两端减速停顿时，薄纤网还在继续输入，造成铺叠出的纤网两端变厚。针对这一问题，德国 Autefa 公司开发了 Accumulator 储网装置（图 12-25），当铺网小车在两端减速停顿时，储网装置中垂直帘子向下运动，将梳理机输出的薄纤网储存起来，当铺网小车完成换向加速时，垂直帘子向上运动，恢复薄纤网的供给，以保证整个铺叠纤网在宽度方向上质量一致。

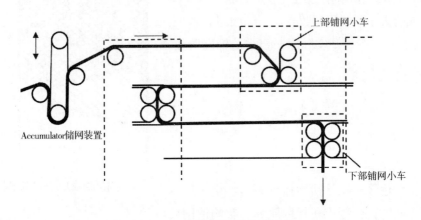

图 12-25　带储网装置的铺网机

传统交叉铺网机还存在第二个问题，即由于后道加固处理时纤网受牵伸力作用，即使原先纤网很均匀，在牵伸力作用下，其纵向伸长、横向收缩，也会导致两边厚中间薄的现象，为此开发了纤网横截面 Profiling 整形系统。该系统采用计算机和伺服电动机组成的工艺软件来控制铺网过程中薄纤网的牵伸和运动，按要求的最终纤网横截面形状来铺叠，例如，中间厚两边薄，以补偿后道加固处理时的牵伸影响。

最新机型采用计算机和自动扫描软件相结合组成闭环系统控制梳理机道夫速度和铺网机的运动，使非织造产品面密度的不均匀率（CV 值）小于 0.5%。

（三）其他铺网

除了上述两种主要铺网方式外，还有组合式铺网和垂直式铺网。

1. 组合式铺网　组合式铺网是将平行铺网和交叉铺网相组合，即在交叉铺叠纤网的上下方各铺上一层纤维纵向定向的纤网，将中间交叉铺叠纤网表面的铺叠痕迹遮盖掉，改善纤网的外观。同时由于交叉铺叠纤网其纤维排列偏横向，复合上纵向定向纤网后，可提高最终材料的纵向强度。但是要获得组合式铺网，至少需要配置三台梳理机，中间一台梳理机接交叉铺网机，形成交叉铺叠纤网，两端各一台梳理机制备平行纤网，显然使用机台多，占地面积大，而且最终产品幅宽由两台平行铺网的梳理机幅宽决定，交叉铺网幅宽可调的灵活性受到限制，因此实际应用不多。

2. 垂直式铺网　垂直式铺网是将单层纤网上下折叠，使纤网中纤维以近似垂直的方式排列，厚度也明显增加。这一技术是20世纪80年代初由捷克技术人员发明的，纤网经垂直折叠后，其压缩后垂直铺网的工作原理如图12-26所示。

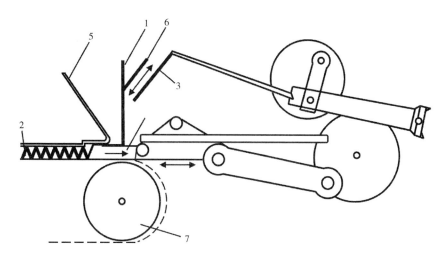

图12-26 往复移动垂直式铺网机

1—梳理网 2—垂直铺成的纤网 3—成型梳 4—带针压板 5—钢丝栅 6—导板 7—烘房输送帘

梳理机输出的纤网1在导板和钢丝栅5的引导下随着成型梳3的上下摆动而进行折叠，经带针压板4的推动，铺成上下折叠的厚网，由于压板上针的作用，各层纤网在被压紧同时，纤维间可形成一定程度的机械缠结。这种铺网方式形成的厚网，其幅宽也是由梳理机幅宽决定的。

五、针刺加固

针刺加固工艺最早应用于制毡生产中，早在1870年英国就制造出最古老的针刺机的样机。20世纪40年代，英国拜瓦特（Bywater）对老式针刺机做了重大改进，使针刺频率达到了800次/min，为现代针刺技术的发展做出贡献。随着新技术、新材料的不断应用，现代针刺机各项技术性能已有很大提高。目前，针刺机的最高频率可达3000次/min，最大幅宽可达16m。针刺加固是一种典型的机械加固方法，其工艺比重为干法非织造的30%以上。

（一）针刺机机构

针刺机的种类繁多，按所加工纤网的状态可分为预针刺机和主针刺机；按针板与纤网的相对位置来分，有向上刺、向下刺和对刺三种形式；按针板配置数量来分，有单针板、双针板、四针板三种形式。虽然针刺机的种类很多，但针刺机的机构包括送网（喂入）机构、针刺机构、牵拉机构、花纹机构（仅花纹针刺机有）、传动和控制机构、附属机构、机架等。

1. 送网机构 针刺机的机型不同，送网机构也不相同，一般预针刺机对其送网机构要求较高，因为喂入预针刺机前的纤网高度蓬松而且纤维的抱合力很小，为保证纤网顺利喂入针刺区，不产生拥塞，预针刺机采用的送网方式有以下几种。

（1）压网罗拉式。这是预针刺机上常用的一种送网方式，如图12-27所示。高度蓬松的纤网经压网罗拉压缩后喂入剥网板和托网板之间进行针刺加固，然后经牵拉辊拉出，即完成预针刺工序。

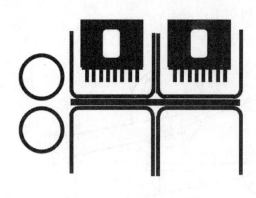

（a）压网罗拉式喂入机构　　　　　　　　　　（b）压网帘式送网机构

图12-27　压网罗拉式喂入机构和压网帘式送网机构示意图

压网罗拉式送网预针刺机有个缺点，即由于压网罗拉钳口与剥网板、托网板间还有段距离，喂入的纤网虽经压网罗拉压缩，但由于纤网本身的弹性，在离开压网罗拉后，仍会恢复至相当蓬松的状态而导致拥塞，此时纤网受到剥网板和托网板进口处的阻滞，纤维上下表面产生速度差异，有时在纤网上产生折痕，影响预刺纤网的质量。为了克服这一缺点，可将剥网板安装成倾斜式，使其呈进口大、出口小的喇叭状，或者将剥网板设计成上下活动式。

（2）压网帘式。为了克服拥塞现象，可将压网罗拉设计为压网帘，压网帘与送网帘相配合形成进口大、出口小的喇叭状，使纤网在输送过程中受到逐步压缩，钳口式的夹持喂入纤网，钳口离预针刺机第一排刺针的距离仅12mm左右，有效地减少了纤网的意外牵伸及回弹。

图12-28为改进的CBF送网机构。这种送网机构的特点是在喂入辊的沟槽中嵌入导网片，帮助纤网顺利进入针刺区。还有一种在压网帘和喂入辊之间加装一对压网小罗拉的送网机构。压网小罗拉有效地缩短了纤网的自由区，能更好地对运动中的纤网进行控制，防止纤网在压网帘与喂入辊之间产生拥塞。这些措施的目的都是

图12-28　改进的CBF送网机构

为了避免或减少纤网的回弹和意外牵伸，使纤网能顺利进入剥网板和托网板之间的针刺区，进行针刺加固。

（3）双滚筒式。如图12-29所示为法国Asselin公司典型的双滚筒预针刺机和原理图，该机采用上下滚筒来代替常用的剥网板和托网板，可避免蓬松纤网进入针刺区时发生拥塞现象。上下针梁与针板均装在滚筒内，滚筒上开有数万个小孔，以便刺针通过。由于刺针通过滚筒上的小孔刺入纤网，而滚筒是连续转动的，因此刺针在刺入纤网时还必须有一个与滚筒表面

回转速度近似相等的前移（步进）运动，其运动轨迹呈椭圆形。该机加工精度要求高，制造和维修成本也较高。

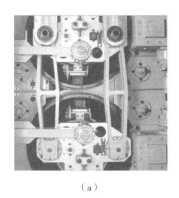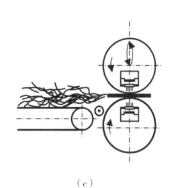

（a）　　　　　　　　　　（b）　　　　　　　　　　（c）

图 12-29　双滚筒预针刺机和工作原理示意图

2. 针刺机构　针刺机构是针刺机的主要机构，它决定和影响了针刺机的机器性能和非织造产品的性能。针刺机构的一般要求如下。

（1）运转平稳，振动小。这是针刺机最基本的要求。针刺动程等于偏心轮，是偏心距的两倍。针刺动程越小，振动也越小，越有利于提高针刺频率。但是，过小会影响纤网从剥网板和托网板之间顺利通过而产生拥塞。通常，预针刺机的针刺动程略大，一般在 50~70mm，有利于放大剥网板和托网板之间的距离，减少拥塞。而主针刺机的针刺动程较小，一般在 30mm 左右，最小可达 25mm。

（2）针刺机的针刺频率（次/min），即每分钟的针刺数。它反映了针刺机的技术水平，现在的针刺机一般在 800~1000 次/min，最高可达 3000 次/min。针刺频率越高，对设备制造加工要求也越高，意味着技术水平也越高。因此，为了提高针刺频率，现在许多针刺机的针梁和针板都采用轻质合金材料，有的甚至采用碳纤维复合材料。

（3）针板的植针孔应与托网板和剥网板的孔眼相对应。另外一项重要参数是针板上的植针密度（枚/m），又称布针密度，是指 1 m 长针刺板上的植针数。布针密度越高，针刺效率也越高，但同时对针板用材及机械设计要求也越高。预针刺机的布针密度较低，在 1000~3000 枚/m；主针刺机较高，在 4500 枚/m 以上，最高的可达 10000 枚/m。

（4）针板应坚固耐用，不易变形，其装卸应方便，有的针板采用了气动夹紧技术。

（5）偏心轮与针梁之间的传动连接，一般采用连杆和滑动轴套，在轴套内加油脂润滑。为了减小磨损，采用摇臂式导向装置。当针梁上下高速运动时，扇形齿圆弧面与齿条平面进行滚动摩擦，代替了连杆轴套的滑动摩擦，解决了连杆轴套式导向装置由于滑动摩擦面带来的磨损、发热、易漏油的问题，有利于针刺机的高速运转。

（6）工作幅宽是指针刺机的最大有效宽度。一般为针板长度的整数倍，通常一块针板的长度为 0.7~1.1m，不同型号的针刺机有一定差异。现在常见的工作幅宽范围为 2.2~4.2 m，最大的可达 16 m。

（7）自动化程度高，减振性能好，动力消耗较低。

3. 针刺方式 针刺的方式有许多种。按针刺的角度可分为垂直针刺和斜向针刺，其中垂直针刺又可分为向上针刺和向下针刺两种，如图 12-30 所示。按针板数的多少有单针板、双针板和多针板之分。按针刺方向有单向针刺和对刺两种，其中对刺式又可分为异位对刺和同位对刺两种，同位对刺又可分为同位交错刺和同位同时刺。异位对刺式所生产的产品强度高、收缩较小，多用于人造革基布等的生产。对同位对刺式针刺机来说，针板的运动常为同向运动；若采用相向运动，布针密度需减少一半。

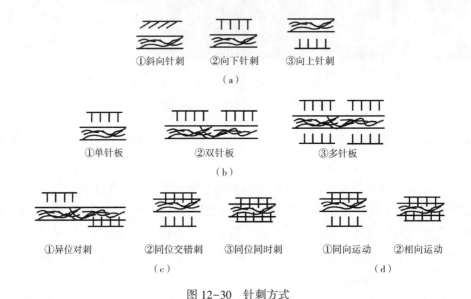

①斜向针刺　②向下针刺　③向上针刺
（a）

①单针板　②双针板　③多针板
（b）

①异位对刺　②同位交错刺　③同位同时刺　①同向运动　②相向运动
（c）　　　　　　　　　　　　（d）

图 12-30　针刺方式

4. 牵伸机构 牵伸机构又称输出机构，由一对牵伸辊组成。牵伸辊是积极式传动，其线速度必须与喂入辊线速度相配合，牵伸速度太快会增大附加牵伸，破坏纤网结构，影响产品质量，严重时甚至引起断针。牵伸辊、喂入辊、输网帘的传动方式有间歇式和连续式两种，一般认为，当针刺机的主轴速度超过 800r/min 时，可采用连续式传动。连续式传动与间歇式传动相比，不仅机构简单，而且使机台运转平稳，可减少振动，有利于高速运行。

（二）预针刺机

预针刺机主要是针对成网工序后高度蓬松，且纤维间抱合力很小的纤网（层）进行针刺，因此预针刺机送网机构设计与主针刺机要求不同，基本目的是保证高蓬松的纤网（层）顺利喂入针刺区，不产生拥塞和过大的意外牵伸，送网机构主要有压网罗拉式、压网帘式和双滚筒式。根据针刺工艺"逐渐加固"的原则，预针刺机大多为单针板、双针板以及滚筒式等形式，有时也可配置多针板对刺方式。通常预针刺机的针刺动程大于主针刺机。

椭圆型运动针刺机不仅可以用于高生产速度下纺丝成网的纤网进行预针刺，而且可以用于普通预针刺和修面针刺。Dilo 公司的 HV 系列椭圆型运动针刺机主要技术参数为针刺频率3000 次/min 时，针刺速度可高达 150 m/min，刺针水平动程可调，调节范围为 0~0.1mm。

普通针刺机由于针梁垂直运动，在刺针刺入纤网期间，刺针会使纤网滞留一段时间，刺针离开纤网后，纤网的速度马上从零提升到原有的速度，从而导致纤网的牵伸和变形。而针梁的椭圆型运动可使刺针与纤网同步移动，避免了这些缺陷，除了可获得高车速之外，还可大幅减少牵伸和针眼尺寸，改善了针刺产品的表面平整性，减少纵、横向牵伸和断针现象。针梁的椭圆型运动轨迹是由垂直和水平两个方向的运动组成，水平方向的运动减少了刺针与纤网之间的速差。为了满足针板椭圆运动的需要，剥网板和托网板都开了狭长孔，以便针梁能够跟着纤网同步移动。

（三）主针刺机

主针刺机主要加工对象是已经过预针刺的纤网，其对预针刺后的纤网做进一步的加固。主针刺机的剥网板与托网板之间的间距缩小，针刺动程变小，植针密度增大，针刺频率提高。不仅速度高，而且针刺的方式比预针刺机多，甚至生产同一种非织造材料，采用的主针刺机的形式也可不同，分为双针板主针刺机、对刺式主针刺机、弧形板针刺机、花纹针刺机、管状针刺机和坩埚针刺机等。

1. 双针板主针刺机　双针板主针刺机有双针板向下刺和双针板向上刺两种。图 12-31 为奥地利 Fehrer 公司 NL21/S 双针板向下刺针刺机。这类针刺机因具有双针板，针刺效率成倍提高，可减少设备，缩短工艺流程。一般作为主针刺机用于高针刺密度产品的加工。

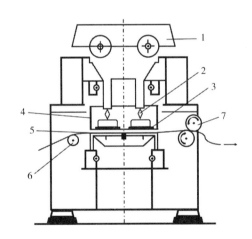

图 12-31　NL21/S 双针板向下刺针刺机

1—偏心轮箱　2—连杆　3—针板　4—剥网板　5—托网板　6—输入辊　7—输出辊

2. 对刺式主针刺机　可同时对纤网的两面进行针刺，针刺效率大为提高，一般作为主针刺使用。对刺式针刺机，通常有双针板对刺式和四针板对刺式两种。其中双针板对刺式针刺机，又可分为同位对刺和异位对刺两种。

3. 弧形针板针刺机　图 12-32 为 Fehrer 公司的 HI 弧形针板针刺技术，其采用弧形针板、剥网板、托网板取代传统的平直形针板、剥网板、托网板。使纤网以弯曲的形式，以一定角度从刺针下通过。纤网进入针刺区后便受到不同方向的针刺，先受到右倾的斜向针刺，随着剥网板、托网板弧线的变化，又受到垂直针刺，最后受到左倾的斜向针刺。因此，在一道针刺过程中，纤网与刺针运动方向的角度是变化的，即纤网会在不同方向受到针刺，使纤网得到更充分的加固，提高了针刺效率。

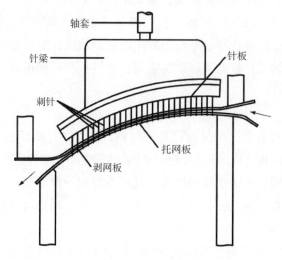

图 12-32　弧形板针刺机原理图

4. 花纹针刺机　有些针刺机能够在预针刺的纤网上，刺出特殊的外观效果，如平绒、凹凸毛圈条纹、简单几何花纹等结构。

实现平绒、毛圈、花纹针刺的基本要领有以下几点：

（1）所刺的纤网必须经过预针刺，一般预针刺密度在 70~150 针/cm。

（2）在针板上按花纹图案要求布针，并合理选用刺针。

（3）使刺针有规律地刺入或不刺入。

（4）纤网的进给速度有规律地变化，在刺入时，纤网以 0.1~0.2mm/刺的速度缓慢地进给，在不刺入时，纤网以正常速度快速进给。

（5）为使纤维成圈，通常采用叉形针。同时，托网板和剥网板需相应地改用由薄钢片组成的纵向肋条式槽形板。

（6）按图 12-33（a）布针，叉形刺针的开叉方向与纤网输送方向平行，纤网背面可形成绒面结构，栅格托网板的栅距较条圈结构的略小，纤网背面形成松散的平绒效果。这种调整刺针开叉排列方式已被毛刷板绒面针刺机替代。

（7）按图 12-33（b）布针，叉形刺针的开叉方向与纤网输送方向垂直。纤网背面可形成条圈状结构。条圈之间的距离由栅格托网板的栅距决定。

毛圈条纹及花纹图案地毯针刺机，其托网板是由薄钢片组成的槽形板。此外，机器上只配叉形针。叉形针刺穿预刺纤网，并把纤维束挤入槽形板内，根据叉形针的叉口方向不同，可在预刺纤网的表面产生毛绒或毛圈。由于刺针的排列是规律的，又受槽型板的限制，形成的毛绒或毛圈基本上也是呈条纹状分布的。通过槽形板台架的上下移动使叉形针有规律地刺入或不刺入，再加上针板上的刺针按一定图案排列，可在预刺纤网表面形成各种花纹图案。

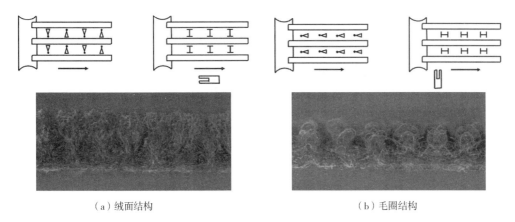

　　（a）绒面结构　　　　　　　　　　　　　　　（b）毛圈结构

图 12-33　绒面结构和毛圈结构的布针方式与示意图

　　值得一提的是，该类针刺机的槽形板台架的上下移动完全是由计算机控制的液压系统操纵。

　　Fahrer 公司 NL11/SE 花纹针刺机［图 12-34（a）］配有主、副轴花纹装置。副轴的转动由计算机控制，可使针刺深度有规律地变化［图 12-34（b）］。为了适应毛圈和绒面的要求，该机的剥网板与托网板均用由薄钢片组成的槽形板，并选用叉形针。

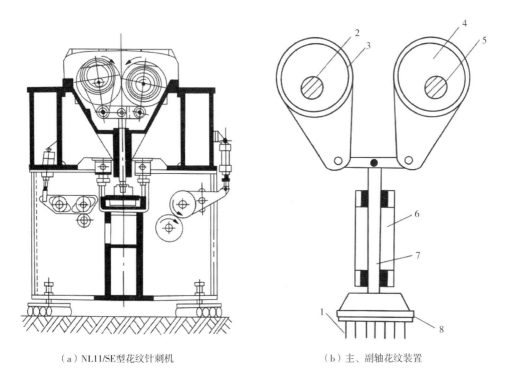

　　（a）NL11/SE型花纹针刺机　　　　　　　　（b）主、副轴花纹装置

图 12-34　NL11/SE 型花纹针刺机和主、副轴花纹装置

1—刺针　2—主轴　3—主轴偏心轮　4—副轴偏心轮　5—副轴　6—滑动轴套　7—连杆　8—针板

　　典型的毛刷帘子针刺机，主要是用于生产天鹅绒面的针刺产品。设备配置上的最大变动

是将固定托网板改成可作回转运动的毛刷帘子，毛刷帘子上植有 20mm 左右的聚酰胺丝，由若干块小毛刷板排列成一列并与轴向形成一定的角度，毛刷表面非常平整，聚酰胺丝的排列有一定的紧密度，针刺加工时，可承受针刺力，刺针将纤网中的纤维刺入聚酰胺丝内，当刺针做回程运动时，退出聚酰胺丝与刺入纤维的摩擦力作用使纤维仍留在聚酰胺丝的毛刷内，这部分纤维在针刺毡表面形成一层天鹅绒，这类针刺机的针板运动动程一般为 40mm。与传统固定托网板相比较，毛刷表面不存在与针刺一一对应的小孔，植针时的随机程度可进一步提高，与利用槽型托网板加工而形成的绒面比较，采用毛刷形成的绒毛，在布面上分布的随机程度大幅提高，可产生独特的视觉效果。

5. 管状针刺机 管状针刺机是一种以单针刺区为主的针刺机，用来生产各种不同直径的非织造管状材料。非织造管状材料的直径最小为 4mm，可制造外科手术用的人造血管。管状针刺机由送网机构、成形机构和卷绕机构三部分组成。喂入的纤网经传动罗拉，将纤网卷绕在固定芯轴上形成管状，芯轴上钻有网孔，供刺针穿过，刺针向下（或向上）针刺时，使纤网中纤维相互编结起来，产生抗张强力。这样，后面喂入的纤网不断地卷绕在纤维管的一端，并由于刺针的作用，纤网与已制成的纤维管结合成一体，从而使管壁逐渐增厚，管长逐渐增加。管状针刺机的针刺方式如图 12-35 所示。

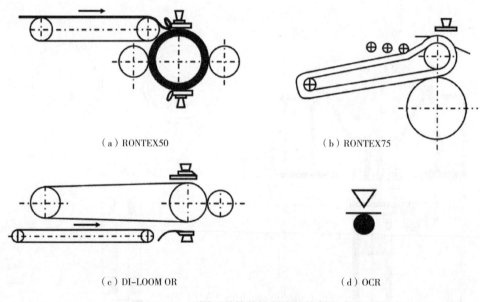

（a）RONTEX50　　　　　　　　　　　　（b）RONTEX75

（c）DI-LOOM OR　　　　　　　　　　　　（d）OCR

图 12-35　不同型号管状针刺机的针刺方式

还有专门用于生产服饰用垫肩的 SKE 型和 SKR 型针刺机。SKE 型针刺机是用来生产垫肩填料的。针刺填料可采用化纤或天然纤维为原料，先将其制成 250mm 宽的预针刺纤维卷，再将纤维卷喂入 SKE 针刺机，经成形、针刺即得到一定几何形状和密度的垫肩填料，该针刺机产量最高可达 500 个/h。

SKR 型针刺机是把垫肩的三层（上基布、中间填料、下基布）利用针刺技术复合在一起的专用针刺机。它的托网装置为槽辊，刺针恰好刺在槽辊的凹槽内，因此垫肩的外形是与槽辊直径相吻合的弯曲状。

6. 坩埚针刺机　三维针刺坩埚预制体技术，最早是由法国欧洲动力装备公司根据非织造布中的针刺工艺，将其引入碳/碳预制体成型领域。根据坩埚针刺机的种类不同，现在国内外针刺预制件有圆柱体、钟形、锥形以及平板等。

根据 SEP 公司产品采用的技术，根据成型材料和技术路线的不同分为 Novoltex 预制体针刺技术和 Naxeco 预制体针刺技术。其中 Novoltex 针刺技术采用预氧丝布和预氧丝网胎作为针刺材料，在制作薄壁回转体构件时，纤维沿子午线和锥体环向排布，带状织物边缠绕边针刺〔图 12-36（a）〕。Naxeco 预制体针刺技术，是 SEP 公司在 20 世纪 90 年代被斯奈克马固体推进公司（Snecma Propulsion Solide）发明的，该技术是 Novoltex 预制体针刺技术的改进型，Naxeco 技术采用碳布和碳纤维网胎作为针刺材料，且纤维沿 ±45° 方向。其中两种针刺方式的纤维方向如图 12-36（b）所示。对比以上两种针刺预制体技术路线，可以看出 Novoltex 预制体后期碳化会产生收缩，需昂贵的设备抑制收缩，而 Naxeco 预制体针刺技术使用碳布和碳纤维网胎，不需要进行碳化操作，避免了碳化带来的技术风险和成本增加。同时从预制体的纤维体积分数来看，Novoltex 预制体体积分数 28%，而 Naxeco 预制体体积分数达到了 35%。

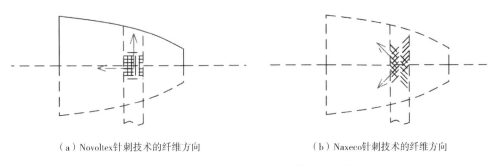

（a）Novoltex针刺技术的纤维方向　　　　　（b）Naxeco针刺技术的纤维方向

图 12-36　Novoltex 和 Naxeco 针刺技术的纤维方向

六、成卷

成卷的目的是便于产品的存储、运输和喂给下道工序加工。有时为了改变卷装容量、去除疵点和提高质量，还要进行再卷绕或复绕。对于针刺而言，成卷一般是在最后一道针刺工艺后，将刺好的毡通过辊卷绕起来。

第四节　三维针刺织物的工艺参数设计

一、三维针刺织物的工艺参数和结构参数

1. 面密度　面密度是指定厚度的三维针刺预制体单位面积的质量，单位为 g/cm^2。

2. 针刺密度 针刺密度是指纤网在单位面积上受到的理论针刺数，它是针刺工艺的重要参数。其计算公式如下：

$$D_n = \frac{N \times n}{10000 \times v} \tag{12-6}$$

式中：D_n 为针刺密度（刺/cm²）；N 为植针密度为（枚/m）；n 为针刺机的针刺频率（刺/min）；v 为纤网输出速度（m/min）。

由于植针密度往往是固定的，因此，可以通过调整针刺频率和输出速度这两个工艺参数来满足产品对不同针刺密度的要求。一般来说，针刺密度越大，产品强度越大、越硬挺。但是，如果纤网已达到足够的密度，继续针刺就会造成纤网中纤维的过度损伤或断针，反而会使产品强度下降。

3. 针刺深度 针刺深度是指刺针穿刺纤网后，突出在纤网外的长度（mm）。在一定范围内，随着针刺深度的增加，三角刺针每个棱边上钩刺带动的纤维量和纤维移动的距离增加，使纤维之间的缠结更充分，产品强度有所提高，但是刺得过深，部分移动困难的纤维在钩刺作用下发生断裂，导致非织造产品强度降低，结构变松。通常针刺深度掌握在 3~17mm，在具体确定针刺深度时，应掌握以下原则：

（1）对粗、长纤维组成的纤网应选择较大的针刺深度。

（2）对厚型纤网应选择较大的针刺深度，有利于纤维在厚度区域范围内有效缠结。

（3）对致密度高的产品，针刺深度可选择深一些，反之，可浅一些。

（4）预针刺时，针刺深度可大一些，随着主针刺道数的增加可逐渐减小针刺深度。

（5）合理选择刺针的型号和规格。

4. 步进量 针刺步进量是指针刺机每针刺一个循环，非织造纤网所前进的距离。一般短纤非织造材料针刺的步进量为 3~6mm/针。一旦针板的布针方式确定，步进量将会对布面的平整和光洁性产生相当大的影响。如果步进量与刺针之间的间距成整数倍就有可能导致重复针刺而产生针刺条痕。布针方式和植针密度保持不变时，步进量不同，针迹效果也不同。

$$s = \frac{v \times 1000}{n} \tag{12-7}$$

式中：s 为步进量（mm/针）；v 为出布速度（m/min）；n 为针刺频率（m/min）。

5. 剥网板和托网板间的安全距离 剥网板和托网板间的安全距离是指剥网板和针板运动到最下位，调剥网板和托网板之间的最接近间隙，对于熟练操作者为 3mm 左右，以碰撞声为宜；对于新手为 10mm。

6. 压辊高度调节 压辊高度的调节应遵循以下原则：

进料辊大，出料辊小，出料辊距离帘子3mm，因不同密度有差异。

7. 抬针高度（即托网板降低高度）与测米速的转速器 抬针高度（即托网板降低高度）是每刺一个单元层下降一次。分手动（转盘上、下方向旋转，微调下降）和自动（电动开关上、下方向旋钮，连续上升和下降）两种，手动转动转盘每 3 圈上升、下降1mm。

测米速的转速器为精确采集皮辊的步进速率。

8. 针板与剥毛板间距离设定与塑料薄膜 针板与剥毛板间距离设定原则：

针长（弯柄内侧至针尖）−针板厚度（18mm）−剥毛板厚度（14mm）−针刺深度（17~20mm）＝具体数值，略大于该数值便于抽出针板。

塑料薄膜：选8丝，防止底部变脏，起到隔离作用；也用于验证新设备，检验主轴键槽加工是否精准，针板、剥毛板、托网板之间按一定时间差顺序运动。

9. 刺针 刺针的结构是由针柄、针腰（有的刺针没有针腰）、针叶和针尖组成（图12-37）。

图 12-37 刺针结构示意图

根据不同需要选择不同种类的刺针型号，例如以下三种：

（1）15×16×36×3C333，用于手工针刺专用针。

（2）15×18×32×3R222，平板高密度专用刺针。

（3）15×18×36×35R333，圆管机专用刺针。

刺针 28-32-36 号，直径 1.82~1.83mm，针总长 70~100mm，工作区 20~40mm，齿高度（针刺区）10~30mm。现在用得最多的是 28 号和 32 号针。28 号针截面是三棱尖锥形对网胎的损伤较小。其余两种型号针都为三棱直锥形。

二、纤维体积含量的计算

对于三维针刺而言，纤维体积分数是关键的控制参数。下面以单胞法计算纤维体积含量为例，说明针刺工艺对针刺毡的纤维体积分数的影响。每根刺针作用的针刺毡单元定义为针刺毡的单胞。刺针的截面通常是三角形的，以一定的角度 θ 和深度 l 往复穿刺作用于纤网，使几层叠加起来的纤网中的纤维在织物的厚度方向形成交缠。

设针刺前的纤维体积分数为 V_f，经针刺后毡的纤维体积分数为 V，计算公式如下：

$$V = V_f \frac{l}{z} \times \frac{\eta}{\cos\theta} \tag{12-8}$$

式中：l 为纤维网的厚度（mm）；η 为与针刺密度相关的参数；z 为纤维网的针刺深度（mm）；θ 为刺针刺入方向与纤维网垂直方向的夹角（$0° \leqslant \theta < 90°$）。

若刺针穿透纤维的厚度，即 $l/z = 1$。针刺毡的纤维体积分数与针刺角 θ 密切相关。随着角的增加，所获得的针刺毡的体积分数逐渐增加。若按照垂直针刺计算，当针刺角 $\theta = 0°$ 时，针刺毡的纤维体积分数最低，此时 $\cos\theta = 1$。

则式（12-8）推算为：

$$V = V_f \eta \tag{12-9}$$

式中：η 为与针刺密度相关的参数，等于刺针作用面积 A_p 与单胞面积 A_c 之比。

$$\eta = \frac{A_p}{A_c} \tag{12-10}$$

假设针刺预制件面积为 S，则：

$$S = A_p \tag{12-11}$$

式中：A_c 为所有针刺孔面积之和，假设单个的针刺孔面积是 $s_{针}$，则可以写为：

$$A_c = N_{孔} s_{针} \tag{12-12}$$

式中：$N_{孔}$ 为针刺预制件的针刺孔数，刺；$s_{针}$ 为单个针刺孔面积，cm^2。

$N_{孔}$ 又可以写为以下形式：

$$N_{孔} = S \cdot D_n \tag{12-13}$$

根据式（12-10）~式（12-13），η 的表达式为：

$$\eta = \frac{A_p}{A_c} = \frac{S}{N_{孔} \cdot s_{针}} = \frac{1}{D_n \cdot s_{针}} \tag{12-14}$$

则根据式（12-6）~式（12-14）可得到针刺后的体积分数 V 计算公式：

$$V = V_f \frac{10000 \cdot v}{s_{针} \cdot N \cdot n} \tag{12-15}$$

从关系式可以看出，假设针刺前体积分数 V_f、单个针刺孔的面积 $s_{针}$ 和植针数 N 已知，则针刺后的体积分数只与纤网输出速度（v）和针刺速率（n）有关。

此外，还可以用称重法计算纤维的体积分数，其公式如下：

$$V = \frac{M_f}{\rho V_f} \tag{12-16}$$

式中：V 为纤维的体积分数；M_f 为纤维针刺毡的质量（g）；ρ 为纤维的体密度（g/cm^3）；V_f 为纤维毡的体积。

三、实例设计

在工程应用中，根据产品的要求进行设计。例如，某单位想要 250mm×185mm×4mm 规格的预制件。原料要求选用棉纤维，基本参数见表 12-1。已知纤维网长为 1m，幅宽为 0.5m。预针刺机的植针密度为 1400 枚/m，主针刺机的植针密度为 3000 枚/m。预、主针刺的针刺频率为 5Hz，对应的速度为 100 刺/min，预、主进出料频率为 5Hz，对应的速度为 0.425m/min。要求纤维网平方米克重为 557g/cm²，针刺预制件纤维体积含量要求 31%，工艺要求进行一次预针刺、一次主针刺。

假设针刺后与针刺纤维毡的压缩比 $V/V_f = 1.5$，$s_{针}$ 为 $1.91×10^{-3}cm^2$，针刺机的输出和输入速度相同，输出输入频率相同。设计者需要准确设计针刺机的针刺频率，并计算预制件的针刺密度。

表 12-1　棉纤维基础数据

原料	弹性模量/GPa	纤维长度/mm	体密度/（g/cm³）	泊松比
棉纤维	76.76	10~25	1.26	0.45

设计题例中预制件参数的步骤为：

①根据产品要求设计平方米克重为 $557\mathrm{g/cm^2}$。由于纤维网长为 $1\mathrm{m}$，幅宽为 $0.5\mathrm{m}$，面积为 $0.5\mathrm{m^2}$，因此计算得到喂入的棉纤维质量为 $278.5\mathrm{g}$。

②根据假设要求，纤维体积含量为 31%，则根据式（12-9）、式（12-14）可得到：

$$\frac{V}{V_\mathrm{f}} = \frac{1}{s_{\text{针}} \cdot D_\mathrm{n}} = \frac{1}{s_{\text{针}} \cdot (D_{\text{预}} + D_{\text{主}})} \tag{12-17}$$

由于针刺机的输出速度和输入速度相同，根据式（12-15）、式（12-17）可以得到针刺预制件体积分数比的计算公式：

$$\frac{V}{V_\mathrm{f}} = \frac{10000 \cdot v_{\text{预}} \cdot v_{\text{主}}}{s_{\text{针}}(N_{\text{预}} \cdot n_{\text{预}} \cdot v_{\text{主}} + N_{\text{主}} \cdot n_{\text{主}} \cdot v_{\text{预}})} = \frac{10000 \cdot v}{s_{\text{针}}(N_{\text{预}} \cdot n_{\text{预}} + N_{\text{主}} \cdot n_{\text{主}})} \tag{12-18}$$

已知：$V/V_\mathrm{f} = 1.5$，$s_{\text{针}}$ 为 $1.91 \times 10^{-3}\ \mathrm{cm^2}$，针刺机的输出速度和输入速度相同，且均为 $12\mathrm{Hz}$，求得：

$$1.4 \cdot n_{\text{预}} + 3 \cdot n_{\text{主}} = 3580$$

故设 $n_{\text{预}} \approx 600$ 刺/min，则 $n_{\text{主}} \approx 900$ 刺/min。对应预针刺机、主针刺机针刺频率分别为 $30\mathrm{Hz}$、$45\mathrm{Hz}$。

则根据式（12-17）可得到针刺密度 $D_\mathrm{n} = 347$ 刺/cm²。

针刺预制件的针刺密度应该为一次预针刺 $D_{\text{预}}$ 与一次主针刺 $D_{\text{主}}$ 针刺密度之和。为达到要求针刺密度，在给定植针密度的条件下（$N_{\text{预}} = 1400$ 枚/m 和 $N_{\text{主}} = 3000$ 枚/m）进行工艺设计。

$$D_{\text{预}} = \frac{N_1 \times n_1}{v_1 \times 10000} = \frac{1400 \times 600}{10000 \times 1.02} = 82.3 \text{ 刺/cm}^2$$

$$D_{\text{主}} = \frac{N_2 \times n_2}{v_2 \times 10000} = \frac{3000 \times 900}{10000 \times 1.02} = 264.7 \text{ 刺/cm}^2$$

$$D_\mathrm{n} = D_{\text{预}} + D_{\text{主}} = 82.3 + 264.7 \approx 347 \text{ 刺/cm}^2$$

三维针刺工艺设计比较复杂，涉及的设备参数较多。例如，针刺密度不仅与针刺频率有关，并且与输出辊速度有关。在调节针刺频率时，要适当调整输出辊速度，否则可能会发生断针等现象。此外，在设计各台机器的参数时，要保证每台机器之间的速度关系相匹配。前车机器喂入频率应该大于后车机器。正因为每台机器参数的可设计性与组合性，所以针刺产品可以根据产品要求进行多种多样的变化。因此，需要使用单位提出侧重点，供工艺设计时参考。

第五节　三维针刺织物的制备

棉纤维针刺预制体成型设备方案。采用单元层复合针刺技术制备棉纤维针刺毡，针刺密度可调，为 $300 \sim 800$ 针/cm²，针刺深度可调，为 $10 \sim 20\mathrm{mm}$，纤维体积含量可调，为 $20\% \sim 40\%$，纤维取向可另行设计组合，纤维品种及规格可调。

三维棉纤维针刺毡生产线工艺流程如图 12-38 所示，其制造设备包括切断设备、梳理设备、机械梳理成网设备、预针刺设备、主针刺设备、收卷设备。

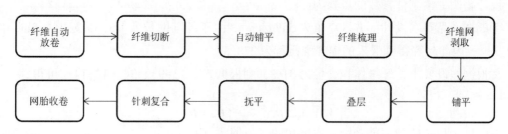

图 12-38 三维棉纤维针刺毡生产线工艺流程图

一、纤维切断

该设备可根据用户需要的针刺毡中的短纤长度，裁切指定长度的短纤维。开松后纤维的长度主要集中在 10~25mm。

二、梳理

采用罗拉式梳理机进行梳理。梳理机参数见表 12-2，进料的频率应小于锡林与道夫速度，以确保梳理充分。

表 12-2 梳理机参数

机器	部件	频率/Hz
梳理机	进料	12
	锡林	25
	道夫	22

采用全不锈钢针布，保证纤维的剥去率，有效去除针布静电；同时不锈钢不会被锈蚀，能在梳理过程中减少纤维污染；针布隔距采用自动调节，计算机控制，确保其隔距左右的一致性，保证设备高速稳定运转。

三、机械铺叠成网

采用具有储网机构的双网帘夹持式铺网，在进行往复铺叠成网时，不会形成两边厚中间薄的纤网，以便针刺加工；调节网帘频率，可调节纤维成网时的面密度（又称平方米克重）；上、下网帘运动速度应与前道工艺的速度相配合，防止纤维堵塞；采用整机特殊防静电处理，减少在生产过程中的纤维粘连，从而确保纱网生产的均匀度，减少其损失，铺网机参数见表 12-3。

表 12-3 铺网机参数

机器	部件	频率/Hz
铺网机	上网帘	21.8
	下网帘	21.8
	丁帘	3

四、预针刺设备

预针刺工艺使用的是带有 CBF 的压网罗拉式送网预针刺机，以便能有效地将铺叠后的纤网喂入针刺机的针刺区域中，而不产生堵塞。预针刺的具体参数见表 12-4，预针刺过后根据式（12-6）计算可得到预针刺的针刺密度为 61.76 刺/cm^2。

表 12-4　预针刺机参数

机器	工艺参数	
预针刺机	针刺深度/mm	9
	喂入辊/Hz	12
	喂入辊速度/（m/min）	1.02
	植针密度/（植针数/m）	1400
	输出辊/Hz	12
	输出辊速度/（m/min）	1.02
	针板/Hz	30
	针板速度/（刺/min）	600

五、主针刺设备

将预刺得到的纤维毡叠加至两层，使纤网达到一定厚度；再在叠层表面进行针刺，针刺过程中棉纤维网随着传送带水平移动，针板按照一定频率上下往复运动。使用倒刺对预刺后的纤维毡进行针刺。其参数见表 12-5，主针刺过后根据式（12-6）计算可得到主针刺的针刺密度为 283.78 刺/cm^2。

表 12-5　主针刺机参数

机器	工艺参数	
主针刺机	针刺深度/mm	8
	喂入辊/Hz	12
	喂入辊速度/（m/min）	1.02
	植针密度/（植针数/m）	3000
	输出辊/Hz	12
	输出辊速度/（m/min）	1.02
	针板/Hz	45
	针板速度/（刺/min）	900

六、收卷设备

自动收卷，可以调节收卷的长短、自动称量收卷的网胎重量。

第六节　三维针刺复合材料的细观结构及针刺预制体工艺参数建模

一、三维针刺复合材料细观结构

针刺预制体是一种独特网状结构的三维预制体，针刺复合材料的宏观力学性能与针刺工艺、纤维结构存在密切关系。

近年来，有许多学者从预制体结构参数出发，预测 3D 纺织复合材料的有效性能，并研究了细观结构参数对复合材料宏观力学性能的影响规律。部分学者尝试以针刺部位纤维结构为基础预测复合材料的有效性能，但这些模型对材料内部纤维几何结构作了大量简化，仅考虑一个针刺部位。2016 年，Xie 等开发了一种针刺预制体工艺参数建模方法，根据工艺参数，如针刺密度、深度、铺层方式和布针形式等，预测针刺区域的分布位置，建立针刺复合材料周期性单胞。以针刺工艺为基础，通过细致的几何结构观测将针刺复合材料归类为四种典型代表性区域，包括非针刺区域、单独针刺区域、表层针刺区域和重复针刺区域。根据子胞体的 RVE 模型，利用局部区域刚度性能对针刺复合材料进行刚度预测，并进一步研究针刺参数对复合材料有效性能的影响规律。

二、针刺预制体工艺参数建模

根据针刺复合材料的四种局部典型纤维几何结构，分别建立代表体积单元（representative volume element，RVE），如图 12-39 所示。材料局部区域的等效刚度性能可以通过 RVE 进行计算。

（1）RVE A 代表非针刺区域，其中包含两层无纬布和两层纤维网胎，无纬布方向分别沿着 0°方向和 90°方向。

（2）RVE B 代表单独针刺区域，该区域被针刺一次，经过针刺过程后，无纬布纤维和网胎纤维往 z 方向偏转，一部分面内纤维转移到 z 方向形成针刺纤维束。纤维束偏转的几何路径通过公式描述：

$$z = H_d \sin\left\{ \pi/2R_e^{\frac{1}{2}} \left[\sqrt{(x^2+y^2)} - R_n \right]^{\frac{1}{2}} \right\} \tag{12-19}$$

式中：H_d 为纤维偏转深度；R_e 为针刺区域半径；R_n 为针刺纤维束半径。

（3）RVE C 为表层针刺区域，该区域处于预制体表层，被针刺一次。由于表层的碳布和网胎受到的约束力较小，被针刺时无纬布纤维往往不发生折断，而是被挤压至两侧，这部分区域被称为表层针刺区域。挤压变形的无纬布几何路径可以通过一种余弦函数描述：

$$y = f(x) = a\cos\left[\pi x/(L/2) \right] + b \tag{12-20}$$

参数 a，b 由下式得到：

$$a = R_n (W/2 - y_0)^2/\left[2(W/2 - R_n)^2 \right] \tag{12-21}$$

$$b = \frac{y_0(W/2 - R_n)^2 + [(W/2)^2 - R_n y_0](y_0 - R_n)}{2(W/2 - R_n)^2} \quad (12-22)$$

式中：y_0 为纤维路径与 y 轴交点的纵坐标。

（4）RVE D 为重复针刺区域，由于多次针刺，面内纤维全部转移到 z 方向。因此，RVE D 也可以被看作一种单向纤维增强材料。

图 12-39 中 RVE 的尺寸可以通过材料的细观结构观测得到。由于纤维铺层之间的相互挤压，不同位置无纬布和网胎层的厚度存在一定差别，而且各针刺部位无纬布纤维偏转的几何路径并不完全一致。

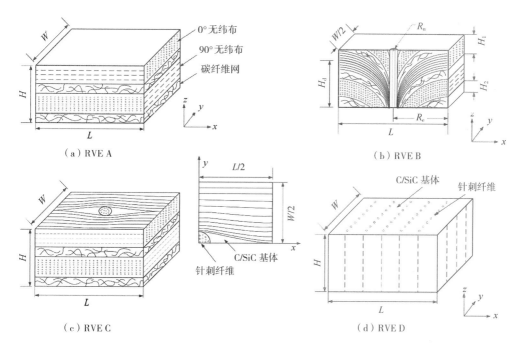

图 12-39　针刺复合材料四种代表体积单元示意图

参考文献

［1］Pichon T，Coperet H，Foucault A，et al. Vinci Upper Stage Engine Nozzle Extension Development Status ［C］// Aiaa/asme/sae/asee Joint Propulsion Conference & Exhibit，2005.

［2］Cavallini E，Favini B，Giacinto M D，et al. Analysis of VEGA Solid Stages Static Firing Tests towards the Maiden Flight ［C］// Aiaa/asme/sae/asee Joint Propulsion Conference & Exhibit，2012.

［3］Lawton P G，Smith N. Production of shaped filamentary structures：WO，US5323523 A ［P］. 1994.

［4］Boury D，Germani T，Neri A，et al. Ariane 5 SRM Upgrade ［J］. AIAA Journal，2013：2004-3894.

[5] Foster E P. Felting needle and method of making the same：US2391560 A ［P］. 1945.

[6] Ronald S G. Apparatus for making shaped felt：US, US3287786 A ［P］. 1966.

[7] Lawton P G, Smith N. Production of shaped filamentary structures：WO, US5323523 A ［P］. 1994.

[8] Olry P. Process and apparatus for manufacturing axi－symmetrical three－dimensional structures：US, US4621662 A ［P］. 1986.

[9] Weiss A C. Laminated article and method of making same：US, US2713016, A ［P］. 1955.

[10] 嵇阿琳, 李贺军, 崔红. 针刺炭纤维预制体的发展与应用 ［J］. 炭素技术, 2010, 29（3）：23-27.

[11] 郑蕊, 嵇阿琳, 李崇俊. 针刺成型 C/C 预制体的研究进展 ［J］. 炭素, 2011（1）：33-38.

[12] 苏君明, 周绍建, 李瑞珍, 等. 工程应用 C/C 复合材料的性能分析与展望 ［J］. 新型炭材料, 2015, 30（2）：106-114.

[13] 刘杰, 李海滨, 刘小瀛. 3D 针刺 C/SiC 复合材料螺栓的低成本制备及力学性能 ［J］. 航空学报, 2013, 34（7）：1724-1730.

[14] 谢军波. 针刺预制体工艺参数建模及复合材料本构关系研究 ［D］. 哈尔滨：哈尔滨工业大学, 2016.

[15] 李雅娣, 周绍健, 航天科技集团公司四院四十三所. C/C 复合材料的预制体技术的发展 ［C］// 中国电工技术学会. 中国电工技术学会, 2007.

[16] 腊鑫. 炭/炭坩埚预制体针刺机设计与研究 ［D］. 天津：天津工业大学, 2020.

[17] Vignoles G L, Aspa Y, Quintard M. Modelling of carbon － carbon composite ablation in rocket nozzles ［J］. Composites Science & Technology, 2010, 70（9）：1303-1311.

[18] Lacoste M, Lacombe A, Joyez P, et al. Carbon/Carbon extendible Nozzles ［J］. Acta Astronautica, 2002, 50（6）：357-367.

[19] Broquere B. Carbon/carbon nozzle exit cones － SEP′s experience and new developments ［C］.// 33rd Joint Propulsion Conference and Exhibit, 1997.

[20] Cho C W, Park J H, Cho M C, et al. Method for making three dimension preform having high heat conductivity and method for making aircraft brake disc having the three dimension preform, US20150240891 ［P］. 2015.

[21] Fan S, Zhang L, Cheng L, et al. Microstructure and frictional properties of C/SiC brake materials with sandwich structure ［J］. Ceramics International, 2011, 37（7）：2829-2835.

[22] http：//meggitt-mabs. com/Aircraft_ Platforms. php. 2015-11-7.

[23] http：//dacc21. en. ec21. com/Carbon_ Composites － 2841928_ 2841930. html. 2015-11-7.

[24] http：//dacc21. com/. 2015-11-7.

[25] Li T T, Wang R, Lou C W, et al. Effects of needle-punching and thermo-bonding on mechanical and EMI shielding properties of puncture － resisting composites reinforced with fabrics ［J］. Fibers & Polymers, 2014.

[26] http：//www. dragzine. com/tech-stories/brakes-suspension/carbon-fiberbrakes-an-in-depth-look-with-strange-engineering/. 2015-11-7.

[27] http：//www. compositesworld. com/articles/composites-aid-connectivity-on-commercial-aircraft. 2015-11-7.

［28］Ronald S G. Apparatus for making shaped felt：US，US3287786 A ［P］. 1966.

［29］Pichon T，Coperet H，Foucault A，et al. Vinci Upper Stage Engine Nozzle Extension Development Status ［C］// Aiaa/asme/sae/asee Joint Propulsion Conference & Exhibit，2005.

［30］Byrd T. From Concept to Design：Progress on the J-2X Upper Stage Engine for the Ares Launch Vehicles ［C］//Aiaa/asme/sae/asee Joint Propulsion Conference & Exhibit，2013.

［31］益小苏，杜善义，张立同. 复合材料手册 ［M］. 北京：化学工业出版社，2009.

［32］柯勤飞，靳向煜. 非织造学 ［M］. 上海：东华大学出版社，2004.

［33］Papadopoulos A M. State of the art in thermal insulation materials and aims for future developments ［J］. Energy & Buildings，2005，37（1）：77-86.

［34］Yoldas B E，Annen M J，Bostaph J. Chemical Engineering of Aerogel Morphology Formed under Nonsupercritical Conditions for Thermal Insulation ［J］. Chemistry of Materials，2000，12（8）：2475-2484.

第十三章 纤维集合体的有限元建模与分析

第一节 概述

一、有限元的定义

有限单元法（简称有限元法）是利用计算机求解微分方程近似解的一种计算分析方法，它是通过将连续复杂问题离散近似成有限数量的单元问题进行分析复杂结构和复杂问题的一种强有力的分析方法。

二、有限元的产生与发展

20 世纪 40 年代，有限元首先被美国数学家柯朗和工程师阿格瑞斯分别独立提出，在 20 世纪 60 年代克劳夫第一次从数学上说明有限元的合理性，并首次提出了"有限元法"这个名称，此后这个名称一直沿用至今，标志着有限元法早期发展阶段的结束；随后有限元在国外和国内均经历了发展阶段，其中我国数学家冯康于 1965 年在特定环境中独立于西方提出有限元法；半个世纪以来，有限元法蓬勃发展，并且在计算机技术飞速发展的今天，有限元已成为目前工程中分析结构件的力、热等物理性能的重要方法，其应用已由弹性力学平面问题扩展到空间问题、板壳问题，由静力平衡问题扩展到稳定问题、动力问题和波动问题，分析对象从弹性材料扩展到塑性、黏弹性、黏塑性和复合材料等，从固体力学扩展到流体力学、渗流与固结理论、热传导与热应力问题、磁场问题以及声学等。

三、有限元在纺织及其复合材料中的应用

在纺织及复合材料等领域，有限元法也具有较为广阔的应用前景。在纺织领域中，纤维成型、纺纱、织造等过程属于成型工艺问题，目前有限元的应用相对较少，但对于纺织品的物理性能，如织物的拉伸性能、抗撕裂性能、透气性、保暖性、悬垂性甚至高性能纤维织物的防弹性能均可以用有限元法进行模拟预测；纺织复合材料属于一种先进的复合材料，其物理性能，如力学、热力学、电磁学等性能均可以用有限元法进行模拟表征。就笔者了解而言，目前采用有限元分析方法预测纺织结构织物性能的研究相对较少，相关理论也并不成熟，而纺织结构复合材料的有限元分析相对较多，相关理论也日趋成熟，本章将简要介绍纺织结构

织物及其复合材料的建模思路及相关结果分析方法。

第二节　纺织结构织物有限元建模及分析

一、概述

纺织结构织物本质上是由纤维构成的三维集合体，一般情况下不论短纤维（如棉、麻等）还是长丝（如碳纤维、玻璃纤维等），织物的有限元模拟均需要一定程度的简化。短纤纱织物中短纤纱的强力不仅与纤维本身机械性能有关，它还依赖于不同短纤维之间的抱合力（摩擦力），这种短纤维集合体之间的复杂相互作用在有限元中难以完成模拟，因此通常在宏观尺度上直接赋予短纤纱机械属性模拟织物的力学性能；对于长丝纤维束构成的织物而言，长丝在纱线方向上是连续的，但在纱线横向上由于缺乏加捻，横向机械性质通常难以获得。因此，比较切实可靠的织物模拟在现有理论下仍具有一定难度。本节将以三维正交机织物的弹道冲击性能模拟（图13-1）为例，简要介绍模拟分析纺织结构织物力学性能的基本建模方法。

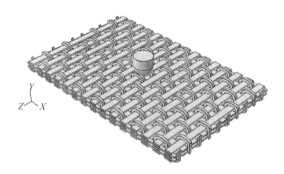

图 13-1　三维正交机织物的弹道冲击模拟示意图

二、纺织织物有限元建模过程

1. 几何模型的建立　几何模型就是模拟对象的实际空间结构，在实际情况下，纺织织物是具有一定几何规律的纤维集合体，但并不是完全规则，在建模时需要将其简化成规则形状。本节在商用三维 CAD 软件中依据织物理想结构特征建立三维正交机织物的细观模型，同时根据三维织物结构对称性特点，通过施加对称边界条件，降低计算成本。本例中对该模型选用四分之一几何模型进行模拟计算，四分之一模型建立及对称边界条件施加如图 13-2 所示，图中 U1＝U2＝U3＝UR1＝UR2＝UR3＝0 代表相应面 6 个自由度被完全约束；XSYMM（U1＝UR2＝UR3＝0）代表相应面沿 x 方向的法平面对称，而 ZSYMM（U3＝UR1＝UR2＝0）代表相应面沿 z 方向的法平面对称。因此该四分之一模型为该三维正交机织物完整模型四周被完全约束的弹道冲击模型的简化模型。

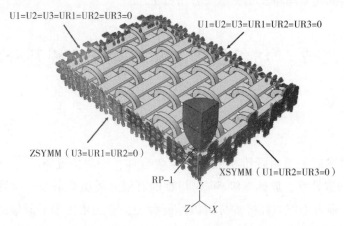

图 13-2 三维正交机织物四分之一对称模型几何结构示意图

2. 网格划分 网格划分本质上是有限元建模核心的第一步——离散化，即通过将几何模型划分网格便可使模型变为有限数量个网格单元。网格划分在有限元建模过程中尤为关键，虽然有限元建模中网格划分无先后顺序之分，但对于某些复杂结构模型，其网格划分比较复杂，有时会出现网格错误而需重新优化几何模型，因此笔者建议几何建模完成后立即对模型进行划分网格。本例中由于无对照实验测试结果，仅对几何模型进行粗略划分（图 13-3），图 13-3 中织物采用三维六面体线性减缩积分单元（C3D8R）和三维五面体线性单元（C3D6）组合式网格划分方案，子弹头采用纯三维六面体线性减缩积分单元（C3D8R）划分。

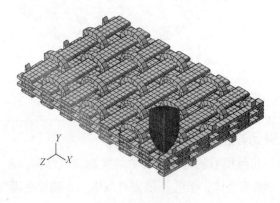

图 13-3 网格划分

3. 材料属性 材料属性是指研究对象的物理性能，对于同一几何结构的模型，若赋予不同的材料属性，其物理性能将会不同。因此，几何结构的材料属性一般需参考实验测试结果。由于纱线性能难以确定，本例仅以某一各向同性材料性能赋予纱线，具体主要力学性能参数见表 13-1。需注意的是，在有限元软件中输入的参数没有单位，用户需自行统一模型使用单位，如本例中长度单位以 mm 为基准，强度、压强等单位均为 MPa，密度单位中的质量则转化为 t，因此密度单位为 t/mm³。读者也可选用国际单位制（SI）进行建模，使用国际单位制时，长度单位以 m 为基准，强度或压强单位即为 Pa，因此纱线杨氏模量依据表 13-1 则变为23000000000，同理其密度为 1800。

表 13-1　纱线及子弹主要力学性能参数

部件	杨氏模量/MPa	泊松比	密度/（t/mm³）	屈服应力/MPa	最大应力/MPa
纱线	23000	0.3	$1.8e^{-9}$	500	800
子弹	70000	0.3	$2.7e^{-9}$	—	—

4. 定义接触　接触涉及接触方式和接触属性两个问题，其中接触属性是接触问题的核心。前面提到纺织织物的模拟相对复杂，其主要原因是纺织织物中涉及纤维与纤维、纱线与纱线之间大量的不稳定性接触，这些接触不仅使模型计算量大，而且由于网格离散问题导致有限元无法像真实情况那样很好地模拟出纤维之间以及纱线之间的摩擦效果，并且目前缺乏有效等效模拟这种接触方式的近似办法，因此有限元的模拟相对较难。在冲击过程中，子弹与纱线，纱线与纱线均会出现接触。因此在有限元建模过程中需对子弹与纱线和纱线与纱线之间定义接触属性与接触方式。本例中，定义子弹与纱线及纱线之间的摩擦系数为 0.2，所有接触均属于硬接触，为便于建模以及计算过程中防止由于纱线破坏产生新的接触面后出现穿透现象，本例直接定义自接触的接触方式（即所有面都存在接触）。

5. 刚体约束　刚体约束是将某些部件定义为刚体，刚体在真实条件下是不存在的，这种近似是因为在模拟过程中，某些部件几乎不发生变形，而且这种变形可以忽略。在本模型中，织物为柔性材料，子弹为硬质材料，子弹的变形近似为零。为计算方便，本例中采用如图 13-4 所示的刚体约束方式将子弹与一质点（参考点 RP）绑定，从而将子弹约束成刚体，忽略其微小变形。

图 13-4　约束子弹

6. 设置分析步　分析步可简单理解为模型采用何种算法，常见的分析步有静态隐式（standard implicit）和动态显式（dynamic explicit）两种。两种方法各有优劣，其中静态隐式算法一般需要进行迭代，对模型收敛性要求较高，但计算速度较快；而动态显式一般不需要迭代，对模型网格要求不高，但计算速度较慢。弹道冲击属于动态高速冲击加载，一般采用动态显式分析步类型分析计算，本例中设定冲击时间为 $1e^{-4}$。设定好分析步之后需设定历史输出和场输出，历史输出和场输出一般作用不同、设置方法也不同。历史输出通常用于输出计算结果曲线，比如输出子弹在加载过程中的位移及所受到的反力，因此本例中历史输出设定子弹参考点沿加载方向的位移即可得到织物在弹道冲击测试下的子弹剩余速度，本例中历史输出时间间隔为 $5e^{-7}$；场输出是同一时刻，不同节点某一场变量的状态，通常用于观察在某一时刻材料的应力、应变或变形情况，场输出通常输出整个模型所有节点的场变量状态，因此输出结果较大，读者可根据实际需求进行选择性设置，本例中设置的场变量输出有应力（S）、应变

（E）、位移（U）以及单元失效状态变量（STATUS），场输出时间间隔为5e⁻⁶。

7. 加载　加载本质上称为定义边界条件，比如在热传导分析时施加热源可以通过在某点处设置温度参数，子弹的冲击本质上是子弹以某一初速度飞向织物，当子弹撞击织物后，子弹的剩余速度与织物的几何结构和性能以及子弹初速度有关。因此，本例中的边界条件是赋予子弹某一初速度即可。本例中假定子弹速度分别为100m/s、150m/s和200m/s，因此以预定义场方式赋予子弹或参考点（RP）为-100000、-150000、-200000的三种初始速度，使子弹飞向织物。

8. 提交 inp 计算　将模型建好后，建立 inp，并提交到求解器计算，等待计算结果。

三、纺织织物有限元建模结果分析

图13-5给出本例中的三维正交结构机织物在给定的力学性能参数和不同子弹速度冲击下的变形过程图，图13-5表明当子弹速度为100 m/s和150 m/s时，子弹不能穿透织物，当子弹速度达到200 m/s时，子弹在60 μs时已使织物发生破坏，并在100 μs时彻底穿透织物，这说明本例中织物不能有效抵抗200 m/s速度的子弹冲击。

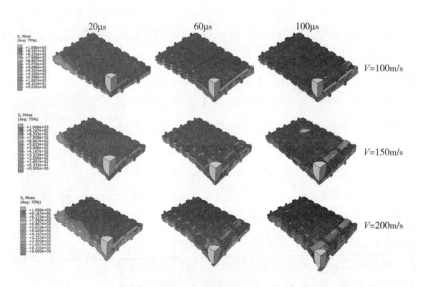

码 13-1　三维正交织物子弹冲击过程

图13-5　三维正交织物不同子弹速度冲击下的变形过程图

场变量输出结果中子弹速度为100m/s和150m/s时虽表面上织物已将子弹防住，但具体子弹打在织物上由于子弹冲击引起的形变并无具体值，因此图13-6（a）给出了子弹在冲击过程中的时间—位移曲线，从图中可以看出，当子弹速度小于等于150 m/s时，位移在达到最大值时出现下降趋势，这表明子弹出现回弹，此时子弹的最大位移约为5mm，因此这种子弹可能会对人体产生小于等于5mm的变形，这种变形将对人体产生一定的伤害；而子弹在200m/s的速度冲击织物的子弹位移一直增加，这从另一方面表明子弹能够穿透织物，那么子弹穿透织物后将继续以一定速度飞向人体，图13-6（b）给出子弹的时间—速度曲线。根据图中曲线可以发现，当子弹冲击速度为200 m/s时，子弹在穿透三维正交织物后仍具有约

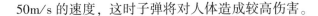

50m/s 的速度，这时子弹将对人体造成较高伤害。

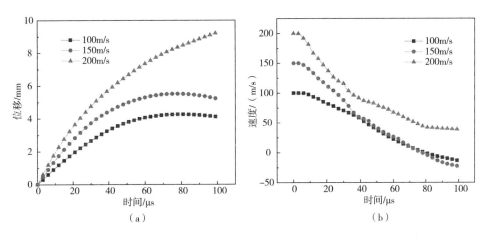

图 13-6　子弹飞行过程中的时间—位移和时间—速度曲线

　　因此，有限元分析方法能够根据用户基本参数通过简单计算初步给出某种设计方案是否能够达到使用要求。然而有限元分析结果精度需参照实验测试结果进行核验，在有限元模型计算结果与大量实验结果进行对比验证后，模型才能很好地用于预测。

第三节　纺织结构复合材料有限元建模及分析

一、概述

　　前面已提到，纺织复合材料的有限元建模分析比较成熟，这是因为复合材料中，在纤维尺度上纤维单丝之间存在树脂基体，树脂有助于传递纤维之间的应力，因此纤维之间的横向力学性能可基于连续介质力学理论进行模拟计算。在纺织复合材料力学性能模拟中，通常涉及纤维、纤维束、中观单胞、全尺寸细观结构以及宏观五种尺度计算，用户一般根据实际需求选择合理的模拟方案。本节将以三维正交机织复合材料的基本弹性力学性能预测为例介绍纺织结构复合材料的基本建模及分析方法，本节选择模拟正交机织复合材料从微观尺度下纤维束和中观单胞两个尺度下进行建模计算。

二、微观尺度下纤维束建模介绍

　　复合材料中纤维束是由一定数量纤维单丝和纤维之间的树脂构成，纤维的堆砌方式是随机无序的，但在有限元模型中通常假设纤维的堆砌分布是有规律的，其中三角形（正六边形）和四边形两种堆砌方式最为常见。本节将以正六边形堆砌方式为例简要介绍利用单向复合材料单胞计算纤维束基本力学性质。

1. 几何模型与网格划分 图 13-7 为单向复合材料单胞结构几何模型和网格模型，该模型中纤维体积分数约为 80%。建立单向复合材料单胞几何模型后，对纤维和树脂进行划分网格，此处纤维和树脂均采用三维六节点线性网格单元（C3D6）。

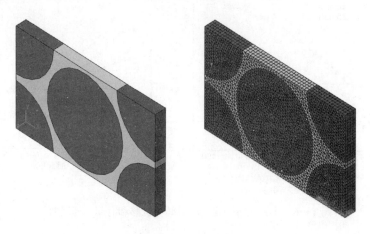

图 13-7　单向复合材料单胞结构几何模型和网格模型

值得注意的是，单胞模型中的网格必须在对称面上严格对称（即上与下、左与右、前与后六个面两两网格节点严格对应），这是因为假定完整的单向复合材料在受到外界载荷时，其局部相邻单胞应变需保持一致，这种应变协调需要通过施加周期性边界条件完成，而施加周期性边界条件的前提是对称面上的网格节点必须完全对应。具体施加位移周期性边界条件方式可遵循式（13-1）进行。

$$u_i^{j+} - u_i^{j-} = \bar{\varepsilon}_{ik}(x_k^{j+} - x_k^{j-}) = \bar{\varepsilon}_{ik}\Delta x_k^j , \tag{13-1}$$

式中：$\bar{\varepsilon}_{ik}$ 为全局坐标系下循环单元上的平均应变；x_k^{j+}，x_k^{j-} 分别为循环体第 j 组节点在笛卡尔坐标系中的位移；u_i^{j+}，u_i^{j-} 分别为循环体第 j 组节点在笛卡尔坐标系中的坐标。

2. 赋予材料属性 分别赋予纤维和树脂材料属性，本例中纤维和树脂基本力学性能属性见表 13-2。其中定义纤维为正交各向异性材料，需要定义如图 13-8 所示的局部坐标系，以确保 1 方向为纤维轴向，2 和 3 方向为纤维截面方向。

表 13-2　单向复合材料中各组分基本力学性能参数

项目	$E_{11}/$ GPa	$E_{22}=E_{33}/$ GPa	v_{23}	$v_{12}=v_{13}$	$G_{23}/$ GPa	$G_{12}=G_{13}/$ GPa	密度/ （g/cm³）	屈服强度/ MPa
碳纤维	230	20	0.3	0.3	6	15	1.78	2050
环氧树脂	2.3	2.3	0.3	0.3	0.885	0.885	1.13	92

3. 其他说明 为便于计算，本模型中纤维和基体之间假设为理想黏结，未定义界面接触形式，采用静态隐式算法建立相关分析步，最终提交到有限元求解器中求解，经过相关处理计算，得到所需应力、应变分布云图和应力—应变曲线，计算复合材料的弹性常数。

单向复合材料通常认为是横观各向同性或正交各向异性材料（取决于纤维的力学性能参数），其工程弹性常数一般有 9 个，包括 E_{11}，E_{22}，E_{33}，G_{23}，G_{13}，G_{12} 以及 v_{23}，v_{13} 和 v_{12}。因此，计算其工程弹性常数时需要多次单独施加边界条件。此处通过对如图 13-9 所示的 N_1 点施加沿 Z 坐标系方向的位移计算 E_{11} 和对 N_2 点分别施加沿 X、Y、Z 三个方向的位移计算 E_{22}，G_{23} 和 G_{13}。本模型中碳纤维的 E_{22} 和 E_{33}，G_{12} 和 G_{13} 均被定义为相同数值，因此计算后的单向复合材料的 E_{22} 和 E_{33} 应当相等，G_{12} 和 G_{13} 也相等，此处未单独施加相应边界条件进行重复计算。

图 13-8　纤维定义局部坐标系示意图

4. 结果分析　由于纺织织造和复合材料成型中会使纤维束中存在大量纤维断丝以及可能存在微米级别以下的孔隙，因此经过纺织织造及复合材料成型后的纤维束单向复合材料的弹性常数一般很难通过实验获得，此处仅通过对模型结果从理论层面分析，简要验证其合理性。

本模型采用施加位移周期性边界条件方法进行建模，因此从理论上讲，模型在相对应的面、线和点上的节点应力、应变和位移均需要严格一致，此处仅以应力为代表进行简单说明。本模型沿 1 和 2 方向的拉伸以及 13 和 23 方向的剪切结果如图 13-10 所示。从图中不难看出，不论是单轴拉伸还是剪切模拟，每个模型在四个四分之一纤维和整个纤维表面表现出的 Mises 应力均具

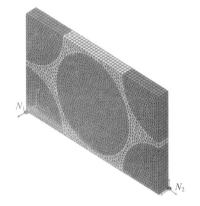

图 13-9　设定单向复合材料单胞加载边界条件图

有很好的对称性，说明本模型在边界上满足周期性，模型的计算结果是合理的。

模型的各个方向应力应变曲线可通过历史输出的载荷位移曲线进行计算得到，图 13-11 中分别为 1 方向、2 方向拉伸与 13 和 23 面剪切的应力—应变曲线。通常，通过相应实验测试可验证每个方向力学性能曲线合理性，为了方便，此处通过计算每个方向的模量与现有经典混合公式进行对比，简单验证模型的合理性。每个方向的模量可通过对四组曲线的线性阶段求导或求斜率计算。

经计算，有限元结果的四个模量 E_{11}，E_{22}，G_{13} 和 G_{23} 分别为 183.63 GPa，10.39 GPa，5.53 GPa 和 3.45 GPa。采用如式（13-2）～式（13-5）所示的经典混合定律可计算单向复合材料的相关模量。

$$E_{11} = E_{11}^f V^f + E^m (1 - V^f) \tag{13-2}$$

$$E_{22} = \frac{E_{22}^f E^m}{E_{22}^f (1 - V^f) + E^m V^f} \tag{13-3}$$

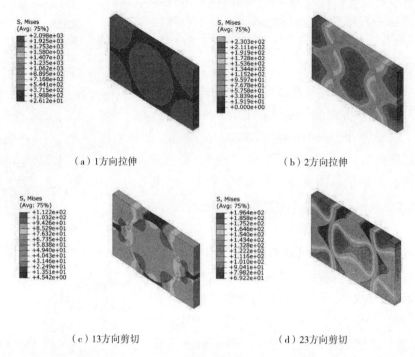

（a）1方向拉伸　　　　　　　　　　　（b）2方向拉伸

（c）13方向剪切　　　　　　　　　　　（d）23方向剪切

图13-10　单向复合材料不同加载方式下 Mises 应力分布云图

$$G_{13} = \frac{G_{13}^{\mathrm{f}} G^{\mathrm{m}}}{G_{13}^{\mathrm{f}}(1 - V^{\mathrm{f}}) + G^{\mathrm{m}} V^{\mathrm{f}}} \tag{13-4}$$

$$G_{23} = \frac{G_{23}^{\mathrm{f}} G^{\mathrm{m}}}{G_{23}^{\mathrm{f}}(1 - V^{\mathrm{f}}) + G^{\mathrm{m}} V^{\mathrm{f}}} \tag{13-5}$$

式中：E_{11}^{f}，E_{22}^{f}，G_{13}^{f} 和 G_{23}^{f} 为纤维四个方向的模量；E^{m} 和 G^{m} 为树脂的杨氏模量和剪切模量；V^{f} 为纤维的体积含量。

根据上述公式分别计算 E_{11}，E_{22}，G_{13} 和 G_{23} 分别为 184.46 GPa，7.87 GPa，3.58 GPa 和 2.78 GPa。对比有限元计算结果发现：仅 1 方向模量计算结果比较接近，其余方向计算结果均存在一定误差，这是因为复合材料力学是一个复杂的科学问题，复合材料在受载时存在多相和多尺度等各种问题，目前尚无较准确的理论公式能够完全将复合材料力学问题解释清楚。单向复合材料除 1 方向的模量计算公式还有很多，读者可以翻阅其他资料进行计算对比。

单向复合材料的9个弹性常数除了6个模量之外，还有3个泊松比 v_{23}，v_{12} 和 v_{13}，在有限元结果中无法直接得出泊松比参数，需要根据泊松比的定义进行求解。读者可以自行完成，此处不再详细介绍。

三、三维正交机织复合材料弹性常数预测

1. 三维正交机织复合材料单胞几何模型介绍　图13-12 为理想三维正交机织复合材料不同尺度细观结构几何模型，其中，图13-12（a）为复合材料全尺寸细观结构几何模型，在计

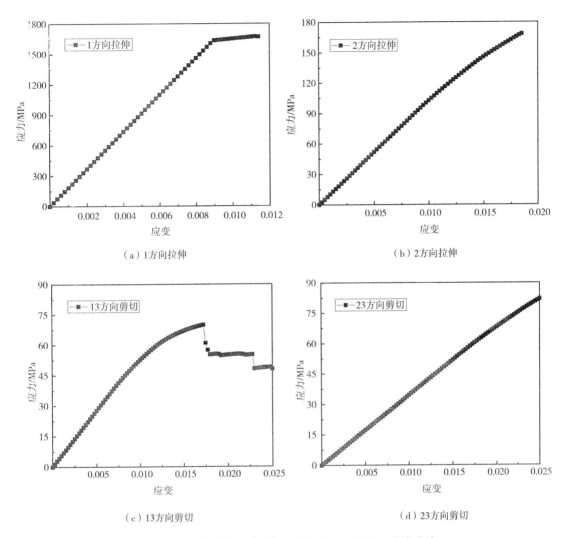

（a）1方向拉伸

（b）2方向拉伸

（c）13方向剪切

（d）23方向剪切

图 13-11　单向复合材料不同加载方式下的应力—应变曲线

算复合材料基本力学性质时，需选取正交复合材料单胞［图 13-12（b）］进行施加周期性边界条件计算，在正交机织复合材料单胞模型中，单胞的选取通常忽略 Z 纱线的交织部分，因此，正交机织复合材料的单胞几何模型最终选取如图 13-12（c）所示。

2. 结果计算　采取与单向复合材料相同的建模步骤后，将正交机织复合材料单胞模型提交到求解器中进行求解，得到模型计算结果。

图 13-13 为正交复合材料单胞分别沿 x，y 和 z 方向拉伸时的拉伸应力—应变曲线及应力场分布结果。从图 13-13（a）的应力—应变曲线可以看出，复合材料沿 x、y 方向的拉伸曲线完全一致，而沿 z 方向整体应力较小，这是因为复合材料的力学性能与纤维体积含量相关，在本模型中，x 和 y 方向为经纬纱线，其使用的纱线体积含量均比 z 向的 Z 纱线体积含量高；而 x 和 y 向的应力应变曲线几乎完全一样，这是由于模型中经纬纱线均为理想状况，只要模型中几何模型参数（几何结构及体积分数）与材料模型参数相同，两个方向的应力—应变曲

265

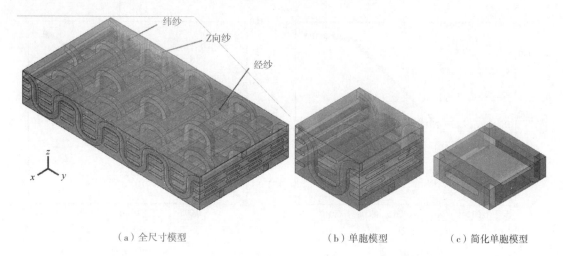

（a）全尺寸模型　　　　　　　　（b）单胞模型　　　　　（c）简化单胞模型

图 13-12　理想三维正交机织复合材料不同尺度细观结构几何模型

线及应力场分布也相同。从图 13-13（b）~（d）中的应力分布可以看出，沿复合材料单胞某一方向进行单轴拉伸时，应力主要集中于沿该方向取向的纤维束上，这是因为该纤维沿拉伸加载方向模量较高，而等应变加载条件下模量较高的材料将受到更大的应力。

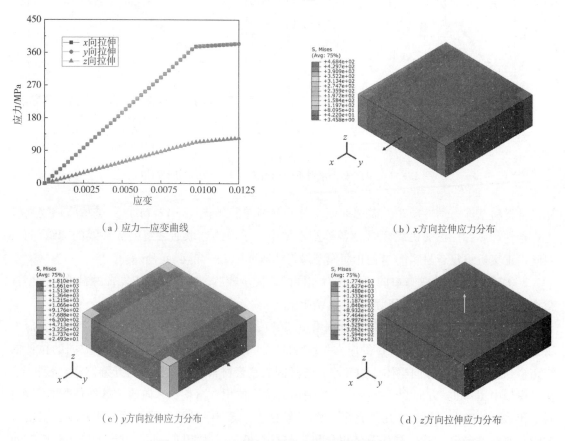

（a）应力—应变曲线　　　　　　　　　　　（b）x方向拉伸应力分布

（c）y方向拉伸应力分布　　　　　　　　　　（d）z方向拉伸应力分布

图 13 -13　正交复合材料单胞单轴拉伸模拟结果

图 13-14 为正交复合材料单胞分的 xz 面沿 x 向剪切（yx 剪切），xy 面沿 y 向剪切（zy 剪切）以及 zy 面沿 z 向剪切（xz 剪切）时的应力—应变曲线与应力场分布图。从图 13-14（a）中曲线可以发现，同 x 和 y 向拉伸类似，zy 和 xz 剪切性能完全一致，这是因为 z 向的法平面沿 x 方向和 y 方向剪切时，由于经纬纱几何模型与材料模型参数完全一致，因此 zx 和 zy 剪切性能完全相同，而根据剪应力互等定理可知，xz 剪切与 zx 剪切性能相同，因此 zy 与 xz 剪切性能相同。yx 剪切与 zy 或 xz 剪切性能不同，这同样是因为影响该方向的剪切性能的纤维结构和性能与 zy 和 xz 方向不同，此处不再详细赘述。

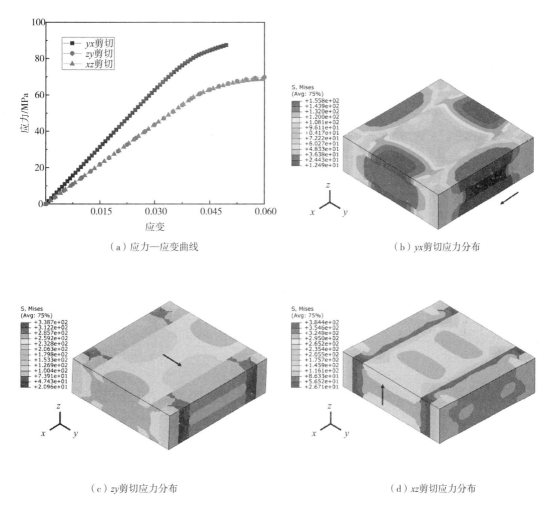

（a）应力—应变曲线　　　　（b）yx剪切应力分布

（c）zy剪切应力分布　　　　（d）xz剪切应力分布

图 13-14　正交复合材料单胞剪切性能模拟结果

四、其他说明

通过正交复合材料单胞模型可以获得正交复合材料的基本力学性能参数，在对于非单轴或非基本力学性能加载（如偏轴加载或弯曲等）时，需根据单胞模型预测的参数进一步建立均质化模型或直接建立全尺寸细观结构模型进行计算，建模方法与第二节正交织物的弹道冲击类似；此外，复合材料的力学性能不仅包含弹性性能，还包括塑性及损伤阶段，因此纺织结构复合材料的力学性能预测相当复杂，其中涉及很多固体力学与连续介质力学知识，由于篇幅限制，此处不再一一介绍，读者可以自行查阅相关资料进行建模计算。

参考文献

［1］陈锡栋，杨婕，赵晓栋，等．有限元法的发展现状及应用［J］．中国制造业信息化：学术版，2010，11（39）：6-8，12.

［2］赵奎，袁海平．有限单元法原理与实例教程［M］．北京：冶金工业出版社，2018.

［3］石亦平，周玉蓉．ABAQUS有限元分析实例详解［M］．北京：机械工业出版社，2006.

［4］Yang Z, Jiao Y, Xie J, et al. Modeling of 3D woven fibre structures by numerical simulation of the weaving process［J］．Composites Science and Technology, 2021, 206（8）：108679.

［5］姚穆．纺织材料学［M］.5版．北京：中国纺织出版社，2019.

［6］顾伯洪，孙宝忠．纺织结构复合材料冲击动力学［M］．北京：科学出版社，2012.

［7］曹金凤，石亦平．ABAQUS有限元分析常见问题解答［M］．北京：机械工业出版社，2013.

［8］王善元．纤维增强复合材料［M］．上海：中国纺织大学出版社，1998.

［9］李媛媛，魏真真，王萍，等．高端产业用纺织品［M］．北京：中国纺织出版社，2021.